深部高应力硬岩板裂化破裂特征及机理

冯 帆 李地元 著

北 京
冶 金 工 业 出 版 社
2020

内 容 提 要

本书主要介绍深部高应力硬岩板裂化破坏特性及岩爆发生机理的研究成果。具体内容包括采用有限元/离散元耦合数值模拟技术分析单轴压缩下硬岩板裂化破坏特性、真三轴卸载下高应力硬岩板裂化破坏特性试验、复杂三维受力状态下硬岩板裂化破坏发生判据和真三轴强度准则、层状岩体板裂屈曲岩爆发生机制和控制措施、深部硬岩巷道破坏的结构面作用机制等。

本书可供采矿工程、地质工程、岩土工程、地下空间工程及相关领域的专家、学者、工程师以及科研人员参考使用，也可供高等院校和科研院所师生阅读。

图书在版编目(CIP)数据

深部高应力硬岩板裂化破裂特征及机理/冯帆，李地元著.—北京：冶金工业出版社，2020.10

ISBN 978-7-5024-8629-7

Ⅰ.①深… Ⅱ.①冯… ②李… Ⅲ.①岩爆—研究 Ⅳ.①TD713

中国版本图书馆CIP数据核字(2020)第201067号

出 版 人 苏长永
地　　址 北京市东城区嵩祝院北巷39号 邮编 100009 电话 (010)64027926
网　　址 www.cnmip.com.cn 电子信箱 yjcbs@cnmip.com.cn
责任编辑 卢 敏 郭雅欣 美术编辑 吕欣童 版式设计 禹 蕊
责任校对 卿文春 责任印制 李玉山
ISBN 978-7-5024-8629-7
冶金工业出版社出版发行；各地新华书店经销；北京建宏印刷有限公司印刷
2020年10月第1版，2020年10月第1次印刷
169mm×239mm；11.25印张；216千字；167页
68.00元

冶金工业出版社 投稿电话 (010)64027932 投稿信箱 tougao@cnmip.com.cn
冶金工业出版社营销中心 电话 (010)64044283 传真 (010)64027893
冶金工业出版社天猫旗舰店 yjgycbs.tmall.com
（本书如有印装质量问题，本社营销中心负责退换）

前　言

我国很多金属矿山在“十四五”规划期间将进入到1000~2000m开采深度范围内。深部开采的金属矿山多数为硬岩矿山。深部地下工程所面临的高地应力、高地温、高渗透压、强烈工程扰动（即“三高一扰动”），使得深部地下工程成为极具挑战性的世界难题，既缺乏成熟的理论与方法，又无国际上的成功经验可借鉴。与浅埋地应力条件相比，深部高地应力条件下的硬脆性岩体往往体现出截然不同的力学特性。由于深埋高应力硬岩巷道开挖卸荷诱导的岩爆屡见不鲜，直接制约了深部地下工程安全高效的施工与作业。在有岩爆倾向的硬岩矿山或隧道硐室，一些特殊的岩石破坏形式引起了人们的注意，如硐室周边的一些应力集中区域往往出现板裂（slabbing）、层裂（spalling）以及板裂化岩爆等破坏现象，影响硐室的稳定性与安全性，也增加了岩石支护的成本。

目前，尽管大量的学者已对板裂化现象的破坏特性和试验方面做了很多探索，然而对于板裂化现象的形成机制和力学模型等方面尚存在很多未知，甚至对于围岩板裂化现象的描述及定义仍存在争论。随着岩土工程向深部发展，硬脆性岩体的围岩板裂化现象更为突出，亟需通过系统深入的研究，获得围岩板裂化现象的力学模型、影响因素、破坏特性和形成机制。

本书针对深部高应力硬岩矿山板裂化破坏现象普遍存在的事实，

进行深部硬岩板裂化破坏与应变型岩爆的理论分析、室内实验、数值模拟以及现场监测。作者从以下几个方面进行了相关研究：采用有限元/离散元耦合数值模拟（FEM/DEM）研究单轴压缩下长方体硬岩破坏特性，分析不同试样高宽比硬岩裂纹扩展规律，阐述硬脆性岩石由剪切破坏到板裂化破坏的转化机制；通过真三轴卸载试验，以汨罗花岗岩为研究对象，分析不同试样高宽比与中间主应力作用下的长方体硬岩破坏特性，探讨真三轴卸载下硬岩板裂化破坏发生机制，分析不同试样高宽比与中间主应力作用下的硬岩岩爆破坏特性；通过真三轴加载试验，通过设定不同中间主应力值，研究硬岩在真三轴加载下发生板裂化破坏的条件与依据，并以真三轴强度数据为基础，对七种经典强度准则进行系统评估与分析，以获得合理的真三轴硬岩强度准则；采用理论分析与现场监测相结合的方式，分析深部高应力硬岩板裂屈曲岩爆的力学机理与控制对策，并提出合理的支护措施；采用有限元/离散元耦合数值模拟技术（FEM/DEM）研究开挖卸荷下深埋圆形巷道结构面作用破坏机制，研究不同结构面位置、倾角、摩擦系数以及侧压系数下圆形孔洞周边裂纹扩展规律及其力学破坏特性，并探讨裂化破坏（岩爆）与滑移型破坏（岩爆）之间的内在联系。

本书在深部高应力硬岩板裂化破坏特性及发生机制方面提出了自己的见解，研究成果对于充实深部岩体力学体系、完善复杂应力条件下卸荷岩体力学理论以及指导深部地下硬岩矿山安全高效开采具有重要的理论和现实意义。

由于作者水平有限，同时也由于深部高应力硬岩板裂化破坏及岩爆机制的复杂性，许多成果只是初步的，书中存在不妥之处，敬请读者给予批评和指正。

本书可供采矿工程、地质工程、岩土工程、地下空间工程及相关领域的专家、学者、工程师以及科研人员参考使用，也可供高等院校和科研院所相关专业师生阅读。

作　者

2020年5月

目　　录

1 绪　论

1.1 背景

随着对矿产资源需求量的日益增加，同时伴随着浅部资源的不断消耗与枯竭，国内外大量矿山逐渐进入深部或者超深的开采状态，深部岩石力学问题已引起了人们广泛的关注。据不完全统计，在国外金属矿山中，已经有百余座矿山的开采深度达到千米以上，而世界上开采深度最深的在产矿井也主要分布于南非和加拿大等国家。同样，中国也出现了一大批深井开采的矿山，例如红透山铜矿、开磷集团所属马路坪矿（其垂直深度已超过 800m，测试水平最大主应力达 34.49MPa）、玲珑金矿、凡口铅锌矿、程潮铁矿、弓长岭铁矿、湘西金矿、会泽铅锌矿、寿王坟铜矿、金川镍矿和乳山金矿等。在未来，我国的矿产资源开发将逐步进入 1000~2000m 范围内，金属矿深部开采将成为常态。

近年来，随着我国经济的飞速增长以及一系列重大基础工程的快速推进，岩石力学尤其是深部岩石力学受到了极大的重视与发展。依托一系列重大基础工程项目，国内众多高校与科研院所进行了大量关于深部岩体灾害与机理方面的研究，取得了丰富的成果。尽管如此，岩石力学理论研究方面的发展依然落后于工程实践。深部地下工程所面临的高地应力、高地温、高渗透压、强烈工程扰动（即“三高一扰动”），使得深部地下工程成为极具挑战性的世界难题，既缺乏成熟的理论与方法，又无国际上的成功经验可借鉴。与浅埋地应力条件相比，深部高地应力条件下的硬脆性岩体往往体现出截然不同的力学特性。由于深埋高应力硬岩巷道开挖卸荷诱导的岩爆屡见不鲜，直接制约了深部地下工程安全高效的施工与作业，极大地造成了人员伤亡和经济损失。在有岩爆倾向性的硬岩矿山或隧道硐室，一些特殊的岩石破坏形式引起了人们的注意，如硐室周边的一些应力集中区域往往出现板裂（slabbing）、层裂（spalling）以及板裂化岩爆等破坏现象（见图 1-1），且随着应力的调整和能量的释放，可在硬岩硐室周边形成 V 形凹槽。另外，通过工程钻孔还可以发现岩芯饼化和分区破裂化等高地应力区的岩石特殊破坏现象，这些都极大地影响了深部采场围岩和硐室的稳定性与安全性，也增加了岩石支护的成本。

目前，尽管大量的学者已在板裂化现象的破坏特性和致灾机理方面进行了许多探索，然而对于板裂化现象的形成机制和力学模型等方面尚存在很多问题，甚

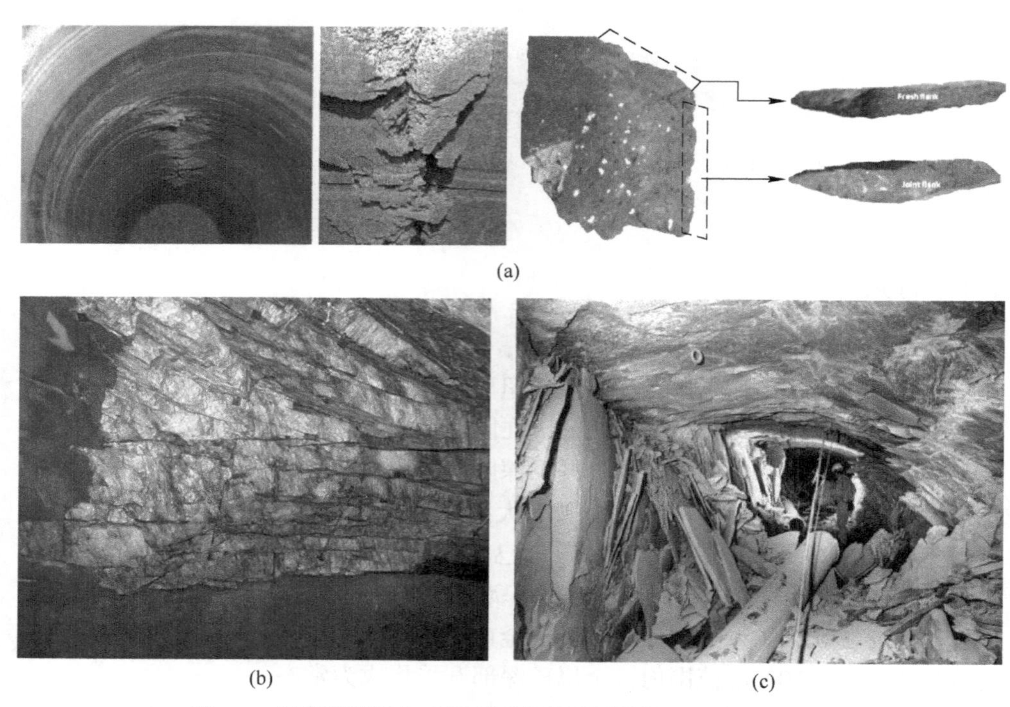

图 1-1　深部硬岩硐室或巷道围岩典型板裂化破坏及岩爆现象

（a）加拿大 URL 试验隧洞 420 水平板裂化破坏；（b）1000m 深石英岩巷道板裂化破坏；
（c）2600m 深石英岩废弃巷道板裂化岩爆

至对于围岩板裂化现象的描述及定义仍存在争论。随着地下矿山向深部的逐渐发展，硬脆性岩体的围岩板裂化现象将更为突出，亟须通过系统深入的研究，获得围岩板裂化现象的形成机制、诱发因素和时空演化特征。

由于岩体处于深部高应力的环境之中，其内部已储存了大量初始能量，在开挖卸荷的过程中，围岩应力发生重新分布，使得岩体所储存的一部分能量释放和转移，极有可能引起高应力岩体的剧烈破坏。国内外许多硬岩矿山在进行深部开采时均不同程度地遇到了岩爆、岩体垮落以及巷道失稳等动力灾害现象，甚至还造成了很大的人员伤亡和设备损失。如加拿大的 Falconbridge Mine 于 1984 年发生了一系列岩爆灾害，震级高达 3.5 级，造成 4025～4200 水平的巷道严重损坏，4 名员工不幸身亡。又如锦屏二级水电站排水洞桩号 SK9+283～SK9+322 段曾于 2009 年 11 月 28 日发生过一起极强岩爆现象，造成大量人员伤亡和机械损坏，损失惨重。在如新疆阿舍勒铜矿（开采深度 900m，开拓深度超过 1200m）自 2012 年深部井巷开拓工程开工以来，累计发生岩爆或疑似岩爆现象数十起，最严重的一次岩爆发生在锚网喷砼支护期间，短时间围岩大面积内片帮且弹射，导致 2m 长锚杆脱落，并伴随有设备的损坏。这些深部高应力岩体灾害主要诱发因素有哪些？其破坏过程和致灾机理如何？破坏时效和破坏范围具有哪些特征？硬岩板裂化破坏模式与剪切破坏、张-剪破坏区别是什么？板裂化破坏与深部工程岩爆灾害又有哪些相互联系和区别？这一系列问题都值得我们进行深入的研究和思考。

本书针对深部高应力硬岩矿山围岩板裂化破坏现象普遍存在的事实，深入开展板裂化破坏与岩爆理论分析、室内实验、数值模拟以及现场监测，从多个角度分析硬岩板裂化破裂特征，研究硬岩板裂化破坏和剪切破坏之间的内在联系和区别，系统评估硬岩在多维应力状态下的强度准则，探讨板裂化破坏与深埋隧洞岩爆之间的互动机制，深刻揭示硬岩板裂化破坏的诱发因素与致灾机理，进而提出合理的板裂化围岩破坏支护措施，为深部高应力硬岩矿山安全高效开采提供理论依据与工程指导。

1.2 技术进展

1.2.1 高应力硬岩板裂破坏现象

一般来说，硬岩的破坏模式可以分为拉伸破坏和剪切断裂两种。早在 20 世纪 60 年代，人们就开始关注压缩载荷作用下岩石的轴向劈裂破坏（axial cleavage fracture）现象，认为该现象的发生和岩石的加载方式、应力条件以及岩石的脆性程度有关，并指出岩石的轴向劈裂破坏和岩石内部的拉伸劈裂裂隙的扩展有关。岩石的轴向劈裂破坏不仅发生在室内试验中，同时也普遍存在于工程地质和采矿工程现场。Fairhurst 等人对巷道围岩的板裂化破坏现象进行了较早的叙述，并认为板裂化破坏的发生是由于围岩内部张拉型裂纹的扩展与贯通导致。由 Ortlepp 的描述可知，板裂化破坏是地下巷道或硐室开挖边界面附近由于围岩应力集中造成的一种近似平行于开挖面的破坏形式，其主要破坏平面总是平行于硐室最大切应力方向，且在开挖边界上逐渐形成一个近似于 V 形的凹槽。板裂化破坏还与应变型岩爆密切相关，被认为是高应力硬岩发生应变型岩爆的一种前兆。通过对加拿大硬岩矿山中 178 例矿柱破坏模式详细调查与研究，Martin 和 Maybee 认为硬岩矿柱发生板裂化破坏的条件对应于宽高比（H/W）小于 2.5 时的情况，板裂化破坏呈现渐进式的发展趋势，其最终的破坏形状类似于漏斗状，如图 1-2 所示。Cai 通过数值模拟研究发现，洞壁围岩附近出现的板裂化破坏裂纹通常表现为洋葱皮状，巷道周边裂纹基本平行于开挖边界，且板裂裂纹的数量与围岩的破坏程度与岩体强度、非均质性以及受力状态密切相关，如图 1-3 所示。

在我国一些深埋水电站厂房及隧道中也常常观察到硬岩的轴向劈裂、板裂、片帮甚至岩爆等工程破坏现象。张传庆等人对锦屏二级水电站 2 号试验洞内观察到的板裂化破坏进行了详细的调查与汇总，将其划分为：片状破坏、薄板状破坏、楔形板状破坏。周辉等人对锦屏二级水电站深埋隧洞围岩板裂化现象进行了

图 1-2　矿柱发生的板裂化破坏现象

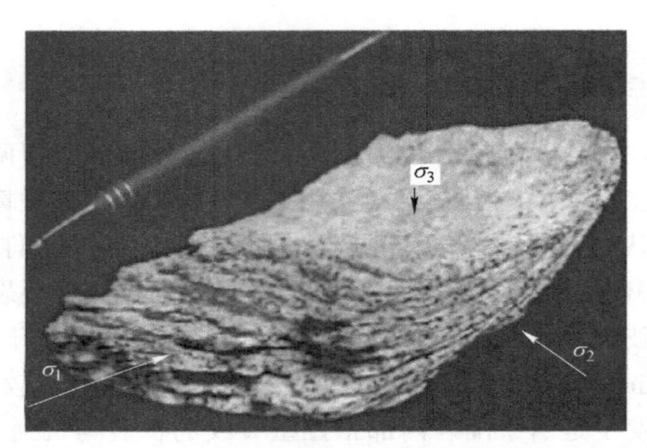

图 1-3　加拿大 Mine-by 隧洞内观察到的类似于洋葱皮状的花岗岩板

统计与划分，将板裂化围岩分为薄片状、曲面状、规则闭合板状、规则张开板状、不规则张开板状和巨厚板状；同时，根据板裂化围岩沿巷道断面的分布情况，将其分为密集板裂区和稀疏板裂区两大类。冯夏庭等人利用数字钻孔摄像机，基于摄影测量法原理对锦屏二级水电站深埋硬岩隧洞板裂化破坏进行了系统的调研，分析发现巷道开挖后所形成的板裂化裂纹总是平行于隧道开挖面，且主破裂面与巷道断面形状和主应力方向密切相关。距离开挖面越远，岩板的厚度越大。在高应力状态下，板裂化岩体体现出较为明显的时变特性，其暴露时间越长，剥落程度越明显，如图 1-4 所示。隧洞开挖后，板裂破坏进一步促进张拉裂纹的扩展和延伸，导致新的裂纹再次形成。

通过以上的描述可知，板裂化破坏是指：在深部高应力状态下，硬脆性岩体由于开挖卸荷后围岩内部应力集中而导致的一种脆性破坏形式。20 世纪 90 年代，加拿大原子能有限公司（AECL）地下试验室（underground research laboratory）对高应力下硬脆性岩体的破坏模式开展了大量研究工作。Martin 等人曾对埋深为

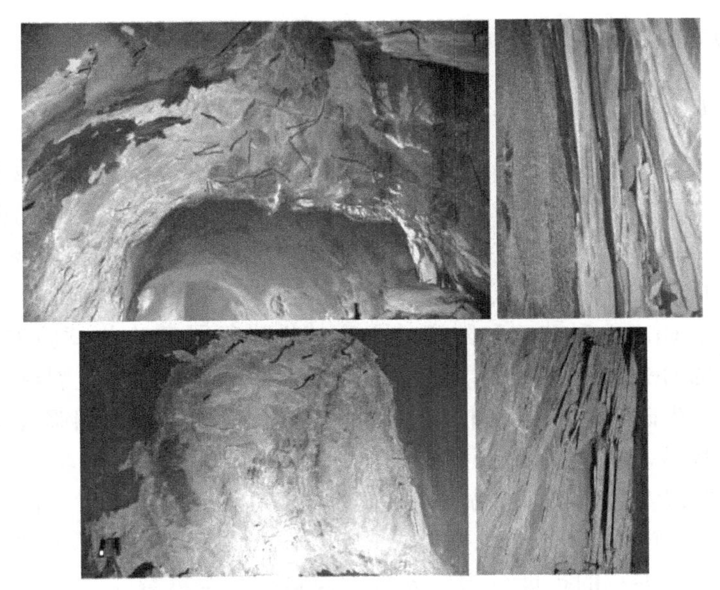

图 1-4 锦屏二级水电站地下硐室观察到的板裂化破坏现象

420m 水平布置的试验隧洞在开挖过程中形成的 V 形破坏进行了详细的记录与调查，认为围岩内部形成的 V 形槽与洞壁的板裂化破坏在本质上均属于脆性破坏，并对 V 形槽破坏过程进行了详细的描述，如图 1-5 所示。

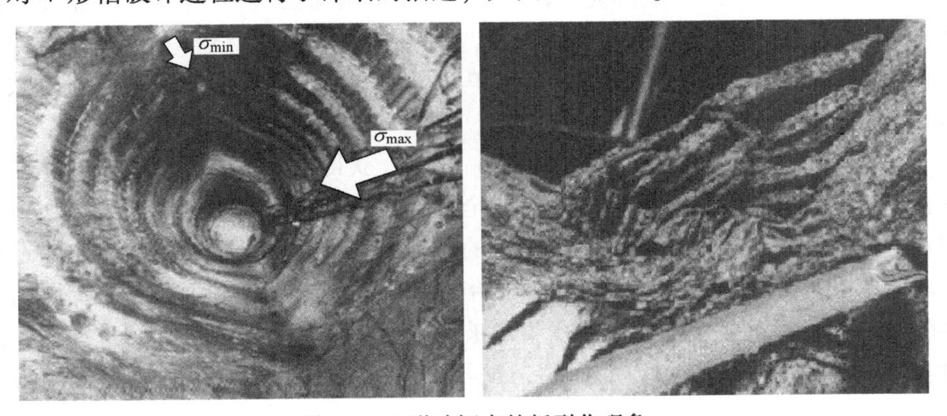

图 1-5 V 形破坏中的板裂化现象

此外，Lee 和 Haimson 在对 Lac du Bonnet 花岗岩进行室内双轴压缩试验时，也观察到了 V 形破坏以及板裂化破坏现象：V 形破坏形成的过程中，在两翼会形成一系列近似平行的微型张拉裂纹。这些近似平行、密集分布的微型张拉裂纹不断扩展、贯通，形成了厚度相当、数量众多的薄板，随着时间的推移，这些薄板会逐渐分离与剥落，最终形成了 V 形槽。

1.2.2　高应力硬岩板裂化破坏机制及影响因素

1.2.2.1　高应力硬岩板裂化破坏机制

地下硐室在开挖以后，岩体内初始应力平衡状态被打破，使得地下硐室周边岩体应力发生重新分布。此时，岩体中的微裂隙或原生节理由于切向应力的增大不断起裂、扩展和贯通，最终形成板裂化裂纹。因此，应当首先从裂纹的起裂、扩展、贯通行为来研究硬岩板裂化破坏机制。

1920 年，Griffith 对玻璃和陶瓷的强度特性进行了理论与试验方面的研究，提出了著名的 Griffith 强度准则。该准则认为脆性材料内部原生裂纹的扩展和贯通是促使其发生破坏的重要条件。他还从能量的角度推导出材料强度与内部裂隙长度之间的数学表达式。随后，以断裂力学理论为基础，一些学者采用理论推导、室内试验以及数值模拟的方法对硬脆性岩石在单轴压缩条件下的裂纹扩展行为进行了研究。Nolen-Hoeksema 等人采用光学显微镜手段研究了单轴压缩下大理岩试样内斜裂纹尖端的扩展行为，分析发现斜裂纹两翼裂纹的扩展并非是对称的，并认为穿透性裂纹的扩展能够很好地反映出试样内部的破坏状况。

仁建喜、葛修润等人以目前较为先进的 CT 实时扫描技术为手段，系统地研究了岩石裂纹扩展特性，并阐述了岩石在受压环境下内部裂纹扩展演化规律。

Wong 等采用 RFPA 数值模拟软件系统研究了单轴压缩下含预制裂隙硬岩试样破坏特性，分别考虑了预制裂隙长度、倾角、排列方式、试样宽度对于试样破坏模式以及强度的影响。图 1-6 所示为单轴压缩下含不同预制裂隙长度岩石试样破坏全过程。

赵程等人采用 DIC（数字图像相关）技术，获得了含预制裂纹类岩石脆性试件在单轴压缩条件下的全局应变场演化全过程。研究结果表明：当荷载增加至一定水平时，裂纹尖端附近观察到了明显的微破裂区；随着荷载的持续增加（近似为峰值荷载的 86%），裂纹尖端附近开始有宏观翼裂纹的萌生，裂纹的扩展始终伴随着高应变区的扩展与蔓延；次生微破裂区以及反翼微破裂区则发育缓慢，此过程中同时也受到拉伸应力的作用，试样的主破裂区主要分布于原生裂纹尖端附近。

李地元以张开型滑移裂纹模型为基础，采用断裂力学理论研究了单轴压缩下板裂裂纹的扩展规律；采用 $FLAC^{3D}$ 数值模拟软件，分析了压缩荷载下含孔洞硬岩试样的板裂化破坏过程。数值模拟结果表明：试样内部的塑性区以拉伸破坏单元为主，拉伸破坏单元沿孔洞竖向边界逐渐贯通，最终形成板裂化破坏面。

贺永年等人以 Griffith 理论为基础，验证了裂纹尖端附近具有小拉应力极值，进一步说明岩石在压缩过程中可以形成张拉破坏，并认为张拉破坏是修正的

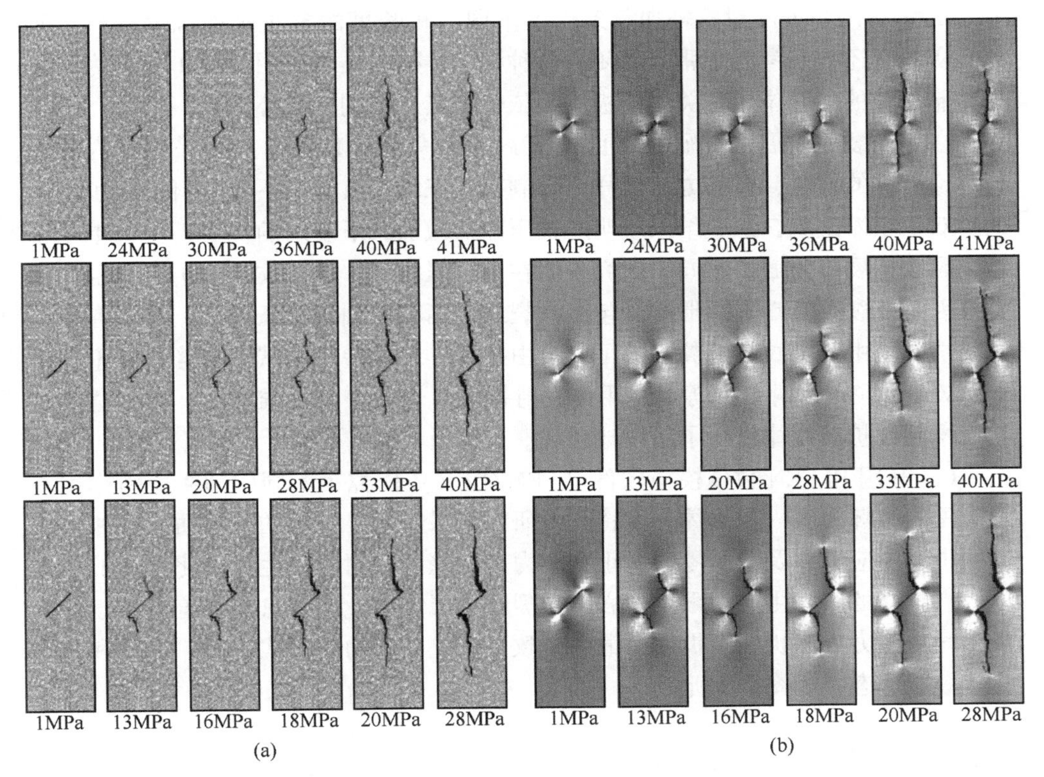

图 1-6 单轴压缩下含不同预制裂隙长度岩石试样破坏全过程

(a) 裂隙扩展过程；(b) 最大主应力云图

Griffith 强度理论以外的另一种破坏形式。同时还得出了岩石发生劈裂破坏所需的条件，即：(1) 裂纹纵向荷载值较高；(2) 侧压力很小或等于零；(3) 无后续荷载的进一步作用或荷载持续时间很短。最后通过岩石厚壁圆筒卸荷试验进一步验证了岩石劈裂破坏条件的正确性与有效性。

20 世纪 60 年代，随着实验技术的不断提高，大量学者开始关注二维受力条件下岩石裂隙扩展规律。Brace 首先提出二维裂隙滑移开裂模型，认为滑移裂隙尖端产生的弯折型张性裂纹是压剪型荷载作用下新生裂纹形成的主要机制，基于微观力学的角度解释了岩石峰值破坏点以前的扩容现象。

Nemat-Nasser 等人通过室内试验和数值计算系统地研究了二维情况下单个、多个和多组雁型排列预制张开裂纹的扩展行为，在一定程度上揭示了二维受力条件下的裂纹扩展规律，并将其应用于工程实践之中。

Brace 和 Bombolakis 研究了单轴、双轴加载下含单一预制裂隙平板玻璃的起裂、扩展以及贯通规律，所提出的准则能较好地反映裂纹的起裂行为，然而在预测裂纹扩展路径与试样的宏观破坏方面仍存在较大的误差。

Bobet 和 Einstein 对双轴加载条件下不同岩桥长度的裂纹扩展规律进行了研究，实验中还分别考虑了张开和闭合两种裂隙。研究结果表明裂纹扩展行为不仅与预制裂隙的空间位置有关，还极大地依赖于其所处的应力环境。

在三维裂隙扩展规律研究方面，Sahouryeh 等人、Dyskin 等人采用室内实验与理论分析的方法，在长方体试样上预制人工三维裂纹，对不同材料进行了一系列的双轴压缩试验，试验结果表明双轴压缩荷载加载下裂纹的扩展行为与单轴压缩下裂纹扩展行为截然不同，研究表明在单轴压缩下，翼裂纹持续扩展受阻的主要原因是在裂纹尖端附近形成了包裹型裂纹，而在双轴压缩条件下，并不存在以上的情况。由于裂纹尖端翼裂纹可以自由扩展，最终导致了试样的劈裂破坏。

Wong、Guo、郭彦双等人采用声发射技术对岩石表面三维裂纹、树脂透明材料三维裂纹扩展规律进行了系统地研究。

Cai 利用 ELFEN 数值模拟软件（FEM/DEM）研究了不同中间主应力作用下隧洞围岩破坏模式以及岩体强度特性。研究结果表明：岩体的非均质性、相对较高的中间主应力以及低至零的最小主应力是洞壁围岩附近产生板裂化破坏的根本原因。较高的中间主应力限制了岩体内裂纹扩展方向，使其只能沿着平行于最大和中间主应力方向扩展与贯通，最终导致了硐壁围岩的洋葱式剥落、片帮和板裂化等破裂形态，如图 1-7 所示。

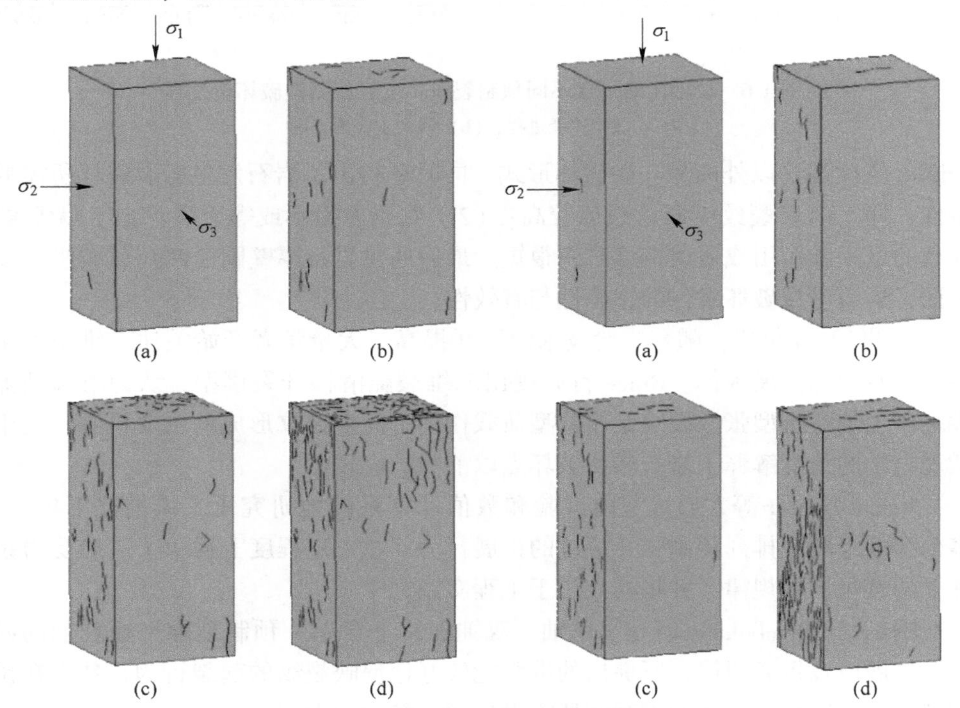

图 1-7　双轴压缩下岩石试样裂纹扩展全过程

总体来说，目前对于岩石内部裂纹扩展规律的研究大部分还停留在室内试验和理论分析的水平上。目前采用基于有限元/离散元耦合数值模拟（FEM/DEM）的方法来分析高应力硬岩板裂化裂纹演化规律还不多见。因其可以准确再现岩体由完整（continumm）状态到破坏状态（discontnumm）这一全过程，在板裂化破坏形成机制与诱发因素研究方面具有较大的优势。

1.2.2.2 高应力硬岩板裂化破坏影响因素

目前，对于硬岩板裂化破坏的认识多与室内试验下的劈裂破坏机理密切相关，即板裂破坏是在压应力场中发生的张拉破坏。通过大量的理论分析、室内试验与数值模拟研究发现，在受压条件中，岩石内部裂隙尖端处萌生的裂纹总是朝着平行于最大主应力方向扩展与贯通。可见，裂纹的扩展路径会受到主应力的影响与控制。

对于一项实际工程而言，随着巷道工作面的持续推进，工作面前方岩体内所处应力将会发生不断地改变，且主应力方向也会发生一定程度地偏转，因此岩体内的裂纹扩展路径和规律也会发生多次改变。Eberhardt 利用三维数值模拟软件 Visage，详细探讨了工作面推进过程中近场应力路径变化规律，并对工作面附近处发生的围岩板裂化破坏形成机制进行了探讨和分析。研究结果表明：当工作面接近并穿过某个单位体积的岩石时，三维应力场在时间和空间上会经历一系列偏应力的增加或减小以及主应力轴的多次旋转。张传庆等人采用断裂力学理论和数值模拟技术，分析了中间主应力、应力路径以及主应力方向偏转对高应力硬岩板裂化破坏的影响。研究结果表明：中间主应力对于巷道周边岩体的裂纹扩展行为有较大的影响；巷道开挖过程中，围岩内部主应力方向由于应力的重新分布将发生不同程度的偏转，从而导致板裂裂纹的持续扩展。

在单轴压缩状态下，岩石可能会出现不同的破坏形式。李地元等人以挪威 Iddefjord 花岗岩为例，对不同高宽比（H/W）长方形试样进行了单轴压缩实验研究，发现当高宽比为 2 时，试样的宏观破坏模式为剪切破坏，当高宽比为 1 时，其破坏模式转变为张拉-剪切型破坏，而当试样高宽比降低至 0.5 时，破坏模式将完全转变为板裂化破坏。岩石的板裂破坏强度低于标准圆柱形试样的单轴抗压强度，约为其单轴抗压强度的 60%。

Paterson 通过常规三轴压缩实验研究围压对于岩石试样脆-延转换的影响。研究结果表明：随着围压的增高，试样破坏模式变化趋势为：纵向劈裂→单一剪切型→共轭剪切型→腰鼓型破坏。围压的增加使得试样破裂角（主破裂面与最小主应力方向夹角）逐渐降低，破裂面为一对共轭剪切面。当围压增加至一定水平时，试件呈现腰鼓型破坏，无明显宏观裂纹出现。

李夕兵等人采用三种不同材料的立方体试样（花岗岩、砂岩和水泥砂浆）

进行了真三轴卸载试验。研究结果表明：当中间主应力较小或为零时，三种试样的最终破坏模式均呈现宏观剪切破坏；随着中间主应力的增大，花岗岩和红砂岩的破坏模式将转变为板裂化破坏，而水泥砂浆试件的破坏模式始终为剪切破坏。研究结果表明岩石或类岩石材料的破坏模式将受到主应力以及岩性的共同影响。图 1-8 所示为中南大学自主研发的岩石真三轴电液伺服诱变（扰动）试验系统。

图 1-8　岩石真三轴电液伺服诱变（扰动）试验系统

杜坤等人根据地下工程岩体开挖路径以及受力状态的不同，率先开展了真三轴卸载扰动诱发岩爆试验。研究表明：在静态加载条件下，当中间主应力较大时，花岗岩与红砂岩试样会出现板裂化破坏，而水泥砂浆试样始终发生剪切破坏。在动态扰动与静态加载同时存在条件下，只有花岗岩试样会发生岩爆现象，而其他两种试样破坏程度一般。对于硬脆性岩石而言，动态扰动载荷施加方向对于板裂化岩爆的影响不大。

赵星光等人采用真三轴卸载试验研究了卸载速率对于高应力硬岩应变型岩爆的影响。研究发现：硬岩试样的破坏程度以及动能的释放会受到卸载速率的极大影响。当卸载速率较小时，试样破坏模式为板裂化破坏，当卸载速率增大时，其破坏模式将转变为板裂化（应变型）岩爆。

赵菲等人采用真三轴卸载装置研究了尺寸效应对于花岗岩破坏模式以及峰值强度的影响。研究结果表明：花岗岩试样破坏强度随着高度的降低而呈现单调递增的趋势。对于较高的试样，其破坏模式主要为纵向劈裂破坏，而剪切破坏普遍发生于较矮试样之中。然而该研究并没有考虑高宽比小于 1 的情况。

以上研究主要是针对长方体硬岩完整试样而开展的。事实上，硐室的存在使得初始地应力在硐室周边的非均匀分布表现得特别明显，研究人员利用含孔洞的岩石试样模拟了深部巷道的受力情况，特别关注岩样孔洞周边应力集中的量化表征。

Carter 等人的研究结果表明，在单轴压缩测试中，在孔洞的上部和下部首先出现拉伸裂纹并逐渐沿最大主应力方向扩展，随着轴向应力的增加，在远离孔洞的地方逐渐形成近似菱形的裂缝，最终在孔洞侧壁上最大压应力区形成近似平行于围岩壁的板裂状或层状剥落，其破坏区域近似成三角形。

李地元等人采用单轴压缩试验研究了含预制孔洞板状花岗岩试样破坏特性。随着荷载的持续增加，在孔洞竖直方向处出现明显的劈裂裂纹，裂纹基本平行于最大主应力方向。当加载至峰值荷载点时，孔洞周边岩体出现了一定程度的块体弹射现象，体现出明显的应变型岩爆特性，研究结果在一定程度上揭示了深部硬岩洞室开挖后，在高地应力作用下硐室开挖边界面出现的一系列的板裂、片帮等破坏现象。

谢茂林等人采用 RFPA 数值模拟软件研究了含孔洞试样在单轴、双轴和三轴受力条件下的破裂特性。研究结果表明：在双轴压缩载荷作用下，试样的峰值强度极为有限，含孔洞试样的破裂模式以纵向劈裂破裂为主，破裂面基本平行于加载面；在三轴压缩条件下，试样的破坏模式与最大主应力方向密切相关，在平行于孔洞轴向方向的高压应力和侧向约束条件下，孔洞周边岩体会出现分区破裂现象。

综上所述，影响板裂化破坏的因素众多，如加载方式，受力状态、试样尺寸、岩体的脆性程度等因素。然而，现有研究大多只是针对某一个因素而展开，而将以上若干因素综合考虑的研究却鲜有报道。多种影响因素作用下板裂化破坏机理研究有待于进一步地开展。

1.2.3 高应力硬岩真三轴破坏特性及强度准则

地下岩石往往处在三维原岩应力环境之中，其中 σ_1 为最大主应力，σ_2 为中间主应力，σ_3 为最小主应力。通常三个主应力之间的关系为 $\sigma_1>\sigma_2>\sigma_3\neq0$，因此室内岩石试验中又称为“真三轴应力状态”。早期的岩石力学研究往往忽略 σ_2 的影响。研究发现原岩应力大小与埋深呈现正相关趋势，且深部岩石与浅部的受力特点有显著区别。为了研究岩石在真三轴应力状况下的破坏特性，国内外许多学者采用室内试验、理论分析以及现场监测等手段进行了一系列富有成效的研究。

由于传统的常规三轴实验无法考虑 σ_2 的影响，日本东京大学 Mogi 教授于 20 世纪 60 年代成功设计了岩石真三轴加载装置。此装置可以使三个方向的主应力独立地施加到岩石试样的受力面。基于一系列的真三轴加载试验，他发现 σ_2 对岩石的破坏强度以及破坏模式具有重要的影响。此外，岩石的峰后变形特性也会受到 σ_2 的影响，即随着 σ_2 的提高，岩石逐渐由延性特性过渡为脆性特性。此后，大量学者对岩石，尤其是硬脆性岩体在真三轴应力状态下破坏特性进行了广泛而又深入的研究。为了说明σ_2对岩石变形特性的影响，Takahashi 和 Koide 对砂岩、大理岩以及页岩进行了真三轴压缩试验，研究发现在最小主应力σ_3一定时，岩石的峰值强度随σ_2的增加呈现先增加后降低的趋势。σ_2的增加使得岩石的脆性程度更加明显，同时中间主应变与最小主应变差别会增大。Haimson 和 Chang 成功设计、校核并测试了一种具有较高负载能力的新型真三轴装置。研究发现 Westerly 花岗岩试样破坏面倾角随着σ_2的增大而增加。Alexeev 等人成功发明了第二代真三轴加载装置（TTLA），它可以在任意应力状态下对试样的峰值强度以及应变进行精确测量，并能模拟出真三轴卸载状态下硬岩岩爆现象。冯夏庭等人自行设计了真三轴加载装置，此装置在一定程度上降低了端面效应的不利影响。Frash 等人设计了一种新的真三轴测试仪，它能模拟受热岩石试件的多钻孔和水力压裂特性。

地下工程开挖以后，巷道周边岩体（卸荷岩体）受力状态将由三维受力转变为二维或一维受力。深部卸荷岩体处于“三高一扰动”的复杂力学环境之中。为了能够准确描述深部高应力岩体开挖卸荷的全过程，真三轴卸载试验（true-triaxial unloading test）逐渐受到国内外学者的关注。目前，在真三轴卸载实验中，应力的施加方式主要有两种：第一种是增加最大主应力至某一水平（接近但小于峰值强度）以后保持不变，通过卸载中间主应力或同时卸载中间主应力与最小主应力，以模拟地下开挖卸载后巷道周边岩体的破坏过程（主要针对模拟时滞型岩爆），第二种是指在三维受力状态下，卸载中间主应力或同时卸载中间主应力与最小主应力，通过增加最大主应力来模拟岩体开挖后的切向应力集中作用。由于后者操作简便，因此广泛应用于真三轴卸载实验。

何满潮等人利用自主研发的深部岩爆过程实验系统，系统地研究了深部高应力花岗岩岩爆过程，试验分别采用以上两种应力路径，再现了实际地下工程中发生的岩爆现象，并进行了详细对比与分析。

利用声发射监测系统，何满潮等人等研究了真三轴卸载下石灰岩岩爆特性。试验对全波声发射数据进行频谱分析，得到了岩爆阶段声发射信号频率与幅值的关系。

李夕兵等人采用花岗岩、红砂岩及水泥砂浆立方试件（100mm×100mm×100mm）进行了不同应力状态下真三轴卸载试验。

杜坤等人根据地下工程开挖岩体受力路径、状态以及板裂破坏发生条件，率先开展了真三轴卸载扰动诱发岩爆试验。根据扰动诱发岩爆试验，提出了扰动诱发岩爆结构演化模型。图 1-9 所示为动态加载扰动方法示意图。

苏国韶等人研究了真三轴卸载状态下温度对于花岗岩岩爆特性的影响。研究表明当温度由 30℃增加至 300℃时，试样峰值应力、峰值应变以及 AE 声发射信号没有发生明显的变化，然而破坏过程所释放的动能却有明显升高。当温度由

300℃增加至700℃时，峰值应力以及动能明显降低，然而峰值应变迅速上升。

通过阅读大量文献可知，板裂化破坏已经在真三轴卸载、单轴压缩以及双轴压缩状态下被观察到。在真三轴加载条件下是否也会发生板裂化破坏，如果发生板裂化破坏，其条件和依据是什么？这些问题都值得深入的研究。

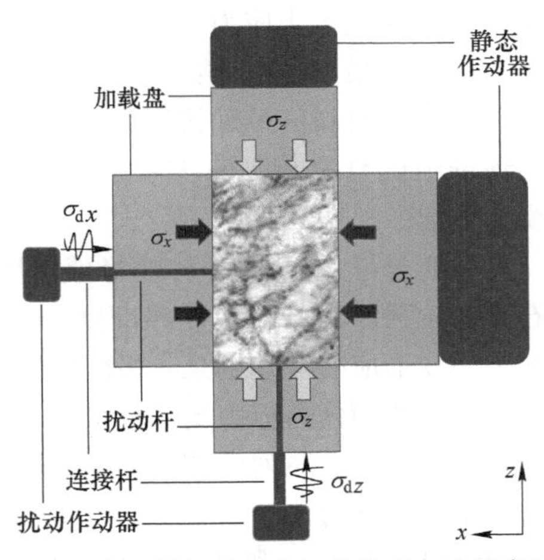

图1-9 真三轴卸载动态加载扰动方法示意图

强度理论主要研究材料在三向受力状态下发生屈服或者破坏时材料参数与应力满足的条件。随着人类对能源、矿产资源、交通工程等需求量的不断增加，与岩体密切相关的基础工程也日益增多。岩体强度是工程设计的重要参数，不仅关系到某一岩土工程项目的安全性，还极大地影响到该工程施工所需的成本（经济型）。研究岩体强度理论首先应当从岩石强度理论方面入手。因此，研究岩石强度准则，尤其是硬岩破坏强度准则对于深部矿山、隧道安全高效施工具有重要意义。在强度理论分析方面，国内外众多学者提出并发展了岩石强度准则，取得了丰富的研究成果。

在这些准则中，Mohr-Coulomb准则被广泛应用于岩石力学与岩石工程领域。1773年，Coulomb提出了一个即简单而又实用的准则，该准则通过剪切滑动面上的正应力的线性函数来表示。该准则认为当剪切应力等于黏结剪切强度加上内摩擦角系数与断裂面正应力的乘积时便发生剪切断裂。其表达式为：

$$\tau_n = c - \sigma_n \tan\varphi \tag{1-1}$$

式中 c——材料黏聚力，MPa；

φ——材料内摩擦角，(°)；

σ_n，τ_n——作用在滑移面上的正应力和剪应力，MPa。

1910年，Mohr在Coulomb的研究基础之上提出了剪切破坏理论。他强调在破坏面上剪应力τ_n是正应力σ_n的函数，并表示为：

$$\tau_n = f(\sigma_n) \tag{1-2}$$

该准则由坐标系中的曲线表示，因此又称为Mohr应力包络线。为了方便计算，线性版本的准则被广泛采用。由于线性的Mohr应力包络线等价于Coulomb准则，又可以表示为：

$$\sigma_1 = C_0 + q\sigma_3 \tag{1-3}$$

$$q = \tan^2(\pi/4 + \varphi/2)$$

式中 σ_1——最大主应力，MPa；

σ_3——最小主应力，MPa；

C_0——材料的单轴抗压强度，MPa。

该准则认为σ_1仅与σ_3有关，但忽视了σ_2对σ_1的影响，因此并不适用于真三轴受力情况。

为了充分考虑σ_2对于材料峰值强度的影响，不少学者通过理论推导发展了岩石真三轴强度准则。在这些准则中，Von Mises 准则被广泛研究与应用。该准则认为当变形应变能达到某一极限值时屈服将会发生。Von Mises 理论也被 Nadai 理解为：当八面体剪应力τ_{oct}达到某一极限值时材料破坏将会发生。基于该准则，不少学者提出了一系列的破坏准则。然而，这些准则都没有能够很好地将实验数据与理论解相结合。

1952 年，Druker 和 Prager 提出了著名的 Druker-Prager 准则，也称 D-P 准则。事实上，D-P 准则是对 Von Mises 理论在一定程度上的修正。该准则通过引入一个静水压力项，从而考虑了σ_2对于峰值强度的影响。由于 Druker-Prager 准则能够很好地反映体积应力、剪应力以及中间主应力对于岩石峰值强度的影响，因此被广泛应用于实际工程之中。然而，在采用该准则进行数值模拟、理论推导甚至是现场应用过程中，计算得出的强度值往往与实际值具有较大的偏差。为次，一些专家相继提出了修正的 D-P 准则。

Mogi 在进行了大量真三轴实验以后，提出了著名的 Mogi 1967 和 Mogi 1971 准则。这两个准则的区别在于：Mogi 1967 准则认为单纯地将八面体正应力σ_{oct}作为八面体剪应力的自变量不能够很好地体现σ_2的影响，σ_2应当与σ_3呈一定比例形式存在；而 Mogi 1971 准则认为八面体剪应力应当是平均有效正应力$\sigma_{m,2}$的函数。值得注意的是，这两个准则都不能够与常规三轴岩石力学材料参数（如黏聚力、内摩擦角等）相结合，因此必须要通过开展完整的真三轴室内实验以获取强度准则参数。

为了将常规三轴岩石力学参数与真三轴强度准则相结合，Al-Ajmi 和 Zimmerman 提出了线性 Mogi 准则。因为该准则是对于 Coulomb 准则的一个推广（由二维空间推广至三维空间），也被成为 Mogi-Coulomb 准则。Mogi-Coulomb 准则最大的优势在于可以不通过真三轴室内实验而直接获得岩石真三轴强度准则，且计算公式简便，强度估计值准确，在强度预测方面具有较大的优势。

除此之外，Lade 准则、Mofified Lade 准则、Wiebols-Cook 准则、修正 Wiebols-Cook 准则、修正强度理论以及三维 Hoek-Brown 强度准则、三维 Mohr-Coulomb 准则、Matsuoka-Nakai-Lade-Duncan 等准则的提出都极大丰富了真三轴强度准则理论，对于预测岩石真三轴强度及其在数值计算、理论分析方面的应用起到了非常重要的作用。

在真三轴强度准则预测方面，仅仅考虑所选择强度准则拟合方程的相关性（R^2）是远远不够的。为了更好地反映真三轴强度准则的适用性以及合理性，还应当考虑所选取强度准则在偏平面、子午面的应力轨迹，以便有利于后续的数值分析以及理论计算。此外，强度准则是否具有可预测性也是非常重要的因素，因为开展真三轴强度准则研究的主要目的是通过少开展或不开展真三轴室内试验便能预测岩石的强度，这将极大地节省人力物力以及财力。因此，在选取真三轴强度准则时，考虑以上多种评判标准是非常有必要的。

1.2.4 深埋高应力硬岩岩爆诱发机理研究现状

国内外很多硬岩矿山在深部开采过程中均不同程度地遇到了岩爆、岩体冒落以及硐室失稳现象等动力灾害问题，目前对于岩爆的研究主要侧重于对深部原岩应力场、深埋岩体物理力学性质及其本构关系、岩爆发生的能量释放规律及其倾向性的预测预报理论与方法、高应力下岩层控制和支护方法的研究等，并取得了一些有益的研究成果。对于岩爆问题的研究主要包括三个方面：岩爆发生机理、岩爆的预测预报及岩爆的防治。其中，岩爆发生机理的研究是岩爆的核心问题，只有弄清楚岩爆的发生机理和破坏机制，才能为提高岩爆预测的准确性、采取有效的岩爆防治措施提供切实可靠的科学依据。

当前，对于岩爆的划分有许多种类，其划分依据也不尽相同，因此尚没有统一的认识。如 W. D. Ortlepp 和 T. R. Stacey 将岩爆划分为应变型、屈曲板裂型、工作面挤出型、剪切断裂型和断层滑移型五种。J. A. Ryder 等人和 Hedley 认为，岩爆分为两种类型，即由于掌子面附近应力集中造成的应变型岩爆和沿弱面的剪切破坏型岩爆。何满潮等人根据开挖卸载后岩爆发生时间长短，将其划分为瞬时型岩爆、标准型岩爆和时滞型岩爆。Kaiser 和 Cai 在 W. D. Ortlepp 和 T. R. Stacey 基础之上又将岩爆分为应变型、矿柱型、断层滑移型三大类。冯夏庭等人从发生机制和条件上将岩爆划分为应变型、应变-结构面滑移型和断裂滑移型岩爆。

对于地下金属矿山而言，目前出现频率相对较高的分类方式是按照岩爆特点和震源机制将其划分为 5 类：应变型岩爆、弯曲破坏型岩爆、矿柱破坏型岩爆、剪切破坏型岩爆、断层滑移型岩爆。其中，应变型岩爆是地下金属矿山开采领域最为常见的类型，大多是由于掘进或回采开挖后局部应力集中和弹性应变能聚集所导致的，多发生在应力水平高的硬岩深井矿山中，破坏范围较小、程度较轻，一般破坏深度不超过 0. 5m 或破坏岩石量小于 100t，如红透山铜矿、冬瓜山铜矿、Creighton 矿、Lake shore 金矿、Teck-Hughes 金矿等都曾发生过此类型岩爆。值得注意的是，上述 5 种类型岩爆往往并不是单一存在的，同一矿山往往会出现多种不同类型岩爆，且各类型岩爆的发生概率、破坏程度和影响范围会因主导因素的不同而存在差异。

当前，对于岩爆发生机理的解释形成了众多理论或方法，如早期的强度理论、能量理论、刚度理论以及冲击倾向性理论等，后来又发展了如失稳理论、断裂理论、损伤理论以及突变理论等。

强度理论认为：当岩体所受的应力与其单轴抗压强度的比值超过某一极限值时便会诱发岩爆。Cook 等人从能量理论的角度解释了岩爆的发生机理，认为当采掘范围持续扩大时，由于岩体-围岩系统内的力学平衡被突然打破，当系统释放的能量（弹性释放能）大于岩体自身破坏所消耗的能量（耗散能）时，岩爆便会发生。20 世纪 60 年代，Bieniawski、Cook 在采用普通压力机对硬岩进行单轴压缩试验时，发现岩石峰后破坏行为异常强烈，体现出岩爆的特性。在改用刚性压力机之后，岩石的破坏程度明显降低，岩石的峰后曲线也能够获得。通过分析可知，硬岩在单轴压缩下发生剧烈破坏的主要原因就是加载系统刚度小于试样刚度。采用岩石本身力学性质来衡量岩爆发生概率或可能性称为岩爆倾向性理论。常用来表征岩爆倾向性的指标有弹性应变能指数、岩石脆性系数、切向应力判据指标、RQD 指标等。李夕兵认为岩爆的发生应当满足三个条件，即：完整硬脆性岩体、高地应力与动力扰动，且同时满足储能岩体受扰动后发生破坏时，岩体内储存的应变能大于岩石破裂所需能量这一特点，并提出了基于动静能量指标的岩爆发生判据。图 1-10 所示为硬岩矿山复杂开采系统诱发动力灾害现象。

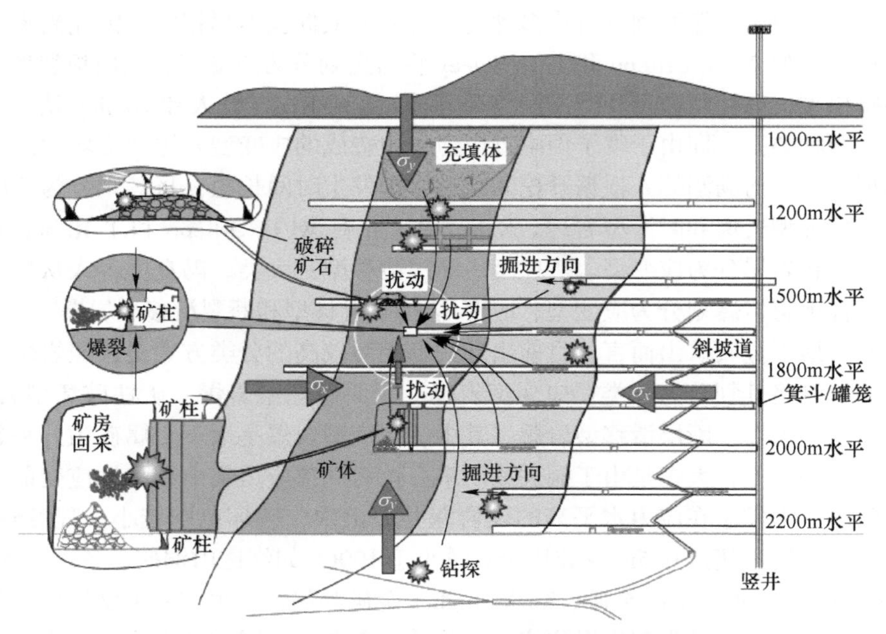

图 1-10　硬岩矿山复杂开采系统诱发动力灾害现象

随着非线性数学理论的发展，有不少学者将岩石的岩爆过程理解为一个非线性的能量释放问题，并开始采用断裂和损伤力学、微观力学、分形理论、突变理论来分析岩爆的发生机制。周辉等人针对现有突变理论仅对单块板裂岩体进行分析的局限性，提出将板裂化岩体作为整体进行研究，考虑了劈裂岩体间的水平应力，改进了突变理论模型在岩爆分析中的应用，并分别计算对比了单块岩板及板裂岩板组合在准静力及动力扰动两种条件下的岩爆倾向性。刘石运用分形几何理论研究冲击速度对块度分维的影响，分析两种岩石动态抗压强度随块度分维的变化关系。梁志勇等人以西南某深埋隧洞为例，推导出岩爆应力强度比判据分界点的统计损伤意义，并从统计损伤理论上解释了岩爆的发生机理。谭以安采用 SEM（扫描电子显微镜）技术对岩爆发生机制进行了系统的研究，并概括了岩爆渐进破坏过程，即劈裂成板，剪断成块，块、片弹射三个阶段，如图 1-11 所示。

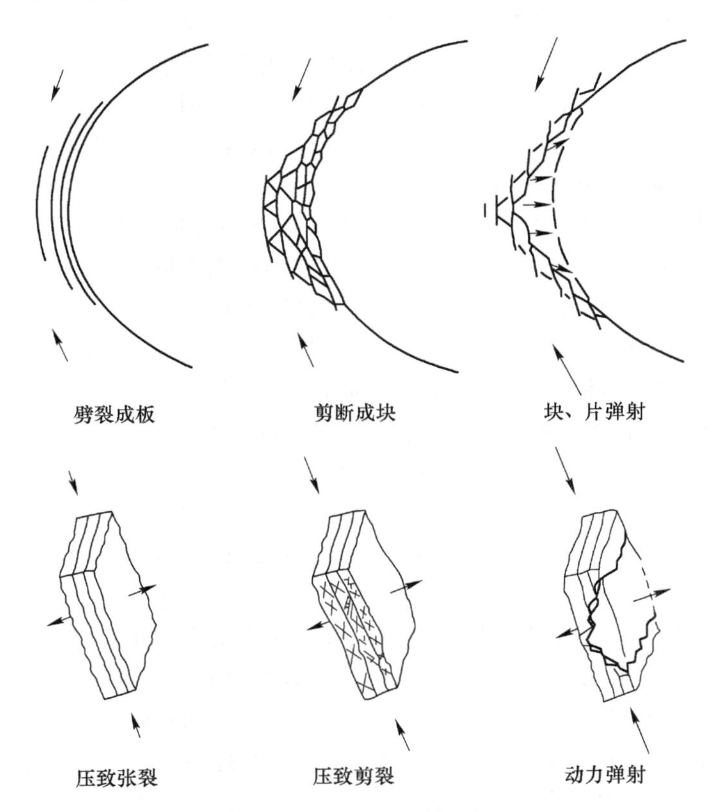

图 1-11　岩爆渐进破坏过程

a—压致张裂；b—压致剪裂；c—动力弹射

近几十年来，随着实验技术不断提高，国内外学者广泛采用室内实验的方法来研究岩爆发生机制与诱导因素，如单轴压缩实验、双轴动静载荷组合实验以及常规三轴卸载实验等。然而，诸多学者对于如何在实验室条件下真实模拟现场岩爆破坏过程的研究始终停滞不前。为此，一些学者相继开展了岩石真三轴卸荷试验研究，并逐渐认识到硬岩板裂化破坏和应变型岩爆之间具有密切的联系，为解释深部硬岩的脆性板裂破坏机理和分析岩爆的发生机制提供了重要的研究思路。何满潮等人利用自主研发的深部岩爆过程实验系统，对深部高应力条件下的花岗岩岩爆过程进行实验研究，研究发现花岗岩岩爆的破坏形式可分为颗粒弹射破坏、片状劈裂破坏和块状崩落破坏三种。吴世勇等人采用真三轴岩爆试验机对锦屏二级水电站引水隧洞深埋大理岩进行了卸载条件下的试验研究，发现其主要破坏方式是板裂化片帮和板裂化岩爆。侯哲生等人认为锦屏二级水电站引水隧洞深埋完整大理岩的破坏类型可分为四类，即张拉型板裂化岩爆、张拉型板裂化片帮、剪切型岩爆和剪切型片帮。周辉等人结合锦屏二级水电站深埋隧洞典型岩爆案例，分析板裂屈曲岩爆的发生机制及结构面作用机制，认为渐进的板裂化破坏过程起到了活跃结构面的作用，而结构面的存在及其扩展降低了板裂化围岩结构的稳定性，促进了岩爆的发生。在板裂化破坏控制方面，周辉等人采用室内试验的方法研究了板裂化破坏的预应力锚固效应，并提出了“及时支护、区域控制及重点加固”的锚喷支护控制策略。

大量工程实践表明，深部硬岩灾害的发生不但与应力场特征和开采扰动有关，还与其赋存的地质构造密切相关。在含有结构面岩体中进行采掘工程时，开采扰动与结构面的相互作用会导致其周围岩体应力场、位移场再次发生变化，进一步诱发更大规模的矿井灾害，如突水、顶板垮落等现象，造成人员伤亡和机械设备损失。裂隙岩体是水利、矿山、交通等地下工程领域广泛遇到的一类复杂工程介质，结构面对岩体力学性质，甚至是岩爆的发生有着非常重要的影响。B. G. White 和 J. K. Whyatt 对 Lucky Friday Mine 发生的一系列岩爆现象进行了现场调研和理论分析，认为岩爆发生的主要原因是岩体沿结构面或层里面的滑动错动使采场内部压应力增加所致。T. O. Hagan 等人通过在井下巷道内引爆炸药的方式来模拟岩爆现象，分析了结构面对于岩爆的影响。张传庆等人采用 $FLAC^{3D}$ 数值模拟研究了结构面作用下岩爆发生机制，分析认为结构面在一定程度上阻碍了围岩应力向深部岩体调整和转移，使得开挖边界与结构面之间产生明显的应力集中。周辉等人在总结国内外结构面型岩爆研究现状、列举典型结构面型岩爆案例的基础上，分析不同结构面类型、产状、不同生产环境、施工方法等条件下结构面对岩爆的作用机制；提出了依据不同结构面作用机制的岩爆分类方法，并将结构面型岩爆分为滑移型、剪切破裂型和张拉板裂型三大类。Manouchehrian 和 Cai 采用 Abaqus 研究了结构面对于隧洞围岩岩爆发生机制的影响，研究结果表明结构面的存在导致试样发生破坏时释放更多的能量，破坏程度也更加剧烈，体现出明显的岩爆特性。

众多学者对于板裂化破坏与板裂（层裂）屈曲岩爆的发生机制与力学行为

进行了深入而广泛的研究，但都是将岩体视为各向同性体。对于深部高应力硬岩屈曲岩爆（属于应变型岩爆）破坏机制的研究大多是对板裂化围岩建立薄板力学模型，并在此基础上进行相关的力学机制分析。所建立的薄板模型也均为各向同性板。而现场实际岩体中由于层理、结构面的存在，往往表现出明显的各向异性。当前对于板裂化破坏与板裂化岩爆控制对策的研究大多还处于定性分析与试验阶段。另外，采用先进数值模拟技术来研究含结构面岩体在开挖卸荷状态下的裂纹扩展演化规律、耦合响应特征以及岩爆发生机理还有待于进一步开展。结构面产状、初始地应力是否会对深埋硬岩巷道围岩稳定性具有一定的影响，开挖卸荷所引起的围岩板裂化破坏（岩爆）与结构面作用下的剪切滑移型破坏（岩爆）是否也存在一定的关联？这些问题都值得深入的思考。

1.3　技术路线和主要研究内容

1.3.1　研究方法和技术路线

拟采用理论分析、室内试验、数值模拟以及现场监测相结合的研究方法，研究实施方案如下：

（1）首先，收集整理有关课题研究的现场资料和相关文献。

（2）其次，对不同高宽比硬岩在单轴压缩下板裂化破坏室内试验的前期工作背景进行简要回顾与介绍。采用FEM/DEM数值模拟技术再现上述室内试验过程，分析单轴受压状态下硬岩的破坏本质，将硬岩尺寸效应引入到真三轴卸载试验之中，为第3章内容做铺垫。

（3）然后，分析真三轴卸载下试样尺寸效应以及不同应力状态对于硬岩板裂化破坏的影响机制，研究硬岩在真三轴卸载下板裂化破坏（岩爆）特征，同时为第5章板裂屈曲岩爆的研究提供试验依据。

（4）进一步地，开展真三轴加载下高应力硬岩板裂化破坏特性试验研究，探讨复杂三向受力状态下硬岩板裂化破坏发生条件和依据。以试验数据为基础，对硬岩真三轴强度准则进行全面的评估。

（5）随后，以第3章试验结果和在现场井下观察到的板裂化破坏现象为依据，探讨高应力层状岩体板裂化破坏与板裂屈曲岩爆发生机制，探讨板裂化破坏与板裂化岩爆之间的内在联系，分析中间主应力对于正交各向异性层状岩体破坏特性的影响，并提出相应的支护措施。

（6）最后，以深埋圆形巷道开挖卸荷过程为例，研究板裂化破坏（岩爆）与剪切滑移破坏（岩爆）之间的互动机制，进一步阐述张拉型破坏和剪切型破坏的区别和联系，揭示深部采动硬岩破坏的结构面作用机制。

1.3.2　主要研究内容

本文针对深部地下硬岩矿山开挖卸荷后在巷道围岩周边或采场硐壁处所产生的一系列板裂化破坏现象，深入探讨深部高应力硬岩板裂化破坏及岩爆诱发机理。主要研究内容如下：

（1）以 Iddefjord 花岗岩为例，采用有限元/离散元耦合数值模拟分析不同高宽比下长方体硬岩裂纹扩展演化规律，阐述硬脆性岩石由剪切破坏到板裂化破坏的转化机制，进一步验证硬岩在受压状态下张拉型破坏的本质。

（2）以汨罗花岗岩为研究对象，采用真三轴卸载试验分析不同试样高宽比与中间主应力作用下长方体硬岩破坏特性，通过设定不同试样高宽比以及中间主应力与最小主应力比值，揭示真三轴卸载下硬岩板裂化破坏发生机制；研究真三轴卸载下硬岩强度变化规律，分析不同试样高宽比与中间主应力作用下硬岩岩爆破坏特性。

（3）以汨罗花岗岩为例，通过真三轴加载试验，研究硬岩在真三轴加载条件下发生板裂化破坏的条件与依据。以真三轴强度数据为基础，根据实际工程可预测性、试验值与预测值偏差、强度准则在偏平面应力轨迹、强度准则在子午面和 τ_{oct}-σ_{oct} 平面应力轨迹 4 个方面因素，对 7 种经典强度准则进行系统评估与分析，以获得合理的真三轴硬岩强度准则。

（4）采用理论分析与现场监测相结合的方式，分析深部高应力硬岩板裂屈曲岩爆的力学机理与控制对策。通过对板裂化岩体建立正交各向异性薄板力学模型，探讨围岩由板裂化破坏到板裂屈曲岩爆的转化机制。依据能量法求解薄板压曲状态下的挠度值，并提出合理的支护措施以防止板裂屈曲岩爆的发生。

（5）采用有限元/离散元耦合数值模拟技术（FEM/DEM）研究开挖卸荷下深埋圆形巷道结构面作用破坏机制，以内蒙古山金红岭铅锌矿大理岩物理力学参数为基础，研究不同预制裂隙（结构面）位置、倾角、摩擦系数以及侧压系数下圆形孔洞周边裂纹扩展规律及其力学破坏特性，探讨板裂化破坏（岩爆）与滑移型破坏（岩爆）之间的内在联系和区别。

2 单轴压缩下硬岩板裂化破坏的有限元/离散元耦合数值分析

一般来说，在实验室条件下，剪切破裂（shear fracture）和纵向劈裂破坏（axia splitting fracture）是硬岩的两种主要破坏模式，但二者之间也存在联系。

早在20世纪60年代，人们就开始关注压缩载荷作用下岩石的纵向劈裂破坏现象，认为该现象的发生和岩石的加载方式、应力条件以及岩石的脆性程度有关，并指出岩石的纵向劈裂破坏和岩石内部的拉伸劈裂裂隙的扩展有关。岩石的轴向劈裂破坏不仅发生在单轴压缩试验中，同时也存在于工程地质和采矿工程现场，人们一般称之为岩石的板裂或层裂破坏。经典的 Mohr-Coulomb 准则以及 Hoek-Brown 准则可以用于分析岩石的剪切破坏及其诱发机理，但是无法解释硬岩所出现的板裂化破坏或者纵向劈裂破坏。格里菲斯理论强调了脆性材料内部缺陷的重要性，该准则认为：在一定应力状态下，这些缺陷将会形成微观拉伸裂纹，最终导致材料脆性拉伸破坏的发生。通过阅读相关参考文献可知，一些学者认为硬岩的破坏机理与岩石内部的拉伸裂纹密切相关，且所采用的方法大多都是基于室内试验。尽管如此，张拉破坏是脆性硬岩破坏机理的假设仍然需要采用多种方法来加以验证和说明。其中，数值模拟方法不失为一种有效的途径。

本章首先对不同高宽比硬岩在单轴压缩下板裂化破坏室内试验的前期工作背景进行简要回顾与介绍，然后对有限元/离散元耦合数值模拟方法原理进行简要的阐述，最后以 Iddefjord 花岗岩为例，采用 ELFEN 数值模拟软件研究单轴压缩下不同高宽比长方体硬岩试样破坏特性，分析不同高宽比下长方体硬岩裂纹扩展演化规律，阐述硬脆性岩石由剪切破坏到板裂化破坏的转化机制，进一步验证硬岩在压缩状态下为张拉型破坏的本质。

2.1 技术研究背景

李地元等人曾对取自挪威的典型 Iddefjord 花岗岩进行了不同高宽比条件下的单轴压缩试验，并通过声发射监测和应力应变监测来研究其破坏模式的转变。试验中所采用的试样高宽比分别为 2.4、1 和 0.5。试样的几何形状如图 2-1 所示。试验在中南大学力学测试中心的 Instron 1342 和 1346 型液压伺服刚性试验机系统上进行。

试验结果从破坏模式、硬岩板裂强度等方面对不同试样高宽比 Iddefjord 花岗

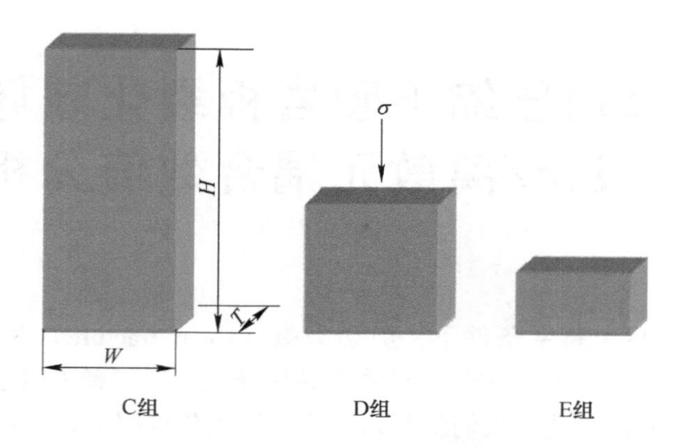

图 2-1 三组花岗岩试样的几何形状示意图

H—高度；*W*—宽度；*T*—厚度

岩的破坏特性进行了系统地分析。同时，李地元还对上述实验进行了 FLAC^{3D} 数值模拟研究。得出以下几点结论：

（1）Iddefjord 花岗岩在单轴压缩下的破坏模式会受到试样高宽比极大的影响，三种试样高宽比由大到小排列，其最终破坏模式分别为剪切破坏，张拉-剪切破坏和板裂化破坏。可见，在单轴压缩下，较矮的试样更容易诱发硬岩的板裂化破坏。而高试样则更容易发生剪切破坏。破坏模式如图 2-2 所示。

（2）Iddefjord 花岗岩的单轴抗压强度随试样高宽比呈现先增加后降低的趋势，认为矮试样具有较低的单轴抗压强度与其破坏模式有关。

（3）Iddefjord 花岗岩的板裂破坏强度大致为该岩石标准圆柱体试样单轴抗压强度的 60%左右，实验结果与 Martin 在现场获得的实验结果具有较高的一致性。硬岩的板裂强度值可以通过其侧向应变偏离线性变化转折点（岩石扩容点）所对应的强度值来确定，而矮试样中的岩石扩容点所对应的应变基本等于巴西劈裂试验中的最大拉伸应变值。

通过先前李地元等人的室内试验可知，单轴压缩下长方体硬岩的影响因素主要体现为试样尺寸效应，且对于硬岩破坏模式的转变（剪切→板裂）给出了合理的预测和判断。然而，先前的室内试验在硬岩破坏过程方面仍然存在一定的不足，如：

（1）试验中没有对单轴压缩下硬岩的裂纹起裂、扩展和贯通全过程进行实时动态观测，只能通过最终的破坏模式来加以分析和判断。准确地描述岩石裂纹扩展行为对于研究硬岩破坏机制至关重要。

（2）在试验结果分析中，作者发现高试样内部宏观剪切带附近可以观察到一系列的微小张拉裂纹。尽管如此，通过肉眼观察仍然存在一定的不确定性，因此对于剪切破坏和张拉型破坏之间的联系和区别并没有得到明确的解释。需要采

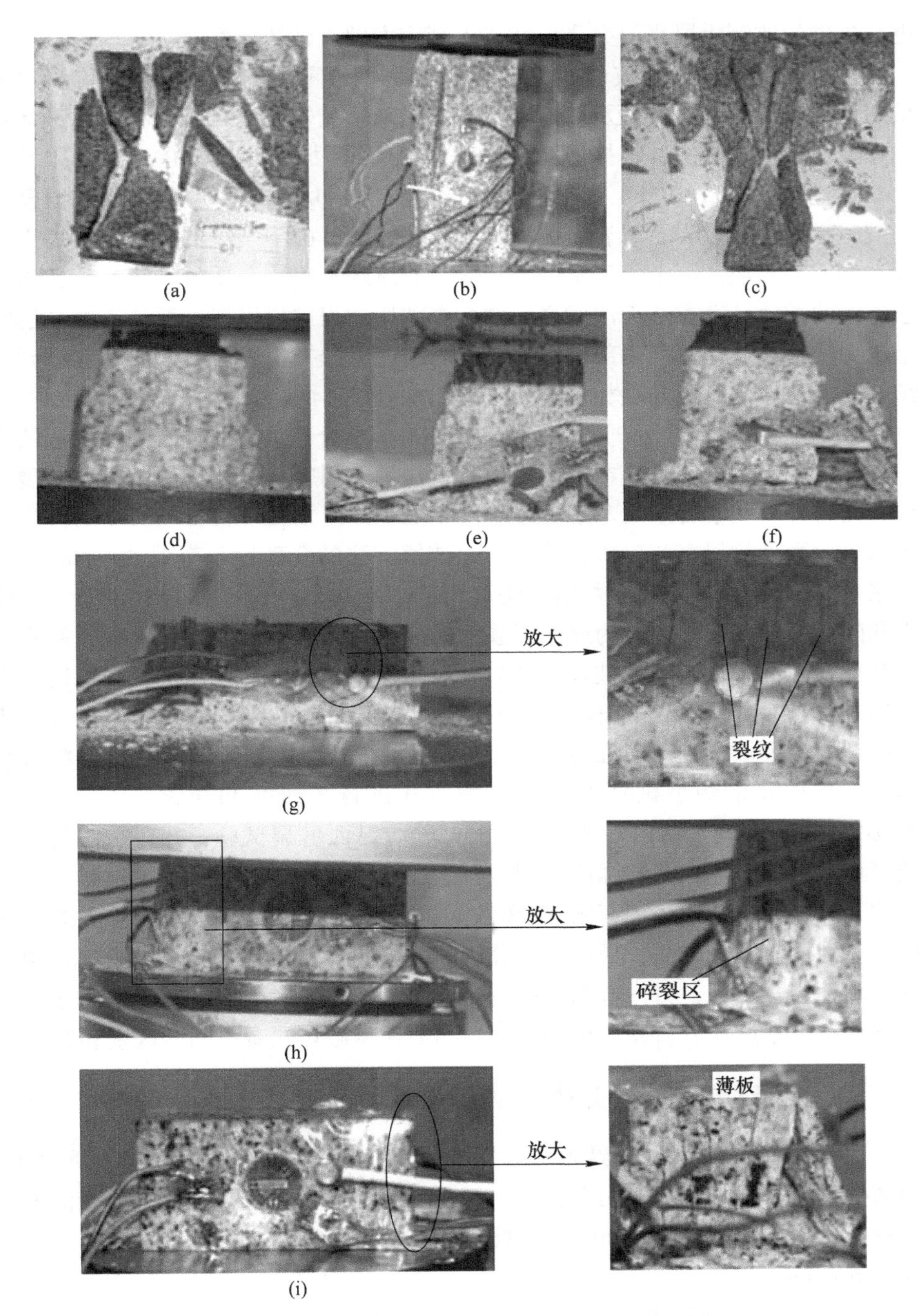

图 2-2 单轴压缩下不同试样高宽比花岗岩试样的破坏模式图

(a) ~ (c) 高试样 ($H/W=2.4$); (d) ~ (f) 中试样 ($H/W=1$); (g) ~ (i) 矮试样 ($H/W=0.5$)

用更为先进的监测手段来研究受压状态下高应力硬岩破坏特性。

脆性材料（如岩石和玻璃）的破坏过程是一个重要的研究领域。许多研究者采用理论分析、室内实验及数值模拟的方式来研究岩石或岩石类材料的破坏特性。在数值模拟方法中，根据不同的原理又分为有限差分法（FDM）、有限元法（FEM），离散元法（DEM）和非连续变形分析（DDA）等。近年来，数值模拟方法被广泛用来研究岩石或岩石类材料的破坏特性。由于裂纹的起裂、扩展以及贯通，岩石的破裂实际上经历了一个从连续介质到不连续介质的转化过程，然而基于连续的数值计算方法无法对岩石的渐进破坏过程进行模拟，而传统的非连续模型也无法计算块体单元内部的破裂过程。因此，选择描述岩石介质从连续到非连续状态的数值工具来开展相关的研究是非常有必要的。

有限元/离散元耦合分析方法（FEM/DEM）结合连续和非连续数值方法的优点，能够模拟完整岩体及其在采用断裂力学相关准则后新生裂纹的萌生和扩展全过程。国内外一些学者采用基于FEM/DEM耦合分析方法对岩石或岩体的破坏特性进行了一系列的研究与分析，验证了此数值方法的合理性与有效性。Mahabadi等人采用有限元/离散元耦合数值方法（ELFEN）对巴西圆盘试样在动态、高应变率和间接拉伸试验中的行为进行了数值模拟。Cai采用ELFEN数值模拟软件研究了巷道开挖面附近岩体的破坏形式以及强度特性。Cai还对含预制裂隙巴西圆盘试样进行了有限元/离散元耦合数值模拟，综合考虑了预制裂隙摩擦系数对于裂纹起裂、扩展的影响。Vyazmensky等人使用有限元/离散元耦合数值分析方法对露天采矿引发的边坡破坏及合理开挖方式进行了研究和探索。Hamdi运用FEM/DEM方法再现了室内常规三轴压缩试验与巴西劈裂试验，并对二维与三维数值模型下试样破坏模式与强度准则进行了比较与验证。

综上所述，本章拟采用有限元/离散元耦合分析方法模拟李地元等人先前所开展的室内试验。一方面，通过对比分析前期室内试验结果，验证该数值模拟方法的准确性与合理性；另一方面，通过岩石内部裂纹扩展规律进一步探讨压缩状态下硬岩破坏本质，分析张拉板裂型破坏与剪切型破坏二者之间的区别和联系。

2.2　有限元/离散元耦合分析方法基本原理

有限元法（FEM）和边界元法（BEM）已广泛应用于断裂力学分析之中。采用网格重划分技术的有限元方法会不断更新裂纹扩展后的网格。边界元法要求在任意介质中或现有元素之间的交界处或生长裂缝段的尖端处具有所谓的“起始点（seed points）”。

根据Vande Steen以及Lavrov等人的描述，BEM中萌生的裂纹仅仅沿网格的边界处开裂，而这些网格是在模拟之前就已经生成了具有三角形法则的Voronoi单元结构。由于网格的单元表明了在介质中形成裂纹的潜在位置，裂纹的路径便取决于网格的形状和密度。

对于接触问题，离散单元法（DEM）和不连续变形分析法（DDA）的功能是非常强大的。接触域被认为是刚性或可变形块体或颗粒的组合，这要求在整个变形或运动过程中使用合适的本构模型来加以识别和持续更新。两个接触块体之间的相互作用通过法线方向的刚度和相对于断裂表面的切线方向的刚度以及摩擦角来加以表征。在 DEM 和 DDA 代码中，处理块体之间的接触是非常有效的。然而，传统的 DEM 和 DDA 方法无法模拟裂纹的萌生和扩展过程，即块体的破碎无法通过新生裂纹而实现。因此，上述数值模拟方法仅能通过事先定义的现有裂纹来研究块体之间的变形和相互作用。

因此，为了将有限元法和离散元法或边界元法的优势相结合，使其通过单一的集成工具而体现出来，提出了一种新型的数值模拟方法，即有限元/离散元耦合分析方法。最初由 Shi 提出的数值流形方法（NMM）正是结合了有限元法（FEM）和不连续变形分析法（DDA）。该方法在使用与物理学问题无关的数学覆盖问题时为连续和不连续问题提供了一个统一的框架。该方法已被广泛应用于模拟岩石裂纹扩展研究之中。

值得注意的是，FEM/BEM 耦合分析方法（FEM/BEM combined method）与 FEM/DEM 联合分析方法（FEM/BEM hybrid method）是两种完全不同的方法，不能将二者混淆。例如，针对一个典型的地下开挖问题，通过采用非线性塑性 DEM 来表示开挖附近的不连续岩体，而采用线弹性 FEM 来表示远场连续岩体。这种同时存在连续体与不连续体的数值模型称为 FEM/DEM 联合方法。由此可知，基于 FEM/DEM 联合分析方法并不会形成新生裂纹（newly generated cracks），而在 FEM/DEM 耦合分析方法中是可以产生新生裂纹的。

有限元/离散元耦合分析方法是将连续介质力学原理与非连续算法有机结合，以实现对可变形体之间相互作用的模拟，最早由 Munjiza 等人提出，其基本思路是：沿已有的不连续面将求解域划分成离散单元体，每个离散单元内部进一步划分有限单元网格，并在有限元法中引入损伤力学和断裂力学理论，离散单元的开裂发生在有限单元的边界上，并采用离散元法处理开裂后块体间的接触。块体的运动及相互作用采用与 DEM 相同的处理方式，即单个块体的运动根据该块体所受的不平衡力或不平衡力矩按牛顿第二定律来确定，块体之间不需要满足变形协调条件，块体可以发生平移和旋转。

本章节采用 Rockfield Software 公司的 ELFEN 软件对单轴压缩试样进行有限元/离散元数值模拟分析。ELFEN 能够对 2D 以及 3D 模型进行隐式和显式动态求解，也可以模拟静态与动态荷载作用下岩石破坏过程，功能强大，ELFEN 能够精确地模拟岩石从连续介质转变为非连续介质的全过程，即当完整岩石（单元体网格由 FEM 域表征时）的破坏准则满足要求时，裂纹便开始萌生、扩展。

ELFEN与其他模拟软件的一个明显的区别在于不仅可以沿网格边界破坏、断裂（inter-element fracturing），还能够允许新生裂纹穿透原始单元网格（intra-element fracturing），如图2-3所示。裂纹是否穿切初始单元体网格主要取决于离散接触参数中“最小单元体”的数值。如果该数值不小于初始单元体网格尺寸，破坏将仅仅沿着网格边界扩展，即发生断裂；若小于初始单元体网格尺寸，还会产生穿切网格破坏形式的破坏，但该值不宜过小于初始单元体网格尺寸，否则将会极大地延长计算时间步，降低运算效率。

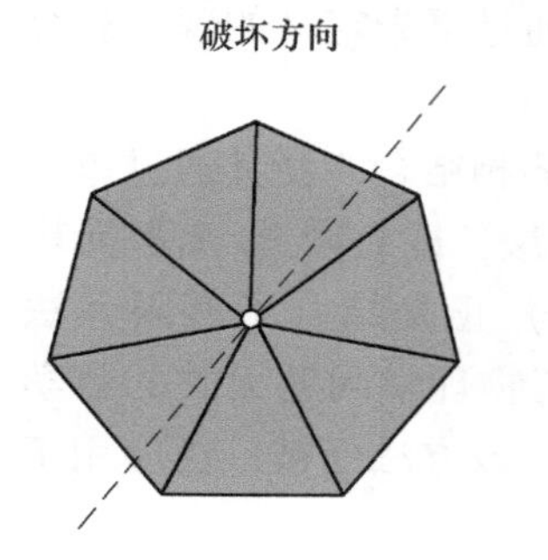

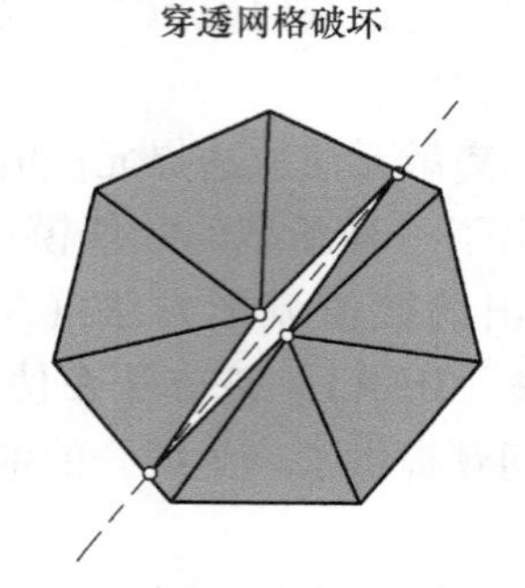

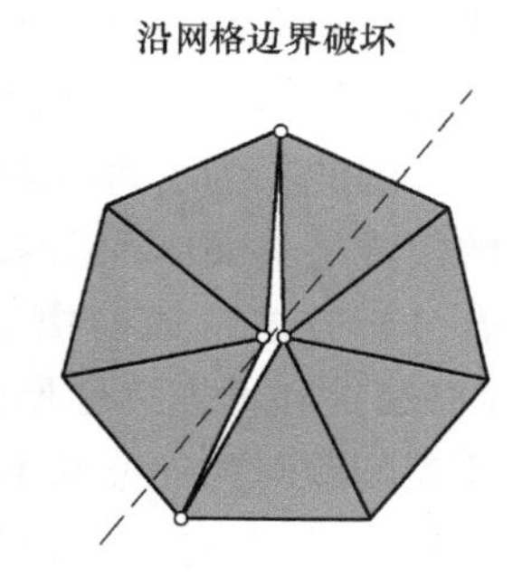

图2-3　ELFEN网格裂纹生成模式

ELFEN拥有大量的本构模型以供选择，还可以结合使用，为不同类型的岩石力学问题创建材料模型。表2-1为ELFEN数值模拟软件中列举的一些典型本构模型。

表2-1　典型ELFEN弹塑性本构模型

模型编号	本构模型	材料参数	破坏机理
3	标准Mohr-Coulomb非线性各向同性硬化模型	初始黏聚力 c 初始内摩擦角 φ 初始剪胀角 ψ 张力截止	连续体
6	Von Mises线性各向同性硬化模型	初始屈服应力 σ_{yo} 线性硬化模量	连续体/侵蚀 由破坏特性指定
7	Von Mises非线性各向同性硬化模型	初始屈服应力 σ_{yo}	连续体/侵蚀 由破坏特性指定
8	Rankine软化脆性破坏模型	抗拉强度 f_t 断裂能 G_f	断裂 由塑性特性指定
14	Rankine旋转裂纹模型	抗拉强度 f_t 断裂能 G_f	连续体/断裂 应用破坏属性指定
15	基于应变率旋转裂纹模型	抗拉强度 f_t 断裂能 G_f	连续体/断裂 应用破坏属性指定

续表 2-1

模型编号	本构模型	材料参数	破坏机理
18	锁定裂纹模型	抗拉强度 f_t	连续体/断裂 应用破坏属性指定
19	含旋转裂纹的莫尔-库仑非线性各向同性硬化模型 (Mohr-Coulomb with rotating crack - nonlinear isotropic hardening)	黏聚力 c 摩擦角 φ 剪胀角 抗拉强度 σ_t 断裂能 G_f (均为初始值)	连续体/断裂 应用破坏属性指定
23	正交各向异性剑桥模型	p_t 初始拉伸截距 p_c 初始预固结压力 M 临界状态线梯度 β 定义顶部形状常量 ξ 偏平面修正项	
28	各向同性剑桥模型	p_t 初始拉伸截距 p_c 初始预固结压力 M 临界状态线梯度 β 定义顶部形状常量 β_0 偏平面修正项 β_1 偏平面修正项 α 偏平面修正项	
30	SR3 模型	p_t 初始拉伸截距 p_c 初始预固结压力 β 摩擦参数 ψ 剪胀参数 β_0 偏平面修正项 β_1 偏平面修正项 α 偏平面修正项 n 幂值 f_t 张力截止（选择性的）	

结合以往相关研究，本文拟采用本构模型 19，即含旋转裂纹摩尔-库仑本构模型（Mohr-Coulomb with rotating crack）来模拟单轴压缩下不同长方体硬岩试样破坏过程。该模型能够同时模拟由于拉伸和压缩作用引起的岩石破坏行为。其中，Rankine 旋转裂纹本构模型（Rankine rotating crack）用于模拟材料在拉伸环境下的破坏。

含旋转裂纹莫尔-库仑本构模型（模型 19）中共含有 5 个塑性材料参数，分

别为黏聚力 c，内摩擦角 φ，膨胀角 ψ，抗拉强度 σ_t，断裂能 G_f。摩尔-库仑屈服准则是库仑摩擦破坏准则的一个概括，因此可以定义为：

$$\tau = c - \sigma_n \tan\varphi \tag{2-1}$$

式中 τ——剪应力，MPa；
σ_n——正应力，MPa；
c——黏聚力，MPa；
φ——内摩擦角，(°)。

在主应力空间中，MC 屈服面呈六面体圆锥形，这种屈服面的锥形性质反映了压应力对屈服应力的影响。在拉伸破坏中，Rankine 旋转裂纹破坏准则可以定义为：

$$\sigma_i - \sigma_t = 0 \quad (i = 1, 2, 3, 4) \tag{2-2}$$

式中 σ_i——各方向主应力，MPa；
σ_t——抗拉强度，MPa。

尽管目前还未将显式软化准则考虑在内，但是间接地软化是由于黏聚力的削减所导致的，即：

$$\sigma_t \leqslant c(1 - \sin\varphi)/\cos\varphi \tag{2-3}$$

经典的摩尔-库仑屈服准则如图 2-4（a）所示。由于摩尔-库仑准则较高的估计了岩石的抗拉强度，Paul 引入了张力截止（tension cut-off）的概念，并对该准则做出了修正，如图 2-4（b）所示。为了模拟应变硬化与软化行为，材料强度参数被定义为有效塑性应变的函数，即：

$$\varepsilon^{-p}(t) = \int_0^t \sqrt{\frac{2}{3}(\mathrm{d}\varepsilon_1^p \mathrm{d}\varepsilon_1^p + \mathrm{d}\varepsilon_2^p \mathrm{d}\varepsilon_2^p + \mathrm{d}\varepsilon_3^p \mathrm{d}\varepsilon_3^p)}\,\mathrm{d}t \tag{2-4}$$

式中 ε^{-p}——有效塑性应变；
ε_1^p，ε_2^p，ε_3^p——最大、中间及最小方向塑性张拉主应变。

在压应力环境下，对于最小主应力方向的非弹性应变，其增量往往伴随着与其同方向抗拉强度的削减与恶化。一旦由摩尔-库仑准则所表征的屈服面在特定元素层次上满足需求，抗拉强度便相继更新。

在受压环境下，最小主应力方向的非弹性应变增量 $\Delta\varepsilon_3^p$ 被认为与其相同方向的拉伸强度降低（损伤）程度相关，即：

$$\sigma_{t3} = \sigma_{t3}(\varepsilon_3^p)$$

$$\varepsilon_{3_{n+1}}^p = \varepsilon_{3_n}^p + \Delta\varepsilon_3^p \tag{2-5}$$

式中 σ_{t3}——最小主应力方向的抗拉强度，MPa；
n——加载步骤。

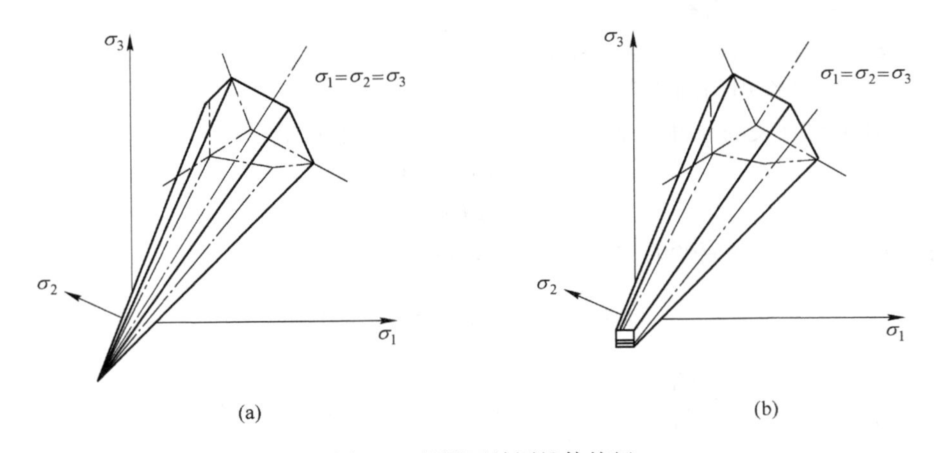

图 2-4 屈服面处圆锥体特征

(a) 经典的摩尔-库仑屈服准则；(b) 修正后摩尔-库仑准则

对于线性软化抗拉强度，式（2-5）可以表示为：

$$\sigma_{t3} = \sigma_{t3}(\varepsilon_3^p) = \sigma_t - H\varepsilon_3^p \tag{2-6}$$

式中 σ_t——初始抗拉强度，MPa；

H——线性软化模量，GPa。

在 ELFEN 中，H 被定义为：

$$H = \frac{\mathrm{d}s}{\mathrm{d}\varepsilon^p} = \frac{h_c^e \sigma_t^2}{2G_f} \tag{2-7}$$

式中 h_c^e——局部单元长度（平均尺寸）；

G_f——断裂能，N/mm。

对于断裂能的解释将在 Rankine 旋转裂纹破坏准则中介绍。

Rankine 旋转裂纹本构模型适用于模拟硬岩、陶瓷以及玻璃等脆性材料的拉伸破坏行为。该模型中最重要的两个材料参数是断裂能（fracture energy）和抗拉强度。当拉伸应力超过材料的拉伸强度时，脆性岩石的破坏机制可以通过 I 型拉伸裂纹来判定。对于 I 型拉伸裂纹主导的问题，采用张拉破坏面来定义模型的初始破坏面，如图 2-5 所示，并用如下公式表示：

$$g = {}^{t+\Delta t}\sigma_i - {}^{t+\Delta t}f_t = 0 \tag{2-8}$$

式中 σ_i——主应力不变量，MPa；

f_t——材料的抗拉强度，MPa。

在初始屈服阶段以后，Rankine 旋转裂纹模型主要通过在主应力不变量方向上削减弹性模量来表示各向异性的损伤演化过程，并有：

$$\sigma_{nn} = E^d \varepsilon_{nn} = (1 - \omega)E \tag{2-9}$$

式中 ω——损伤因子；

nn——与主应力有关的局部坐标系；

E——材料的杨氏模量，GPa；

E^{d}——弹性损伤割线模量，GPa。

与微裂纹有关的线性应变软化的损伤因子可由下式给出：

$$\omega = \frac{\psi(\varepsilon) - 1}{\psi(\varepsilon)} \tag{2-10}$$

式中，$\psi(\varepsilon)$ 为全部应变的函数，可表示为：

$$\begin{aligned}
&\varepsilon \leqslant \frac{\sigma_t}{E} && \psi(\varepsilon) = 1\omega = 0 \\
&\frac{\sigma_t}{E} < \varepsilon \leqslant \frac{\sigma_t}{E} + \frac{\sigma_t}{E_t} && \psi(\varepsilon) = \frac{E^2\varepsilon}{E_t\sigma_t + E\sigma_t - E_tE\varepsilon} \quad (0 < \omega < 1) \\
&\varepsilon > \frac{\sigma_t}{E} + \frac{\sigma_t}{E_t} && \psi(\varepsilon) = \infty,\ \omega = 1
\end{aligned} \tag{2-11}$$

式中　E_t——切向软化模量，GPa。

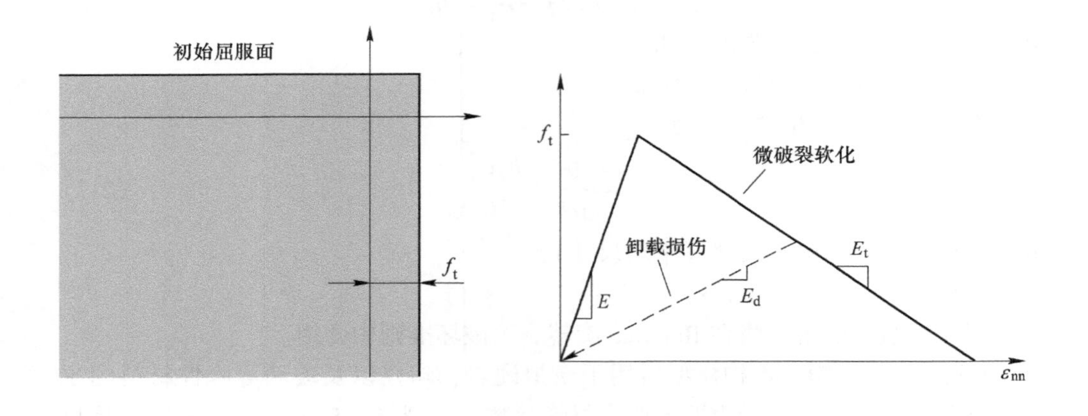

图 2-5　基于 Rankine 旋转拉伸模型的屈服面与应变软化行为

损伤因子与断裂能密切相关，断裂能 G_f 可定义为：

$$G = \int \sigma \mathrm{d}u = \int \sigma\varepsilon(s)\mathrm{d}s \tag{2-12}$$

式中　σ——单轴压缩下试样所受压应力，MPa；

u——应力所对应的位移，m；

ε——相应的应变。

事实上，单位断裂能是在单元面积内产生连续裂纹所消耗的能量，而全部断裂能即为载荷位移曲线所包围的面积，如图 2-6 所示。

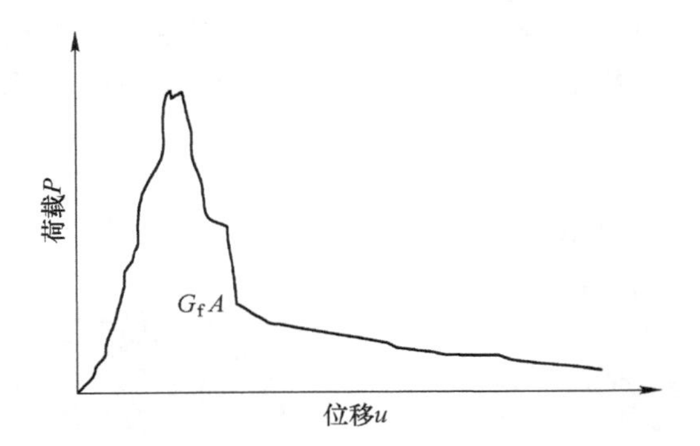

图 2-6 总断裂能计算方式

断裂能 $G_f \cdot A$ 可以通过直接拉伸试验获得，A 为测试试件的横截面积。在局部控制带宽度 l_c 上对软化模型进行积分，可得：

$$E^{T} = -\frac{f_t^2 l_c}{2G_f} \tag{2-13}$$

$$l_c = f(B^e)$$

式中 E^T ——切线模量，GPa；

B^e——单元面积，m^2。

值得注意的是，断裂能还与极限应力强度因子有关，即 I 型断裂韧度与断裂能 G_f 的关系为：

$$G_f = \frac{K_{Ic}^2}{E} \tag{2-14}$$

式中 K_{Ic} ——断裂韧度，$MPa \cdot m^{1/2}$；

E——初始弹性模量，GPa。

2.3 单轴压缩下不同试样高宽比长方体硬岩破坏特性数值模拟

2.3.1 数值模型的建立

试样以及加载装置的几何尺寸如图 2-7 所示。对于二维状态下的平面应变分析而言，ELFEN 数值模拟假定模型的厚度为单元厚度。在当前的研究中，假定试样的厚度为 1mm，模拟三组不同高宽比长方体硬岩试样。试样宽度均为 50mm，高度分别为 100mm，50mm 以及 25mm。文中采用参数 μ 表示试样高宽比，且三组试样高宽比分别为 2、1 及 0.5。本文选取 Iddefjord 花岗岩作为研究对象，目的是为了与李地元等人的实验结果相比较。Iddefjord 花岗岩以及加载装置的物理力学参数以及离散接触参数见表 2-2。模型网格采用非结构化三角形网格。三组模型中对应的网格数量分别为 55188、37362 及 16120 个，如图 2-7（b）~（d）所示。

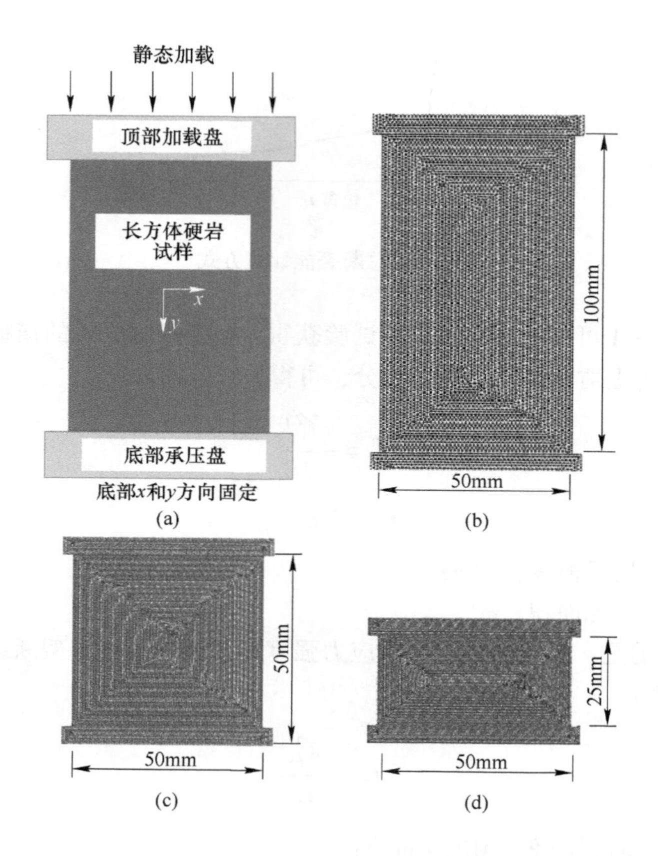

图 2-7　单轴压缩下长方体硬岩几何模型和不同高宽比硬岩试样数值模型

表 2-2　单轴压缩下试样与夹具物理力学参数以及离散接触参数

参　数		Iddefjord 花岗岩	加载盘和承压盘
物理力学参数	杨氏模量 E/GPa	51.7	211
	泊松比 μ	0.19	0.25
	剪切模量 G/GPa	21.7	82
	密度/$Ns^2 \cdot mm^{-4}$	2.62×10^9	7.84×10^9
	黏聚力 c/MPa	39	—
	内摩擦角 φ/(°)	48	—
	抗拉强度 σ_t/MPa	8.3	—

续表 2-2

参　　数		Iddefjord 花岗岩	加载盘和承压盘
离散接触参数	断裂能 G_f/N·mm^{-1}	0.01	—
	正向罚值 P_n/N·mm^{-2}	50000	200000
	切向罚值 P_t/N·mm^{-2}	5000	20000
	新生裂隙摩擦系数 γ	0.5	—
	试样与夹具之间的摩擦系数	0	0
	网格单元尺寸/mm	0.5	0.5
	最小单元尺寸/mm	0.2	0.25
	接触类型	Node-Edge	Node-Edge
	搜索域（search zone）	0.5	0.5
	接触域（contact field）	0.1	0.1

注：本书中所说的新生裂纹是指在外力持续作用下试样内部所产生的一系列裂隙与破坏，区别于在试样内部人工形成的预制裂隙。

断裂能是 ELFEN 中非常重要的参数。当模型具有较高断裂能时，表明试样需要更多的能量来生成裂隙，因此硬岩适用于断裂能较低的情形。一般来说，对于准脆性或脆性材料，断裂能的取值范围一般介于 0.01～0.3N/mm 之间。根据以往参考文献可知，选取 0.01N/mm 以描述 Iddefjord 花岗岩的硬脆性特征。罚值参数（panelty parameters）用来评价法向与切向接触力。正向罚值（P_n）一般取为（0.5～2.0）E，切向罚值（P_t）一般取为 0.1P_n，E 为杨氏模量。Contact field 定义了一个以网格尺寸为函数的最大可容许渗透值，一般取为最小单元网格尺寸的 10%～20%。在当前研究中最小单元网格尺寸为初始单元加密网格的 40%，即允许出现穿透网格的破坏形式（intra-element fracturing），岩体内新生裂隙摩擦系数设为 0.5。搜索域（search zone）用于定义在接触算法中到达局部节点的特性区域。一般而言，它与网格平均尺寸（原始网格单元尺寸）相等。

加载方式采用静态位移控制方式，即底部 x、y 方向约束，在试样顶部逐渐施加位移，全程采用线性加载的方式。试样加载路径如图 2-8 所示。荷载因子表示从 0 开始，所对应的位移同样为 0。当荷载因子达到 1 时，预先设定的 3mm 位移才能全部施加在试样上，此时所对应时间为 1s。值得注意的是，虽然 y 方向位移最

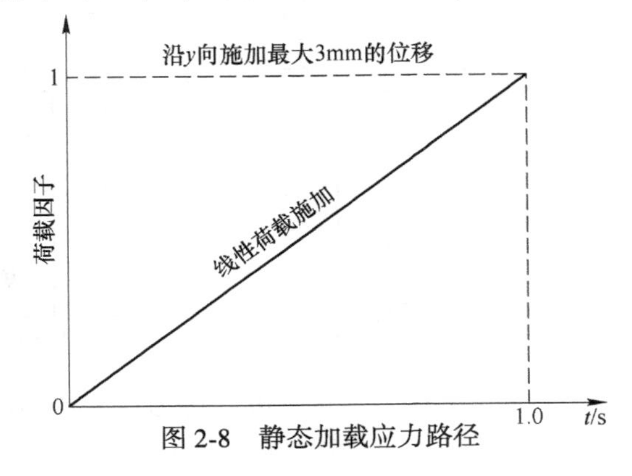

图 2-8　静态加载应力路径

多可达到 3mm，但位移可能在未达到 3mm 时试样就已经发生彻底破坏。

2.3.2　数值模拟结果分析与讨论

2.3.2.1　不同试样高宽比下长方体硬岩裂纹扩展规律

图 2-9～图 2-11 分别为试样高宽比为 2、1 及 0.5 情况下长方体硬岩试样内部裂纹扩展演化全过程。图中编号（a）～（d）表示了岩石从完整状态过渡为破碎状态的典型转变阶段（与图 2-13～图 2-15 中各时间点相对应）。表 2-3 列出了编号（a）～（d）所对应的静态荷载、时间点以及所对应的应力应变曲线阶段。分析图 2-9（a）、图 2-10（a）及图 2-11（a）可知，此阶段并没有任何裂隙产生，该阶段应当为试样压缩变形过程中的弹性阶段，而表示裂纹起裂的 b 点（图 2-9（b）、图 2-10（b）及图 2-11（b）则对应于接近峰值强度的屈服阶段。c 点和 d 点（图 2-9（c）（d）、图 2-10（c）（d）、图 2-11（c）（d））均出现于岩石峰后阶段，分别表示裂纹扩展以及贯通状态。

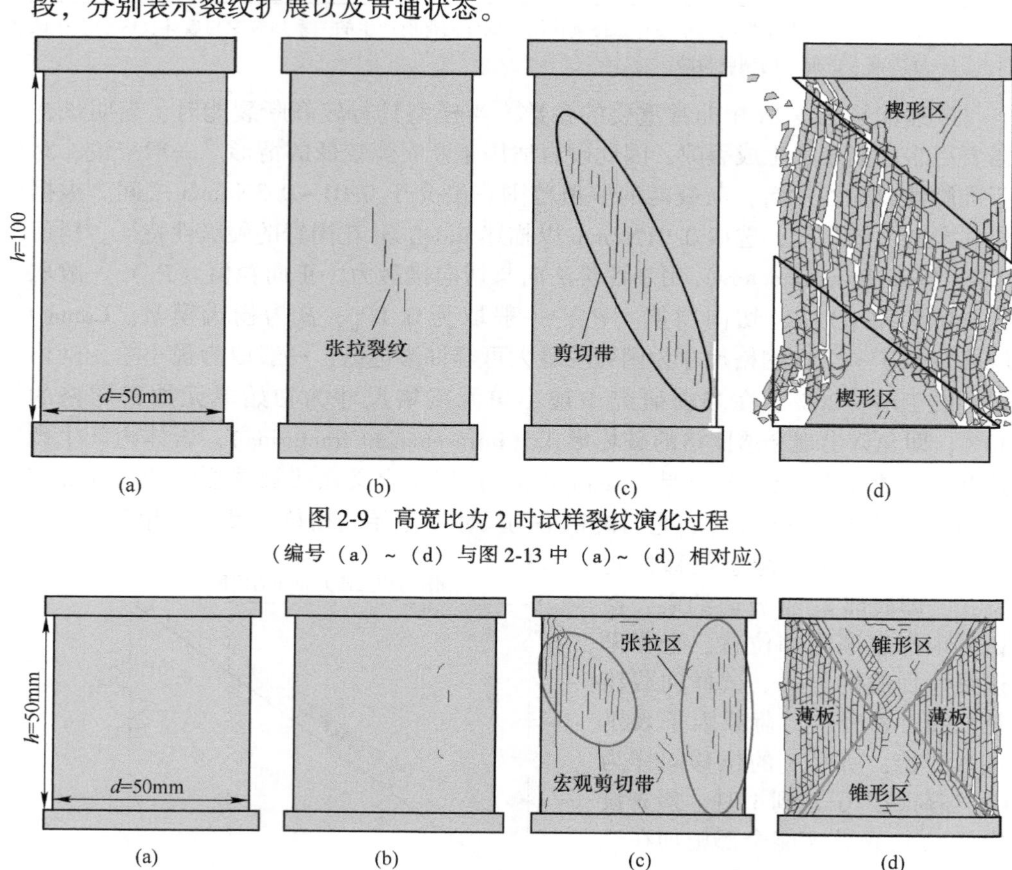

图 2-9　高宽比为 2 时试样裂纹演化过程

（编号（a）～（d）与图 2-13 中（a）～（d）相对应）

图 2-10　高宽比为 1 时试样裂纹演化过程

（编号（a）～（d）与图 2-14 中（a）～（d）相对应）

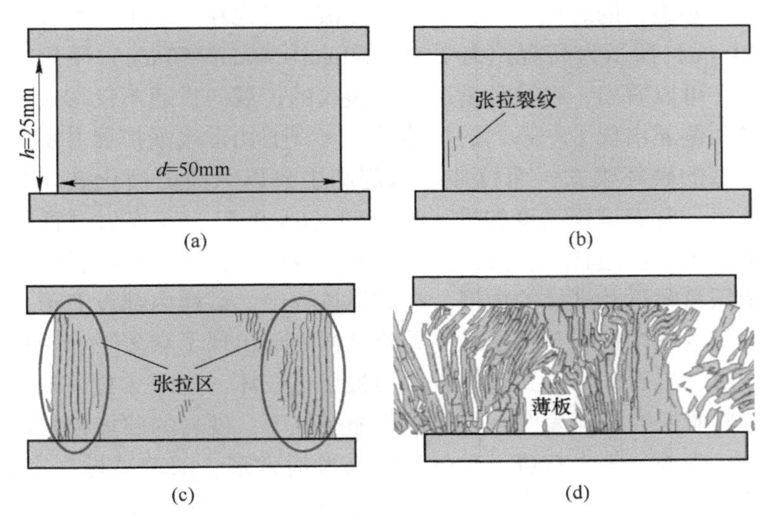

图 2-11 高宽比为 0.5 时试样裂纹演化过程
（编号（a）~（d）与图 2-15 中（a）~（d）相对应）

表 2-3 各编号所对应的破坏过程演化阶段

类型	峰值荷载/N	(a)		(b)		(c)		(d)	
		荷载/N	无裂纹	荷载/N	裂纹起裂	荷载/N	裂纹扩展	荷载/N	裂纹贯通
$\mu=2$	9963.9	2977.1	线弹性	9281.3	屈服	9647.6	峰后	2203.6	峰后
$\mu=1$	12486.1	4826.7	线弹性	11374.1	屈服	10731.8	峰后	3281.2	峰后
$\mu=0.5$	7962.3	1252.1	线弹性	7952.2	屈服	7783.3	峰后	2872.1	峰后

裂纹起裂的位置对岩石和岩体的破坏模式有着重要的影响。从裂纹起裂位置来看，这三种不同试样高宽比硬岩之间存在明显的差别。对于高宽比为 2 的花岗岩试样，新生裂纹首先在试样中心产生并逐渐向对角线方向扩展，如图 2-9（b）、（c）所示。当试样高宽比降至 1 时，新生裂纹开始偏离试样中轴位置并逐渐靠近试样一侧或两侧，如图 2-10（b）所示。随着试样高宽比进一步地降低（$\mu=0.5$），新生裂纹的起裂位置已经转移至试样下部两侧边界附近，并有向顶部加载盘和底部承压盘以及试样中心扩展的趋势，如图 2-11（b）、（c）所示。

观察图 2-9（b）可知，高试样内部所产生的新生裂纹大都基本平行于加载方向。这些微小的裂纹在本质上属于张拉性裂纹。随着载荷的逐渐增加，初始裂纹开始朝试样的对角线方向扩展。由图 2-9（c）可知，这些裂纹（张拉裂纹）逐渐贯通，最终形成宏观剪切带。宏观剪切裂纹将试样分为两个明显的楔形区域，导致硬岩试样的完全破坏（见图 2-9（d））。值得注意的是，尽管在高试样中部观察到一些细长的岩板，但试样的主要破坏模式在宏观上仍然体现为剪切破坏。图 2-10（c）所示为高宽比为 1 时（50mm×50mm×50mm）硬岩试样内部裂纹扩展路径。可以看出，在这种情况下，裂纹的扩展与贯通不仅形成了宏观剪切带，在试样两侧还出现了一系列的拉伸带。宏观剪切带逐渐扩展并贯通，最后形成共轭剪切型的破坏模式，而拉伸带内部则主要以纵向劈裂化破坏为主，如图 2-10（d)所示。随着试样高度的进一步降低（$\mu=0.5$），花岗岩试样的最终破坏模式又发生了进一步地转变。由新生裂纹所组成的拉伸带将逐渐扩展至上部加载盘、下部承压盘附近及试样的中部。在破坏过程中，试样内部没有形成明显的剪切带。拉伸带的逐渐扩展与贯通最终导致试样内部出现了众多平行于加载方向的宏观劈裂裂纹，岩石破坏模式整体表现为板裂化破坏，如图 2-11（d）所示。

前期的实验研究已经表明：在单轴压缩条件下，硬岩的破坏模式与试样高宽比密切相关。李地元等人在进行单轴压缩实验时发现，随着试样高宽比的降低，硬岩试样的宏观破坏模式将由剪切破坏逐渐转变至板裂化破坏。在当前研究中，数值模拟结果表明试样的破坏模式随着试样高宽比的降低同样呈现出剪切破坏→张拉-剪切型破坏→板裂化破坏的转化模式。图 2-12 所示为基于 FEM/DEM 数值模拟结果与李地元等人实验结果破坏模式比较图。

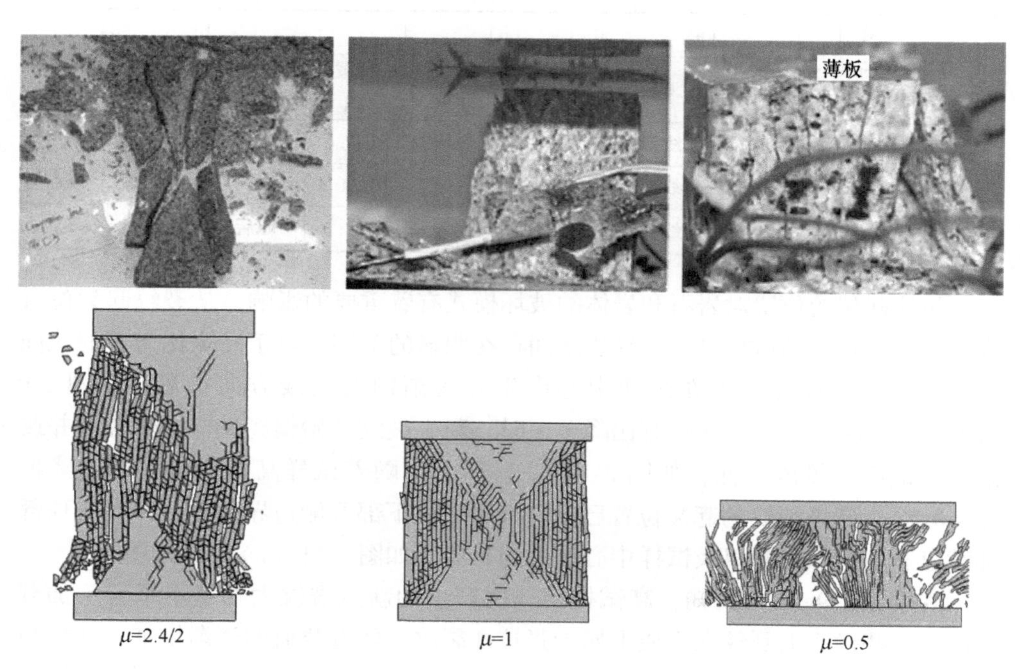

图 2-12　数值模拟结果与室内实验结果破坏模式比较图

早在 20 世纪 60 年代初，人们就开始关注压缩条件下岩石的纵向劈裂破坏。

在这些试验中，Brace 采用自行设计的三轴试验装置进行了大量的单轴压缩和三轴压缩试验。在单轴压缩试验中，他发现在试样宏观剪切带内部存在大量平行于加载方向的微小裂纹。在当前的数值模拟研究中，同样也观察到了类似的破坏现象。通过观察图 2-12 可知，虽然数值模拟结果与室内实验结果在宏观破坏形式上存在一定差别，但在试样内部都观察到了众多微小的拉伸裂纹，尤其是数值模拟结果，这进一步说明和验证张拉型破坏是硬岩破坏本质这一假设，也体现出 FEM/DEM 耦合数值技术在模拟岩石全过程破裂方面的优势。随着荷载的不断施加，在较长的试样中出现了由众多张拉型裂纹所组成的宏观剪切带。可以看出，正是由于试样较高的尺寸才导致这些平行于加载面的微小张拉裂纹没有穿透试样高度方向形成劈裂破坏，使得裂纹在加载方向一定位置处停止扩展与贯通。而随着试样高宽比的降低（$\mu=1$），试样两侧的宏观拉伸带开始逐渐出现，而试样中部仍然由宏观剪切带所占据，呈现出张拉-剪切混合型破坏。当 $\mu=0.5$ 时，其破坏模式将完全转变为板裂化破坏，这种破坏模式主要由于有限的裂纹扩展路径所致。

2.3.2.2 不同试样高宽比对硬岩单轴抗压强度以及板裂化强度的影响

图 2-13～图 2-15 分别为单轴压缩下不同试样高宽比长方体硬岩典型应力-应变曲线图。值得注意的是，在采用 FEM/DEM 耦合分析方法进行数值模拟时，发现只有当硬岩达到或接近其峰值强度时（屈服阶段）才会观察到裂纹的起裂现象。这是因为在 ELFEN 数值模拟中，只有当穿过局部破坏带上的所有荷载能力降至 0 时，裂纹才会出现，因此，裂纹的出现稍滞后于实际情况。类似的现象同样出现于以往的研究之中。

从图中还可以看出，在峰前阶段，三种情况下应力-应变曲线整体上体现出线性特性，屈服阶段不明显。在峰后阶段，单轴抗压强度出现了快速的跌落与降低，残余强度维持在较低的水平，体现出 Iddefjord 花岗岩明显的硬脆性特征。

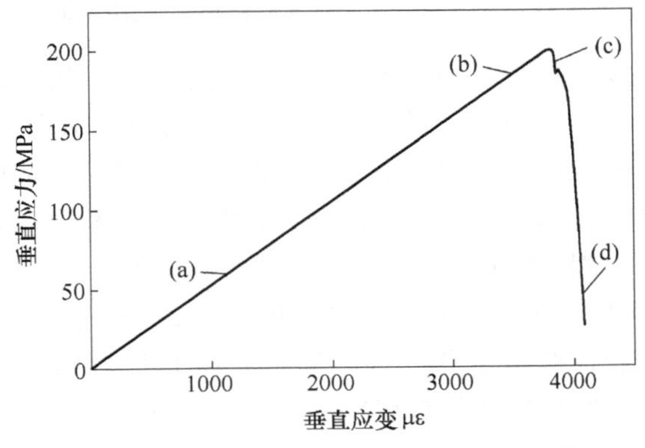

图 2-13 试样高宽比为 2 时硬岩应力-应变曲线

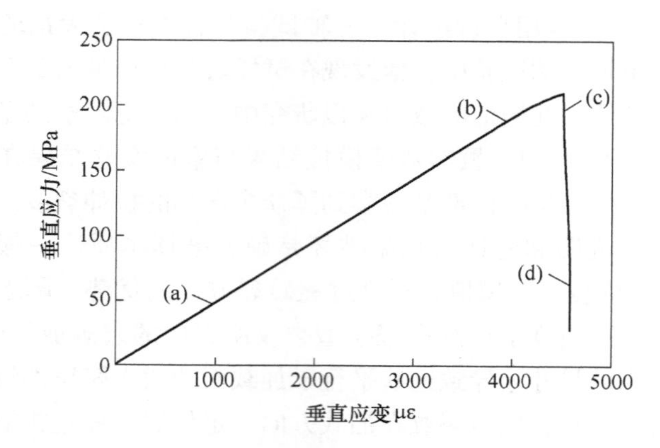

图 2-14 试样高宽比为 1 时硬岩应力-应变曲线

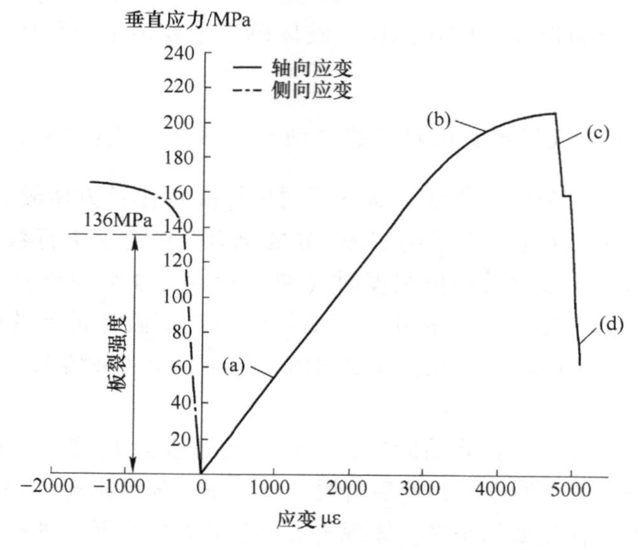

图 2-15 试样高宽比为 0.5 时硬岩应力-应变曲线

通过阅读相关参考文献可知，单轴压缩或三轴压缩下岩石峰值强度会受到试样高宽比极大地影响。尽管在室内实验中采用了如凡士林等试剂以降低摩擦效应，端面效应的影响仍然不可能完全移除，尤其是当试样高宽比较低时。为了说明端面效应对于不同高宽比下试样峰值强度的影响，本文还对摩擦系数为 0.8（加载盘、承压盘与试样之间）时的长方体硬岩试样进行了数值模拟。

图 2-16 所示为基于数值模拟（不同摩擦系数）与室内试验结果的不同试样高宽比花岗岩单轴抗压强度变化趋势。从图 2-16 可以看出，不同摩擦系数下单轴抗压强度随试样高宽比变化趋势截然不同。当摩擦系数为 0.8 时，随着试样高

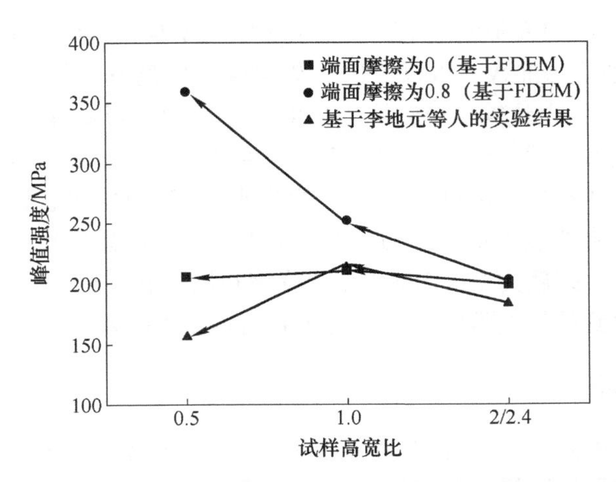

图 2-16 基于数值模拟与室内试验结果的不同试样高宽比花岗岩单轴抗压强度

宽比的降低，Iddefjord 花岗岩的单轴抗压强度分别为 202MPa、252MPa 及 359MPa，呈现出单调递增的趋势。在一定程度上，端面摩擦的存在相当于对矮试样施加了额外的围压。当端面摩擦系数为 0 时，数值模拟得出的三种情况下的峰值强度分别为 199MPa、211MPa 及 205MPa。可以看出，随着试样高宽比的降低，通过含旋转裂纹莫尔-库仑本构模型（模型 19）计算得到的试样峰值强度并没有发生明显的变化。以上分析表明岩石峰值强度对于端面摩擦系数具有极大地依赖性。然而，即使当端面摩擦系数为 0 时，数值模拟结果与李地元等人的实验结果仍然具有一定出入。在他们的实验中，峰值强度随试样高宽比呈现先增大后降低的趋势。

李地元采用 FLAC^{3D}数值模拟软件对不同试样高宽比 Iddefjord 花岗岩进行了分析与研究，并获得了相应的应力-应变曲线。模拟中采用了摩尔-库仑应变软化模型。研究结果表明峰值应力并没有随试样高宽比的变化呈现出与室内试验相一致的结果。这主要是由于摩尔-库仑应变软化准则的单元破坏模式仍然是基于剪切破坏或者拉伸破坏，而不是基于岩石的板裂应力或者拉伸应变，因此摩尔-库仑应变软化模型在预测岩石发生板裂破坏所对应的峰值强度时仍存在一些不足。同样地，当前数值模拟所采用的本构模型仍然是以摩尔-库仑应变软化模型为基础的。尽管如此，通过观察对比室内试验与数值模拟所得到的破坏模式，发现二者具有相当高的一致性与吻合性，体现出 FEM/DEM 耦合数值技术在模拟硬岩破坏过程与裂纹扩展方面所具有的强大优势。

在 ELFEN 数值模拟中，当确定硬岩板裂强度时，简单地将观察到的裂纹起裂点与应力-应变曲线相对应是不准确的。板裂化强度（也称为板裂裂纹起裂强度）的一个方法可通过借助侧向应变-峰值应力曲线确定。当侧向应变开始偏离其线性轨迹时，所对应的应力值即为板裂强度。图 2-15 得出了试样高宽比为 0.5 时侧向应变-峰值应力曲线，可以看出，侧向应变偏离其线性轨迹时所对应的应力值约为 136MPa，大致等于单轴抗压强度（标准圆柱形试样下）的 66%。李地元等人根据室内试验得出的板裂强度为 60% UCS（单轴抗压强度），Martin 在 AECL 的 URL 采矿试验场的试验巷道中观测到一系列硬岩的板裂破坏现象。该隧道开挖后周边围岩的最大切向应力约为 120MPa，隧道围岩为一种典型的花岗岩硬岩，其单轴抗压强度为 220MPa，经计算该花岗岩板裂强度约为 56%。数值模拟结果表明所得到的板裂强度与先前的研究结果基本一致。

2.4 本章小结

本章采用有限元/离散元耦合数值模拟（FEM/DEM）技术研究单轴压缩下不同高宽比长方体硬岩试样破坏特性。得到以下结论：

单轴压缩下长方体硬岩破坏的本质即张拉型破坏。分析发现对于不同高宽比硬岩试样，其裂纹起裂位置并不相同。当试样高宽比为 2 时，其破坏模式在宏观上呈现剪切型破坏，且宏观剪切带是由一系列微小的拉伸裂纹所组成。正是由于试样具有较大的高度才使得张拉型裂纹在加载方向一定位置处停止扩展与贯通。当试样高宽比为 1 时，试样的破坏模式由剪切型破坏逐渐转变为张拉-剪切混合型破坏。当试样高宽比降低至 0.5 时，试样破坏模式已完全转变为板裂化破坏，这是由于有限的裂纹扩展路径所致。在不考虑端面摩擦效应的情况下，采用含旋转裂纹莫尔-库仑本构模型并不能很好地体现出试样高宽比对于立方体硬岩单轴抗压强度的影响，这是由于该模型仍然是基于摩尔-库仑应变软化本构模型建立的。尽管如此，该模型在模拟岩石破坏模式和裂纹扩展方面具有很大的优势。端面摩擦的存在对硬岩的单轴抗压强度的影响较大，摩擦系数越大，矮试样所对应的单轴抗压强度越高。分析应力应变曲线可知，当试样高宽比为 0.5 时，侧向应变发生线性偏离时所对应的应力值约为单轴抗压强度的 66%，即为岩石的板裂化强度。

3 真三轴卸载下高应力硬岩板裂化破坏的试验研究

由于大量初始能量储存于深部高应力硬岩之中，地下工程的开挖与扰动势必会转移和释放围岩内部储存的一部分能量，最终导致高应力岩体不同程度的破坏。地下工程开挖以后，巷道周边岩体（卸荷岩体）的受力状态将由三维受力逐渐过渡为二维或一维受力状态。深部卸荷岩体处于“三高一扰动”的复杂地质力学环境之中，岩体的力学行为将发生巨大的改变。开挖卸荷后深部硐室围岩受力状态改变和扰动载荷作用导致近场围岩的强度和承载能力弱化加剧，不稳定块体增加及地下水渗流条件恶化，诱发工程失稳破坏。开挖卸荷后松动圈的发展给深部工程围岩稳定性分析及确定合理的支护方案带来了困难。在有岩爆倾向的硬岩矿山或隧道硐室，一些与浅埋岩体截然不同的岩石破坏形式引起了人们的注意，如硐室周边的一些应力集中区域往往出现板裂、层裂等破坏现象。

国内外诸多学者采用室内实验和数值模拟的手段研究了 σ_2对于岩体破坏特性的影响。值得注意的是，尽管高应力岩体破坏模式与强度特性的研究已经取得了重要的进展，然而对于真三轴条件下试样尺寸效应（试样高宽比）对于岩体破坏的影响还不多见，尤其是在真三轴卸载状态下。尽管本书第 2 章对于单轴压缩下不同试样高宽硬岩的破坏强度及破坏模式进行了研究，然而并没有体现出深部高应力岩体复杂应力状态和开挖卸荷这一重要特征。

图 3-1 所示为贵州开磷集团有限责任公司马路坪矿 640 中段内拍摄到的非对称巷道。从图中可以看出该巷道的断面形状并非长方形或正方形，而是梯形。准确地理解巷道两侧边墙的破坏特性将有助于确定巷道开挖松动区的破坏范围，进而合理地优化巷道支护设计并实现合理的机械化连续开采。在非对称巷道内，巷道两边墙内围岩的强度是否一致，巷道两侧岩体破坏模式是否存在差别，破坏程度如何？进一步地，开挖边界岩体的破坏特性会不会受到应力状态与巷道尺寸的联合影响与作用？

本章的主要研究目的是调查真三轴卸载状态下 σ_2和试样高宽比对于长方体硬岩破坏模式、强度变化及岩爆特性的影响，进而探讨深部岩体开挖卸荷状态下板裂化破坏与剪切破坏的转化机制，分析真三轴卸载下高应力硬岩裂纹扩展规律。真三轴卸载试验分为三组，每一组硬岩具有不同的试样高宽比。同时，试验还设计了不同的应力加载路径（σ_2/σ_3），目的是为了研究最小主应力 σ_3（卸载

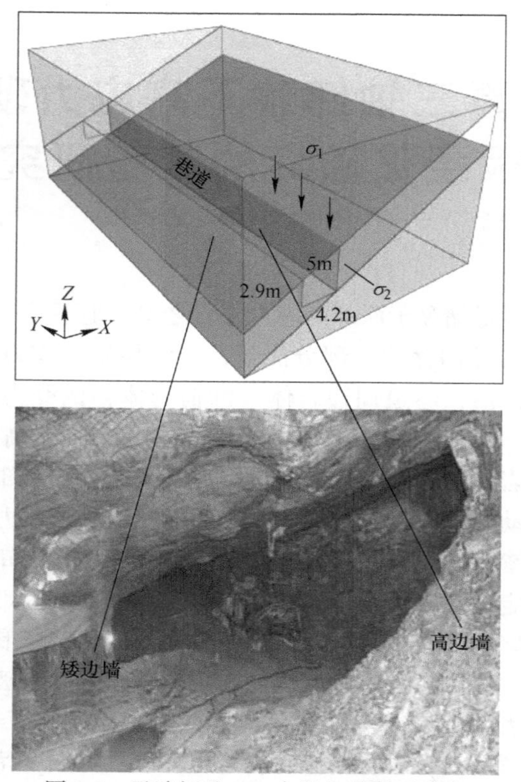

图 3-1　马路坪矿 640 中段巷道断面形状

前）对于岩体破坏特性的影响。试验中采用位移引伸计、声发射监测系统及高速相机以实现对真三轴卸载试验破坏全过程的实时动态捕捉。

3.1　不同试样高宽比硬岩真三轴卸载试验设计

3.1.1　试样制备

岩石试样材料为花岗岩，属于典型硬脆性岩石，取自湖南省汨罗市境内。为了降低试样的非均质性，试验所有五组硬岩试样均取自一整块岩石之上。五组试样分别为：

A 组：四个圆柱形标准试样（单轴压缩实验），直径 50mm，高度 100mm；

B 组：四个巴西圆盘试样（巴西劈裂实验），直径 50mm，厚度 25mm；

C 组：38 个长方体试样（真三轴卸载试验），高度 100mm，宽度 50mm，厚度 50mm（高宽比为 2）；

D 组：38 个立方体试样（真三轴卸载试验），高度 50mm，宽度 50mm，厚度 50mm（高宽比为 1）；

E 组：38 个长方体试样（真三轴卸载试验），高度 25mm，宽度 50mm，厚度 50mm（高宽比为 0.5）。

A 组和 B 组试样用于测试花岗岩试样的单轴抗压强度和间接抗拉强度。根据国际岩石力学协会（ISRM）标准，采用 Instron 1346 伺服液压试验机进行单轴压缩实验，并采用 Instron 1342 伺服液压试验机进行巴西劈裂实验。汨罗花岗岩的基本物理力学参数详见表 3-1。岩石试样的物理力学参数表明本次实验所选择的花岗岩属于极强岩石，体现了试样的硬脆型特性。C 组、D 组和 E 组试样用于真三轴卸载试验研究。图 3-2 所示为三组制备好的不同试样高宽比花岗岩样品。为了最大限度地降低试验过程中的端面效应，使用研磨机仔细地对试样的六个表面进行抛光与打磨，使得表面光滑，垂直度良好。试样表面的均匀度和垂直度误差均控制在 0.02mm 以内。

表 3-1 汨罗花岗岩基本物理力学参数一览表

A 组平均尺寸 /mm×mm	B 组平均尺寸 /mm×mm	密度 /g · cm^{-3}	杨氏模量 /GPa	泊松比	BTS /MPa	UCS /MPa	单轴压缩下破坏模式
49.6×101.5	50.2×25.6	2.49	49.5	0.21	11.2	107.4	剪切破坏

注：BTS 为试样的间接抗拉强度，UCS 为试样的单轴抗压强度。

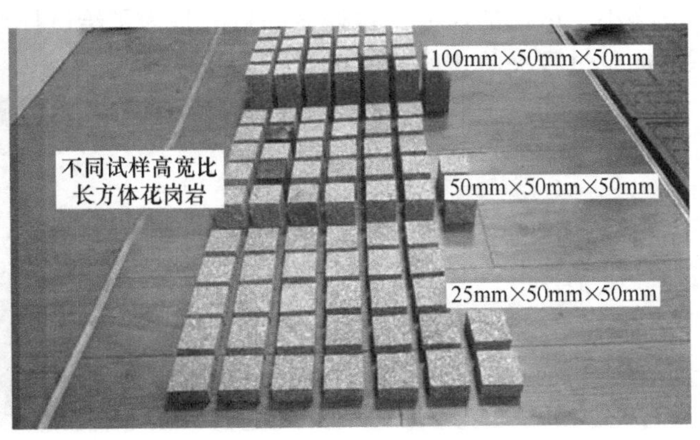

(a) (b)

图 3-2 不同试样高宽比汨罗花岗岩试样

3.1.2 真三轴卸载设备及其新型加载装置

真三轴卸载试验是在中南大学高等研究中心的岩石真三轴电液伺服诱变（扰动）试验系统上进行，如图 3-3（a）所示。测试系统主要由操作平台、伺服控制器、操作控制系统、声发射监测系统（model PCI-2；Physical Acoustics）组成。声发射传感器固定于夹具之上，用于监测试样破坏过程中声发射的破坏特性。声发射触发水平设置为 40dB，数据获取率设置为 0.5MHz。试验过程中，采用高速摄像机（FASTCAM SA1. 1）记录试样破坏全过程。

为了使本次试验的试样尺寸满足真三轴电液伺服诱变（扰动）试验系统的加载要求，设计并采用了一种新型加载装置。由图 3-3（b）～图 3-3（d）可知，该加载装置是主要由硬质箱体以及 6 个夹具（由锰钢制成）组成。硬质箱体放置于真三轴平台之上。夹具可以从硬质箱体中穿过，并固定于平台底座之上，以防止在加载过程中发生错位或偏移。四个水平方向均保留有一个特定的凹槽，以放置水平方向的夹具。试样位于硬质箱体之内，试样的轴线应尽量与夹具的轴线相重合。加载油缸和环形缸通过锰钢制夹具将荷载传递至试样之上。初期加载阶段，需要人为地对水平方向和垂直方向夹具进行校正，以使试样与夹具实现精准对接。硬质箱体以及夹具应当具有足够的硬度和强度以防止在加载过程中可能发生的变形。在加载时，水平方向的 4 个夹具均置于硬质箱体之上，为了尽量避免由于摩擦所导致的挤压与变形，在四个凹槽内均匀地涂抹凡士林，试样的 6 个表面也应当均匀地涂抹一定量的凡士林以降低三向受力状态下的端面摩擦效应。凹槽的宽度应略大于夹具的宽度，一般留有 1.5mm 的空隙即可。值得注意的是，凹槽的宽度不应过大于夹具的宽度，否则可能会导致在加载过程中使加载方向发生偏移，导致试样由于应力集中而提前发生破坏。另外，所有 6 个夹具的尺寸均应略小于试样的尺寸，这样做的目的是为了给试样留有足够的变形空间，以避免在加载过程夹具之间相互的碰撞与挤压。

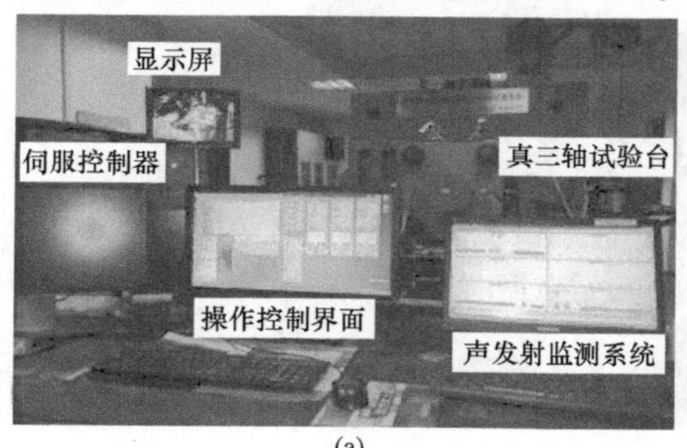

(a)

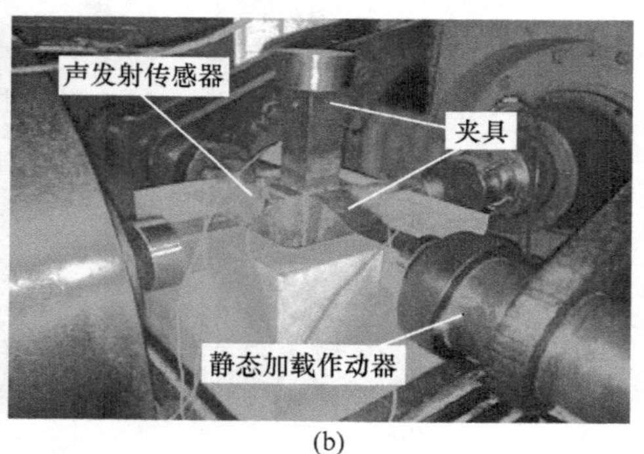

(b)

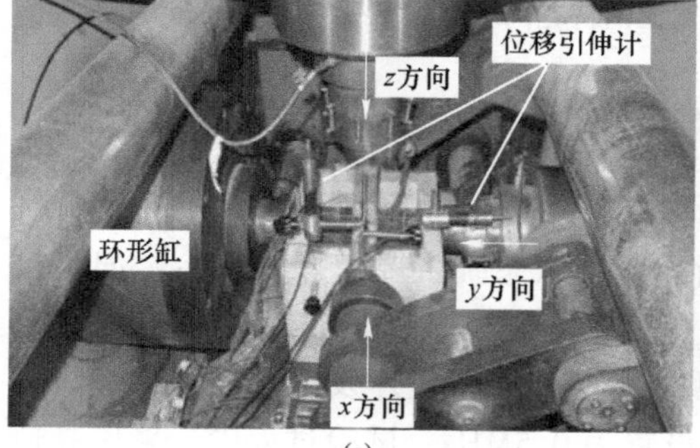

(c)

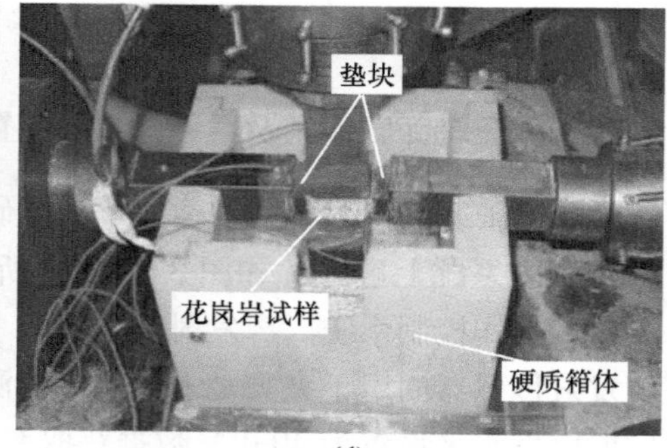

(d)

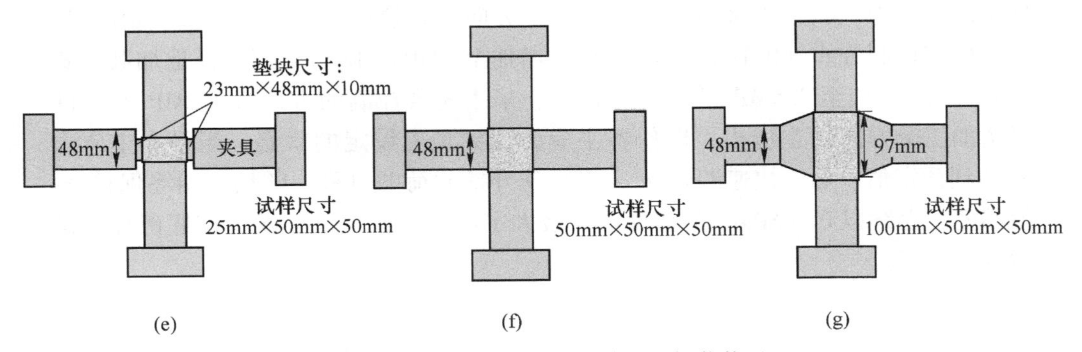

图 3-3 真三轴测试系统及其新型加载装置

(a) 真三轴测试系统概览图；(b) ~ (d) 试样高宽比为 2、1、0.5 时真三轴卸载试验加载装置图；(e) ~ (g) 试样高宽比为 2、1、0.5 时新型加载装置与不同试样高宽比花岗岩安装示意图

真三轴卸载试验所使用的试样尺寸共有三种（试样高宽比分别为 2、1 和 0.5）。为了满足试验时所有试样尺寸的要求，对真三轴加载装置进行了一定的改进。对于矮试样而言（25mm×50mm×50mm），试样表面（4 个面，见图 3-3（d））和夹具之间还需设置一个垫块，并采用 AB 胶进行固定，放置一天后方可使用。垫块的断面应略小于 25mm×50mm，如图 3-3（e）所示。对于中试样而言（50mm×50mm×50mm），6 个夹具断面尺寸均为 48mm×48mm，如图 3-3（f）所示。对于高试样而言（100mm×50mm×50mm），为了在加载过程中能够使力均匀地传递至试样的表面之上，将锰钢制夹具靠近试样表面一侧加工成梯形，同样，梯形夹具断面尺寸应略小于 100mm×50mm，如图 3-3（g）所示。为了降低三向受力状态下的端面摩擦效应，在试样的 6 个表面还均匀地涂抹有一层黄油。

3.1.3 试验方案

根据不同的试样高宽比，将真三轴卸载试验分为三个大组进行。在每一组测试中，根据不同的中间主应力与最小主应力比值（σ_2/σ_3）又分为三个小组，分别为：1.5/1、2/1 和 3/1。每做完一个试验即重复一次，以确保试验结果的可靠性（用 a 和 b 区分开）。以 C-10-15-50-b 为例，C 表示试样高宽比为 2 的大组，10 表示预先施加的 σ_3 为 10MPa，15 表示预先施加的 σ_2 为 15MPa，50 表示预先施加的 σ_1 为 50MPa，b 表示第二次重复实验。当预定 σ_2 不小于 120MPa 时，预先施加的 σ_1 与 σ_2 值需相等，这样做的目的是为了尽量降低最大主应力预先设定值，确保试验操作的可靠性和安全性。

真三轴卸载试验的典型应力路径如图 3-4 所示。本次试验的加卸载过程仿照赵星光和蔡明及李夕兵等人的试验过程进行。采用移除 σ_3、保持 σ_2 不变、增加 σ_1 的加卸载过程可以较为客观地模拟开挖卸荷以后巷道周边岩体切向应力集中的现象。试验中，σ_1位于 Z 方向，σ_2位于 Y 方向，σ_3位于 X 方向。试验开始阶段，采用位移控制方式（0.1mm/min）将 σ_1增加至 1MPa，随后采用同样地加载方式将 σ_2和 σ_3增加至 0.5MPa。检验无误后，采用荷载控制的方式（0.2MPa/s）同时增加三个方向的主应力，以使各主应力达到预先设定的状态。当最大主应力 σ_1达到预定值以后，快速卸载 σ_3，以再现开挖卸荷的过程。随后，始终保持 σ_2值不变，继续以 0.5MPa/s 的速度增加最大主应力，直至试样发生彻底破坏时试验方可结束。

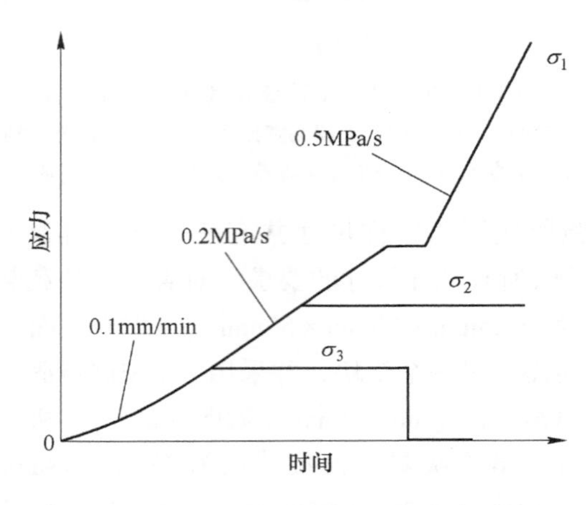

图 3-4　真三轴卸载应力路径示意图

3.2　试验结果

3.2.1　不同试样高宽比长方体硬岩破坏模式

图 3-5~图 3-7 所示为真三轴卸载下不同试样高宽比长方体硬岩在 σ_2/σ_3恒等于 1.5/1 时的典型破坏模式。为了便于说明，本文将高宽比为 2、1 及 0.5 的花岗岩试样分别定义为高试样、中试样及矮试样。由图 3-5 可以看出，对于高试样，当 σ_2为 15MPa 时（C-10-15-50），其最终破坏模式为剪切破坏。通过仔细观察发现该破坏面是由两条沿着对角线方向的宏观剪切带组成。当 σ_2增加至 20MPa 时（C-20-30-50），更多的宏观裂纹以剪切型和张拉型的组合形式出现于试样内部。此时，试样的最终破坏模式为张拉-剪切型破坏。当 σ_2不小于 45MPa 时，试样的破坏模式将完全转变为张拉板裂化破坏，试样内宏观裂纹基本平行于 σ_1方向。对于试样高宽比为 1 的立方体硬岩试样，随着 σ_2的不断增加，也会观察到张拉-剪切型向板裂化破坏模式转化这一趋势，但对应于破坏模式转变的 σ_2值发生了整体的变化。此时，在较低的 σ_2情况下，试样的破坏模式不再是剪切

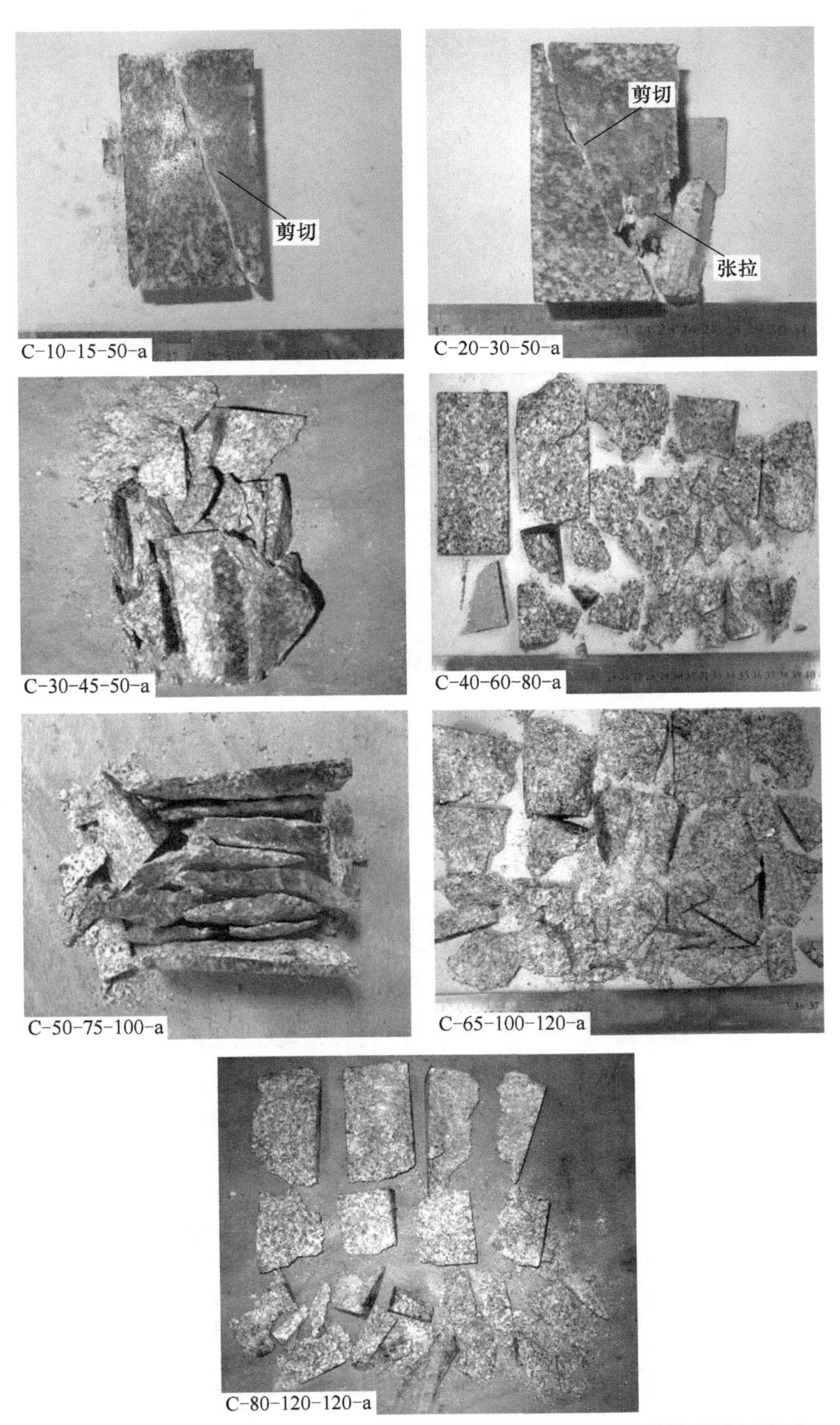

图 3-5 真三轴卸载试验 C 组试样在 σ_2/σ_3 恒等于 1.5/1 时典型破坏模式

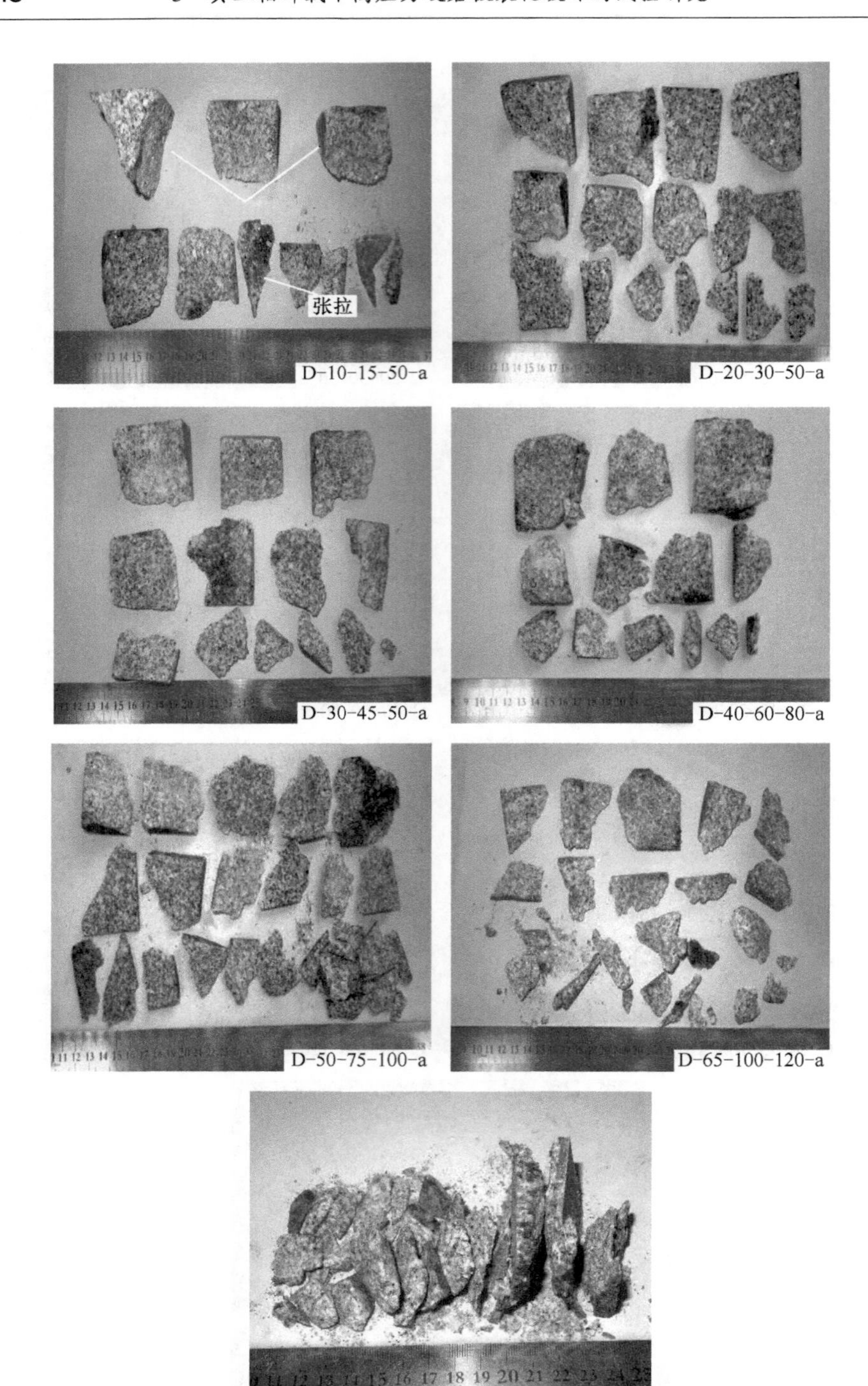

图 3-6　真三轴卸载试验 D 组试样在 σ_2/σ_3 恒等于 1.5/1 时典型破坏模式

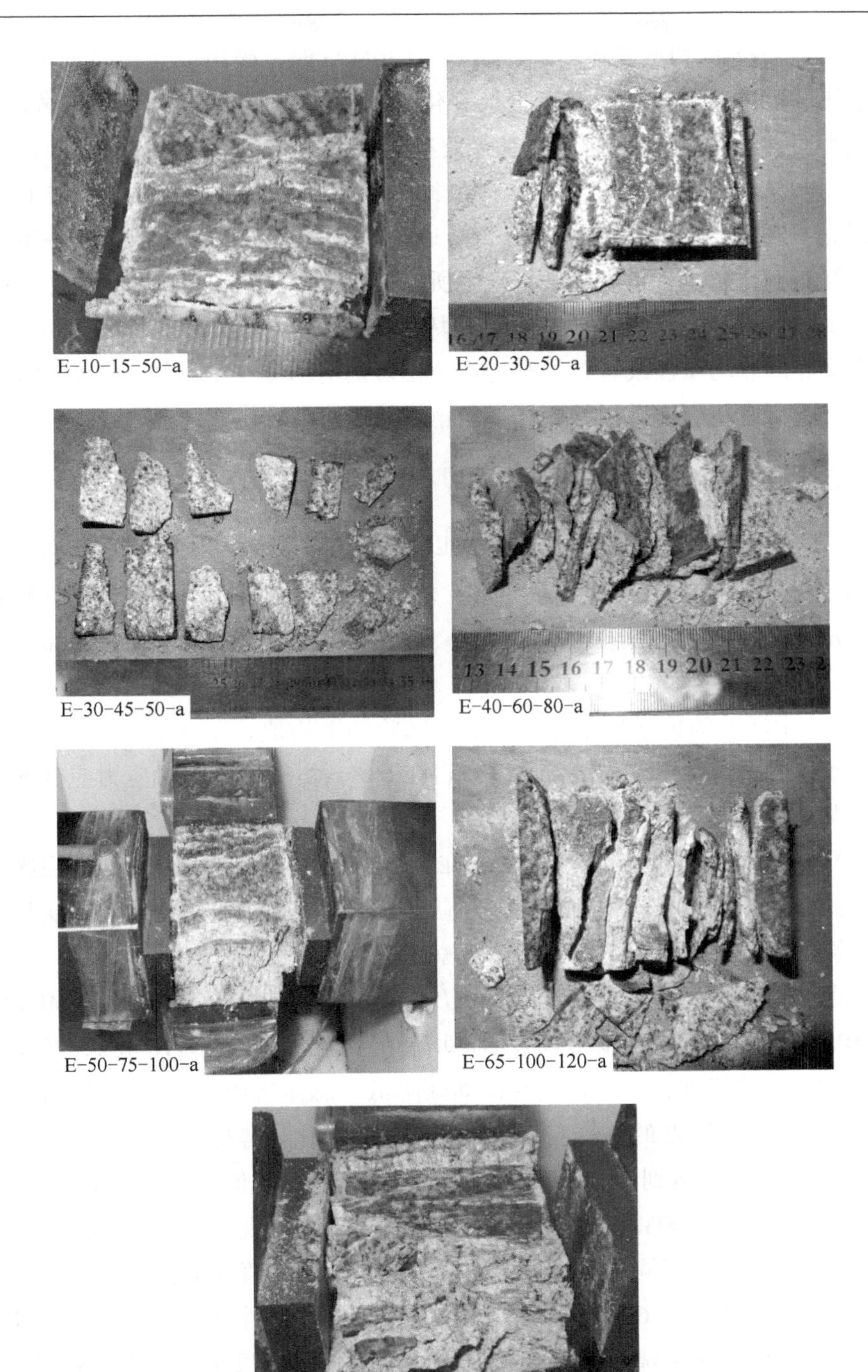

图 3-7 真三轴卸载试验 E 组试样在 σ_2/σ_3 恒等于 1.5/1 时典型破坏模式

破坏，而是张拉-剪切型破坏。当 σ_2 不小于 30MPa 时，破坏模式将完全转变为板裂化破坏。可以看出，中试样发生板裂化破坏时所对应的 σ_2 要小于高试样。对于矮试样而言，无论 σ_2 为何值，其最终破坏模式始终为板裂化破坏。对于 σ_2/σ_3 为 2/1 和 3/1 时的情况而言，试样最终破坏模式的转化趋势与 1.5/1 时相类似，因此不再进行详细的比较与分析。通过以上分析可以得出，在真三轴卸载下，试样高宽比越小，板裂化破坏发生所对应的 σ_2 阈值就越低。值得注意的是，试样 D-10-20-50-a 的破坏模式为剪切破坏而并非张拉-剪切型破坏。这可能是由花岗岩试样的非均质性或者是加载过程中出现的应力集中所致。表 3-2 列出了真三轴卸载下所有花岗岩试样的破坏平面角及其最终破坏模式。

3.2.2 应力应变曲线和声发射特性

为了调查真三轴卸载下试样高宽比以及 σ_2 对于花岗岩强度特性和破坏过程（包括裂纹起裂、扩展及贯通）的影响，本文给出了不同组别花岗岩试样峰值卸载强度 σ_1、AE 计数及累计 AE 能量值，见表 3-3。AE 指 Acoustic Emission，即声发射。

表 3-3 中所有的数据为综合两次重复试验的平均值。图 3-8～图 3-10 绘制了真三轴卸载下不同试样高宽比长方体硬岩在 σ_2/σ_3 恒等于 2/1 时应力应变曲线和对应的声发射曲线。

从图 3-8 中可以看出应力应变曲线在全部加载阶段均呈现出典型的硬脆性特征。除了压密闭合阶段以外，峰前应力应变曲线阶段的非线性特性并不明显。类似的现象也可以在图 3-9 和图 3-10 中观察到。

峰值卸载强度随 σ_2 的增加同样呈现出一定的变化趋势。当 σ_2 从 20MPa 增加至 60MPa 时，峰值卸载强度呈现单调递增趋势，且最大值为 176MPa。然而，随着 σ_2 值的进一步增加，峰值强度开始逐渐降低。总体来说，峰值卸载强度随 σ_2 变化呈现先增加后降低的整体变化趋势。类似的变化趋势也可以从图 3-9 中看出（D 组实验），即 σ_2 达到 60MPa 时峰值卸载强度达到极值。然而，对于 E 组试样，只有当 σ_2 达到 100MPa 时最大峰值卸载强度才会出现，在此之前整体呈单调递增趋势。对于三种不同试样高宽比硬岩而言，最大峰值卸载强度（C 组、D 组和 E 组分别对应于 σ_2 = 60MPa、60MPa 和 100MPa）分别为 176MPa、195MPa 和 275MPa，表明随着试样高宽比的降低，最大峰值卸载强度呈现单调递增的趋势。对于 σ_2/σ_3 为 1.5/1 和 3/1 的情况，其峰值卸载强度具有类似变化趋势，这里不再赘述。

表 3-2 真三轴卸载试验花岗岩试样破坏平面角及其对应破坏模式

试样编号	破坏角/(°)	破坏模式	试样编号	破坏角/(°)	破坏模式	试样编号	破坏角/(°)	破坏模式
C-10-15-50-a	68	剪切	D-10-15-50-a	70，80	张拉-剪切	E-10-15-50-a	82	板裂
C-20-30-50-a	70，80	张拉-剪切	D-20-30-50-a	82	板裂	E-20-30-50-a	80，82	板裂
C-30-45-50-a	78，85	板裂	D-30-45-50-a	78，85	板裂	E-30-45-50-a	83	板裂
C-40-60-80-a	82，85	板裂	D-40-60-80-a	80，85	板裂	E-40-60-80-a	80	板裂
C-50-75-100-a	80	板裂	D-50-75-100-a	80	板裂	E-50-75-100-a	85	板裂
C-65-100-120-a	82	板裂	D-65-100-120-a	82	板裂	E-65-100-120-a	80	板裂
C-80-120-120-a	85	板裂	D-80-120-120-a	86	板裂	E-80-120-120-a	86	板裂
C-10-20-50-a	68，70	剪切	D-10-20-50-a	50，62	剪切	E-10-20-50-a	80	板裂
C-20-40-50-a	70，85	张拉-剪切	D-20-40-50-a	80	板裂	E-20-40-50-a	79	板裂
C-30-60-80-a	82，85	板裂	D-30-60-80-a	82，85	板裂	E-30-60-80-a	80	板裂
C-40-80-100-a	80，82	板裂	D-40-80-100-a	85	板裂	E-40-80-100-a	85	板裂
C-50-100-120-a	86	板裂	D-50-100-120-a	85	板裂	E-50-100-120-a	80，85	板裂
C-60-120-120-a	86	板裂	D-60-120-120-a	83	板裂	E-60-120-120-a	75，80	板裂
C-10-30-50-a	72，82	张拉-剪切	D-10-30-50-a	78，80	板裂	E-10-30-50-a	85	板裂
C-15-45-50-a	80，85	板裂	D-15-45-50-a	80	板裂	E-15-45-50-a	86	板裂
C-20-60-80-a	80，85	板裂	D-20-60-80-a	82	板裂	E-20-60-80-a	85	板裂
C-25-75-100-a	87	板裂	D-25-75-100-a	85	板裂	E-25-75-100-a	80	板裂
C-33-100-120-a	85	板裂	D-33-100-120-a	85	板裂	E-33-100-120-a	82	板裂
C-40-120-120-a	87	板裂	D-40-120-120-a	88	板裂	E-40-120-120-a	82，86	板裂

注：由于具有类似的结果，重复性试验（如 C-10-15-50-b）并没有列入表中，表中只列出第一次试验结果（如 C-10-15-50-a）。

表 3-3　真三轴卸载下不同试样高宽比花岗岩主要测试数据（平均值）

试样编号	预应力值/MPa			峰值强度 σ_1/MPa	最大 AE 计数	累计 AE 能量/mV
	σ_3	σ_2	σ_1			
C-10-15-50	10→0	15	50	152. 5	23096	8972004
C-20-30-50	20→0	30	50	160. 2	25007	7818142
C-30-45-50	30→0	45	50	166	23071	11914177
C-40-60-80	40→0	60	80	182. 8	25206	13530948
C-50-75-100	50→0	75	100	156. 5	24452	10357602
C-65-100-120	65→0	100	120	156	24314	8789453
C-80-120-120	80→0	120	120	151. 3	24078	8576943
C-10-20-50	10→0	20	50	141. 6	22286	8524692
C-20-40-50	20→0	40	50	152. 8	24014	10225236
C-30-60-80	30→0	60	80	176. 2	24565	13602526
C-40-80-100	40→0	80	100	160. 8	25500	10065256
C-50-100-120	50→0	100	120	146. 8	24519	7563845
C-60-120-120	60→0	120	120	145. 8	23976	7672093
C-10-30-50	10→0	30	50	148	23830	10180116
C-15-45-50	15→0	45	50	155. 2	23336	11505553
C-20-60-80	20→0	60	80	174. 9	24735	13481627
C-25-75-00	25→0	75	100	168. 4	23486	13001246
C-33-100-120	33→0	100	120	152. 8	24558	10701572
C-40-120-120	40→0	120	120	147. 8	24008	9335678
D-10-15-50	10→0	15	50	161. 2	23721	9251159
D-20-30-50	20→0	30	50	185. 2	24030	12073140
D-30-45-50	30→0	45	50	178. 5	24141	13557879
D-40-60-80	40→0	60	80	198. 6	25074	15030024
D-50-75-100	50→0	75	100	183. 2	26375	14226641
D-65-100-120	65→0	100	120	173	25106	11784510
D-80-120-120	80→0	120	120	163. 4	25467	10785678
D-10-20-50	10→0	20	50	153. 3	23786	11728065
D-20-40-50	20→0	40	50	177. 1	25068	13341620
D-30-60-80	30→0	60	80	195. 6	26556	15204006

续表 3-3

试样编号	预应力值/MPa			峰值强度 σ_1/MPa	最大 AE 计数	累计 AE 能量/mV
	σ_3	σ_2	σ_1			
D-40-80-100	40→0	80	100	179.4	26286	13551923
D-50-100-120	50→0	100	120	171.2	26880	9974623
D-60-120-120	60→0	120	120	164.4	25988	9867394
D-10-30-50	10→0	30	50	175.2	23980	11829200
D-15-45-50	15→0	45	50	176.8	25013	14292614
D-20-60-80	20→0	60	80	199.6	24652	16263957
D-25-75-00	25→0	75	100	189	24166	14881957
D-33-100-120	33→0	100	120	184.8	24740	12786026
D-40-120-120	40→0	120	120	173.2	25002	11988795
E-10-15-50	10→0	15	50	200.2	25313	14897778
E-20-30-50	20→0	30	50	232	26533	15293031
E-30-45-50	30→0	45	50	247.2	24752	17703967
E-40-60-80	40→0	60	80	240	26705	17387044
E-50-75-100	50→0	75	100	258	26423	20456456
E-65-100-120	65→0	100	120	286	27146	22342777
E-80-120-120	80→0	120	120	251.2	26837	17144522
E-10-20-50	10→0	20	50	225	25558	15115489
E-20-40-50	20→0	40	50	233.6	26754	15518758
E-30-60-80	30→0	60	80	241.6	27965	18017125
E-40-80-100	40→0	80	100	265	27102	19665578
E-50-100-120	50→0	100	120	275.8	27010	21773484
E-60-120-120	60→0	120	120	245.6	26522	18003081
E-10-30-50	10→0	30	50	225.6	25391	15830254
E-15-45-50	15→0	45	50	240	25706	18175517
E-20-60-80	20→0	60	80	254.4	26383	19069898
E-25-75-00	25→0	75	100	245.6	26589	21693846
E-33-100-120	33→0	100	120	274.4	27659	22619386
E-40-120-120	40→0	120	120	240.8	27460	18263175

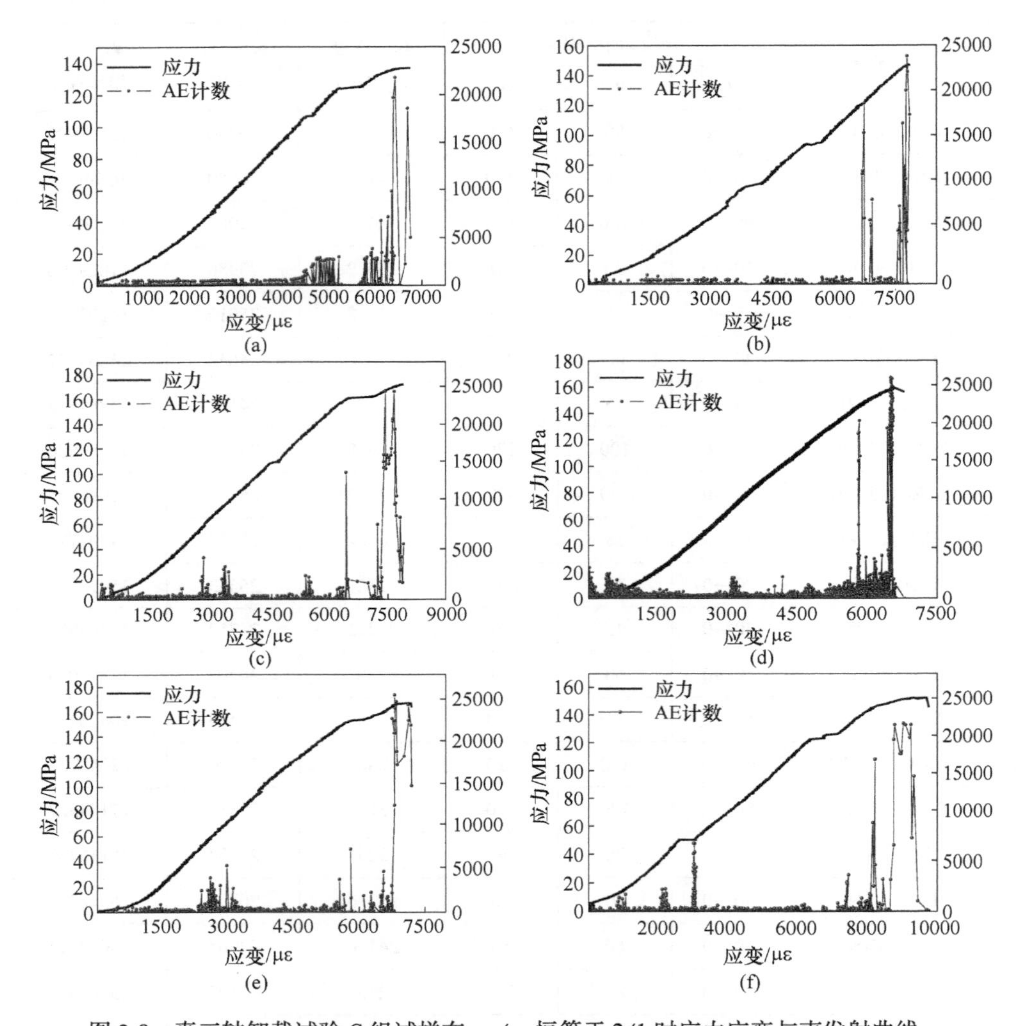

图 3-8　真三轴卸载试验 C 组试样在 σ_2/σ_3 恒等于 2/1 时应力应变与声发射曲线

（a）C-10-20-50-b；（b）C-20-40-50-b；（c）C-30-60-80-a；

（d）C-40-80-100-a；（e）C-50-100-120-a；（f）C-60-120-120.

（右侧纵坐标为 AE 计数值）

在真三轴卸载试验过程中，还同时记录了最大 AE 计数和累计 AE 能量值。AE 计数如图 3-8～图 3-10 所示。以图 3-9 中的试样 D-10-20-50-a 为例，当应力值增加至 12MPa 时（大概为峰值卸载强度的 8%），AE 计数开始出现一定程度的增加，这是由于岩石内部微小空隙被压密闭合所致。在随后的线弹性阶段，AE 计数始终维持在较低的水平。在屈服阶段，AE 计数开始出现明显的波动和起伏，表明试样内部此时出现了一定数量的新生裂纹，而这些新生裂隙正是由卸载最小

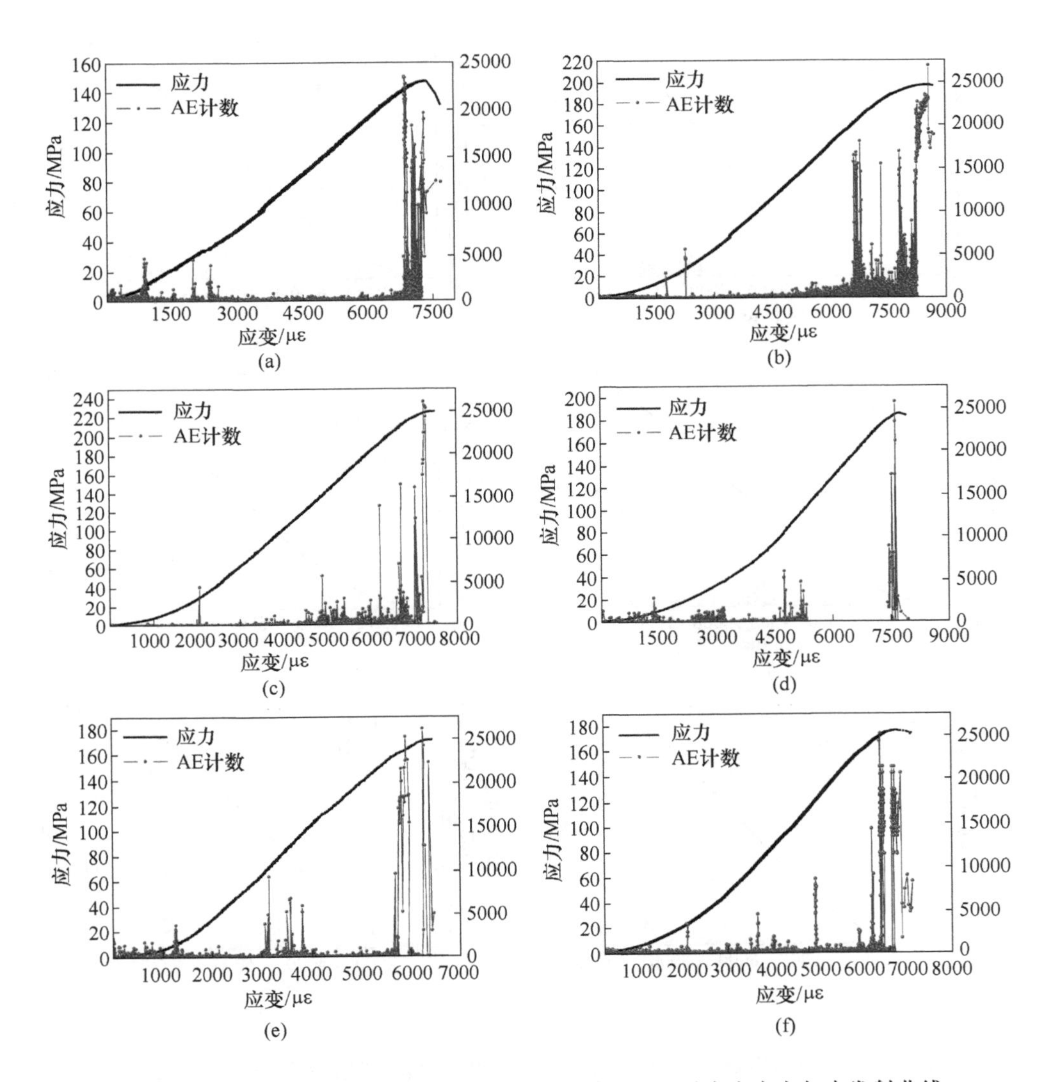

图 3-9 真三轴卸载试验 D 组试样在 σ_2/σ_3 恒等于 2/1 时应力应变与声发射曲线

（a）D-10-20-50-b；（b）D-20-40-50-b；（c）D-30-60-80-a；

（d）D-40-80-100-a；（e）D-50-100-120-a；（f）D-60-120-120

（右侧纵坐标为 AE 计数值）

主应力和持续增加的最大主应力所致。从图中还可以看出最大 AE 计数值出现于峰值破坏点附近。然而，对比分析表 3-3 中的试验数据可知，不同试样高宽比和应力状态下的最大 AE 计数并没有较大的差别，也无特定的变化规律。最大 AE 计数值基本都处于 22000~27000 范围之间。

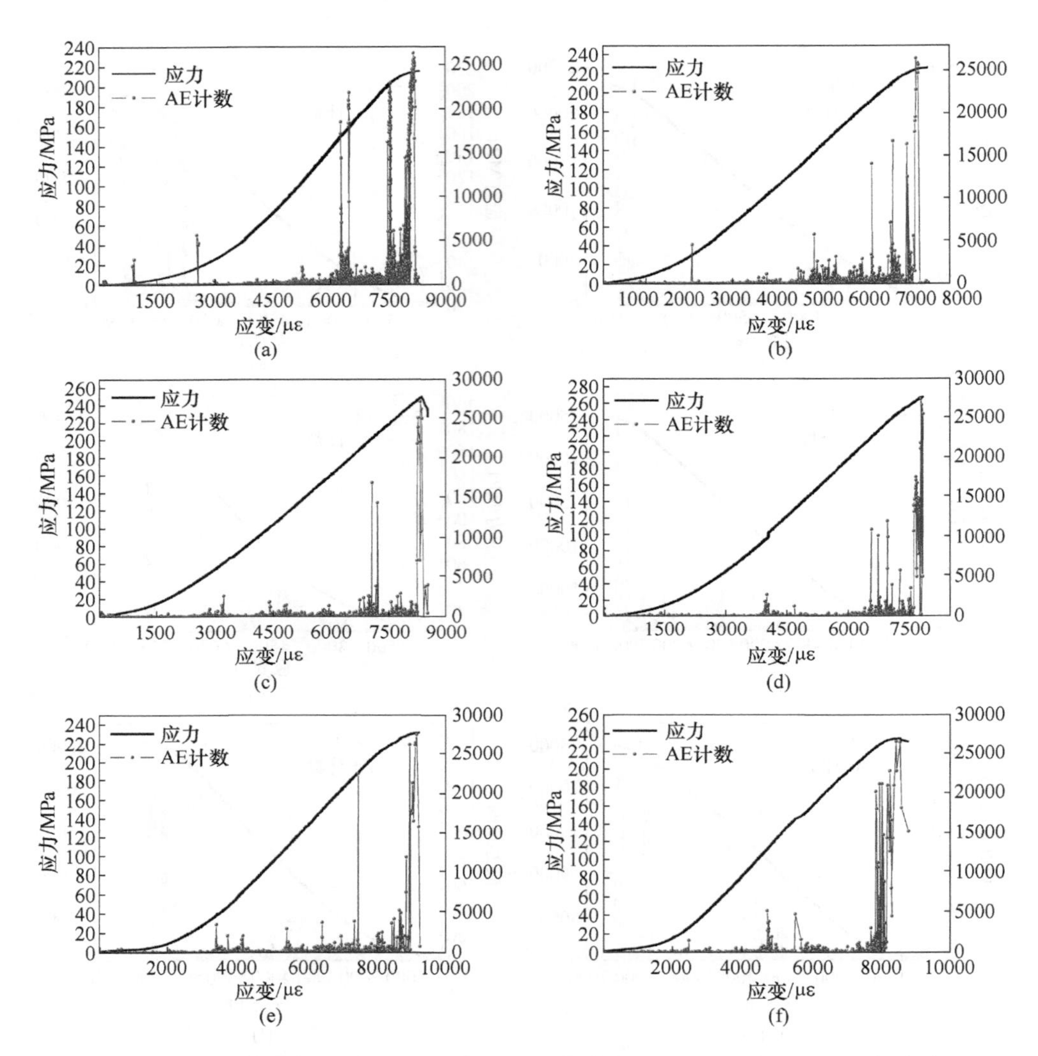

图 3-10　真三轴卸载试验 E 组试样在 σ_2/σ_3 恒等于 2/1 时应力应变与声发射曲线

(a) E-10-20-50-b；(b) E-20-40-50-b；(c) E-30-60-80-a；(d) E-40-80-100-a；

(e) E-50-100-120-a；(f) E-60-120-120.

(右侧纵坐标为 AE 计数值)

由于累计 AE 能量值能够很好地反映 AE 事件中的真实能量变化趋势，因此被广泛用来评价岩石在整体破坏过程中的能量释放特性。图 3-11 所示为不同试样高宽比下长方体硬岩在 σ_2/σ_3 恒等于 2/1 时的累计 AE 能量时程曲线。图中累计 AE 能量时程曲线的单位为“mV”而不是“J”，这是因为所记录的数据均为电压。由图 3-11 可知，无论试样高宽比为何值，最大累计 AE 能量值随着 σ_2 值的增加呈现先增加后降低的趋势，这与峰值卸载强度变化趋势极为相似。另外，随着试样高宽比的降低，累计 AE 能量值呈现逐渐增大的趋势，且最大累计 AE 能量值分别为 13602526mV、15204006mV 和 21773484mV。由表 3-3 可知，试样 C-20-30-50 的累计 AE 能量值略低于试样 C-10-15-50 的累计 AE 能量值，这可能是由于岩石的非均质性或者是试验过程中声发射探头出现一定程度的松动导致。

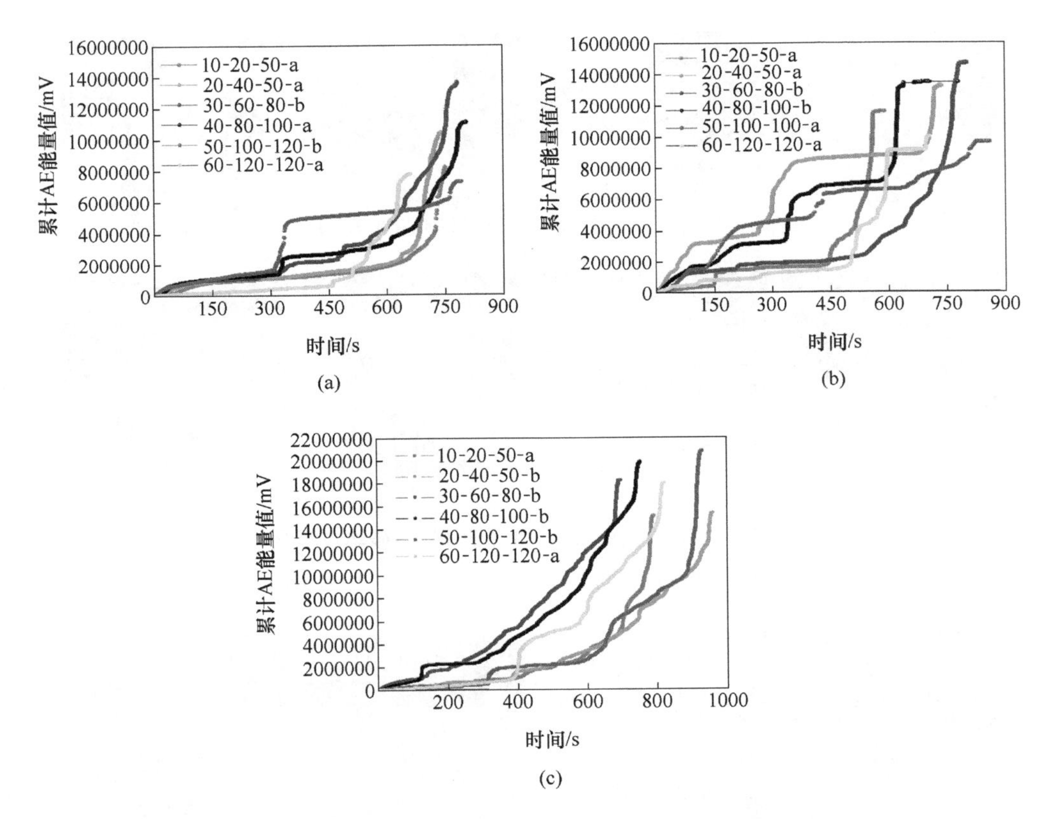

图 3-11 不同试样高宽比在 σ_2/σ_3 恒等于 2/1 时累计 AE 能量时程曲线

(a) 试样高宽比为 2；(b) 试样高宽比为 1；(c) 试样高宽比为 0.5

3.2.3 破坏过程

真三轴卸载试验过程中，采用高速相机对下不同试样高宽比以及应力状态下花岗岩的破坏过程进行了实时的记录与拍摄。为了再现花岗岩试样卸载破坏全过程，合理评价其破坏强度与破坏范围，图 3-12~图 3-14 呈现了不同试样高宽比长方体硬岩在 σ_2/σ_3 恒等于 3/1 时的破坏过程全图（σ_2/σ_3 恒等于 1.5/1 和 2/1 时花岗岩试样的破坏过程与 σ_2/σ_3 恒等于 3/1 无明显差别，这里不再赘述）。

图 3-12　C 组试样在 σ_2/σ_3 恒等于 3/1 时破坏过程全图

（a）C-10-30-50-a；（b）C-20-60-80-b；（c）C-33-100-120-a

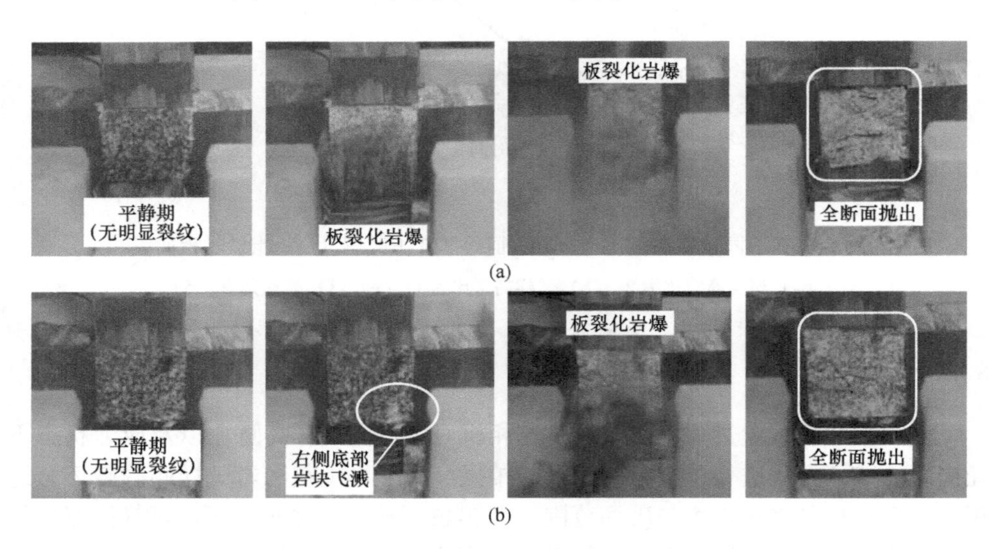

图 3-13　D 组试样在 σ_2/σ_3 恒等于 3/1 时破坏过程全图

（a）D-10-30-50-a；（b）D-20-60-80-b

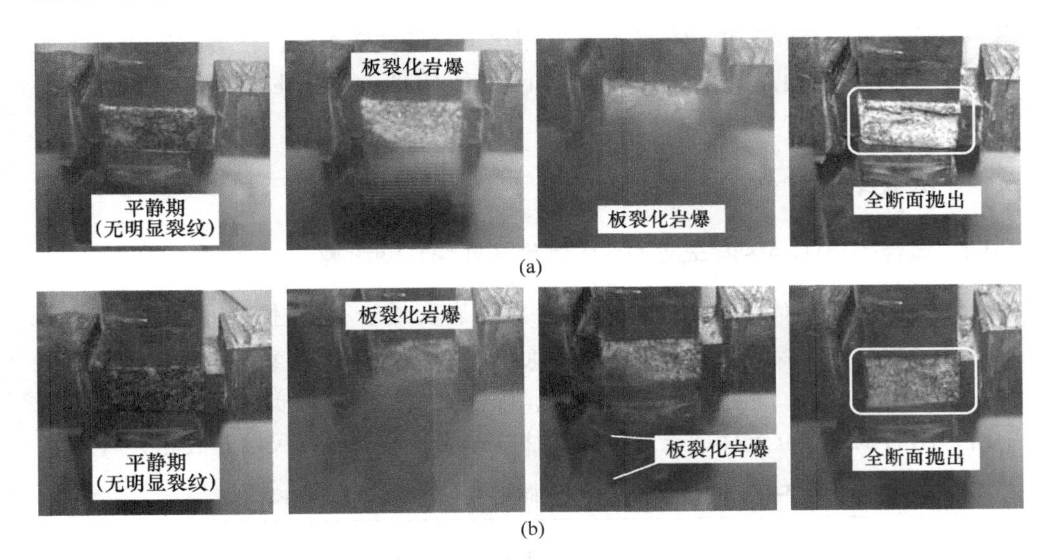

图 3-14 E 组试样在 σ_2/σ_3 恒等于 3/1 时破坏过程全图

(a) E-10-30-50-a；(b) E-25-75-100-b

由图 3-12～图 3-14 可以看出，在真三轴卸载试验中，无论试样高宽比以及所处应力状态为何值，都会发生岩爆现象。然而，针对不同的情况，试样在破坏时的破坏程度和范围却并不相同。图 3-12 所示为真三轴卸载下试样高宽比为 2 时花岗岩破坏过程。由图中平静期可以看出，此阶段并没有明显的宏观裂纹出现，也没有岩块弹射现象的发生。该阶段对应于刚刚卸载 σ_3 不久时。当 σ_2 为 30MPa 时（见图 3-12（a）），起初在试样的右下角会观察到局部的破坏，随后岩石碎片突然地从卸载面弹出，体现出岩爆的一般特性。在此种情况下，只有一部分或一半面积的岩板从卸载面飞溅而出。由图 3-5 可知，此时花岗岩试样的最终破坏模式为张拉-剪切型破坏。当中间主应力增加至 40MPa 时，岩爆会发生于卸载全断面之上，同时相比较于低 σ_2 时而言，岩爆的程度会更加剧烈和严重，如图 3-12（b）所示。值得注意的是，岩爆的剧烈程度并不随 σ_2 的增加而持续增加。当 σ_2 较大时，会引起硬岩内部大量微观裂纹的起裂与萌生，此时岩体的损伤程度会持续恶化，并造成部分能量的耗散，其最终的破坏程度也就有所降低（可以通过累计 AE 能量值加以验证，详见 3.3.3 节）。

D 组和 E 组的破坏过程见图 3-13 和图 3-14。不同于高试样，当试样高宽比等于或小于 1 时，无论中间主应力为何值，破坏区域始终涵盖了全部的卸载面。当试样高宽比为 0.5 时，试样破坏时所发出的爆裂声与噪音会更加明显与强烈，体现出极强的岩爆特性。另外，由图中还可以看出，向外飞溅的岩体往往为与自由面相平行的岩板，表明此种情况下的岩爆属于板裂化岩爆，或称为应变型岩爆。总体来说，在真三轴卸载状态下，相比于较高试样而言，较矮试样的破坏强度与范围会更加剧烈和严重，即使当 σ_2 处于较低的水平时，如图 3-13a 和图 3-14a所示。

3.3　试验结果分析

3.3.1　试样高宽比与中间主应力对于硬岩破坏模式的影响

国内许多学者对真三轴或双轴下 σ_2 对于岩石或岩石类材料的破坏模式的影响进行了广泛而又深入的研究。表 3-4 总结了国内外学者开展的典型双轴加载和真三轴加卸载试验。通过对比分析发现，以往大多数的室内实验或数值模拟研究中所采用的试样为立方体或长方体，即往往采用同一种试样尺寸开展相关研究。

表 3-4　国内外典型的双轴加载和真三轴加卸载室内试验

类型	试样尺寸 /mm×mm×mm	岩石类型	σ_2/MPa	文献来源
真三轴加载	15×15×30	Dunham 白云岩、Solnhofen 石灰岩	205~463	Mogi
真三轴加载	35×35×70	砂岩、页岩和大理岩	0~200	Takahashi 和 Koide
真三轴加载	57×57×125	Gosford 和 Castlegate 砂岩	100	Wawersik 等人
真三轴加载	19×19×38	Westerly 花岗岩	0~310	Haimson 和 Chang
真三轴加载	19×19×38. 5	Bentheim 和 Coconino 砂岩	0~620	Ma 和 Haimson
真三轴加载	100×50×50	花岗岩和砂岩	100~350	Feng 等人
双轴加载	100×100×100	砂岩、混凝土和树脂	20~40	Sahouryeh 等人
双轴加载	100×50（3D 数值模拟）	硬岩	0~10	Cai
真三轴卸载	100×50×50	Laxiwa 花岗岩	15~80	陈景涛和冯夏庭
真三轴卸载	150×60×30	Shuicang 石灰岩	60	He 等人
真三轴卸载	150×60×30	Beishan 花岗岩	低于 30	Zhao 等人
真三轴卸载	240×120×120	水泥砂浆	—	Zhu 等人
真三轴卸载	100×100×100	Miluo 花岗岩、红砂岩和水泥砂浆	0~40	Li 等人
真三轴卸载	100×100×100	Miluo 花岗岩、Shandong 红砂岩和水泥砂浆	0~40	Du
真三轴卸载	100×100×100	Miluo 花岗岩、Shandong 红砂岩和水泥砂浆	20~40	Du

对于破坏模式的判定可以通过定性的观察，也可以通过定量的分析。在当前的研究中，还采用声发射数据分析了硬岩破坏模式的转化机制。由图 3-11（a）可以看出（高宽比为 2，σ_2/σ_3为 2），试样 C-10-20-50-a 和 C-20-40-50-a 都经历了一段较长的平静期，也称为稳定期。这个期间内，累计 AE 能量值始终维持在一个相对较低的水平。这个时间段大概持续了 600s 左右。随后，累计 AE 能量值迅速增加，直到试样完全破坏，这个时间段仅持续了 25s 左右。另外，图 3-11（b）中的 D-10-20-50-a 也具有类似的现象。可以看出，此时的累计 AE 能量值变化趋势对应于剪切破坏或张拉-剪切型破坏。由于滑移剪切面的存在，使得岩石在没有明显预兆的前提下便发生突然地破坏。对于其他试样而言，所对应的累计 AE 能量时程曲线或者经历了一系列的起伏式上升（例如 C-40-80-100-a，D-20-40-50-a），或者经历了持续的单调递增（例如 E-30-60-80-b）发展趋势。这表明试样在没有达到峰值强度之时，板裂化裂纹就开始逐渐萌生、扩展和贯通。因为张拉型裂纹总是平行于最大主应力方向，板裂裂纹在扩展至试样顶底部以后仍然会具有一定的承载能力，因此累计 AE 能量并不会突然地增加。

为了进一步说明σ_2对于花岗岩试样破坏模式的影响，绘制试样高宽比为 2 时不同应力状态下花岗岩试样破坏模式转变图，如图 3-15 所示。当σ_3为 10MPa 时，随着σ_2的增加，花岗岩破坏模式由剪切破坏逐渐转变为张拉-剪切型破坏。在σ_2<20MPa 时，破坏模式为剪切破坏。当σ_3为 20MPa 时，在σ_2<40MPa 时花岗岩试样始终为张拉-剪切型破坏。随着σ_2的增加，破坏模式逐渐转变为板裂化破坏。对于其他σ_3组，其最终破坏模式始终为板裂化破坏。从图 3-15 可以看出，破坏模式的转变是由于较高的σ_2造成的（不小于 45MPa），而并非源于较高的σ_3值，这是因为在真三轴卸载条件下，无论σ_3为何值，最终都要卸载至 0，而较高的σ_2值抑制了裂纹在σ_1-σ_3平面上的扩展与贯通。

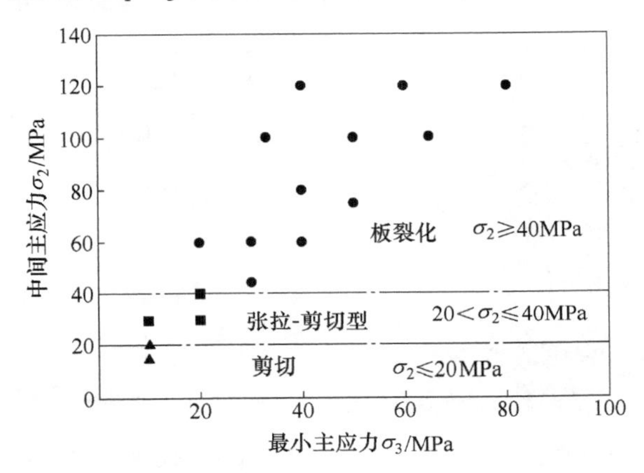

图 3-15　试样高宽比为 2 时不同应力状态下花岗岩试样破坏模式转化图

在真三轴卸载下，花岗岩的最终破坏模式是 σ_2 和试样高宽比共同作用的结果。根据第 2 章的结论可知，对于较高试样而言，在单轴压缩下的破坏模式整体呈现剪切型破坏，且宏观剪切带是由一系列微小的拉伸裂纹所组成。由于试样具有较大的高度，使得张拉型裂纹在加载方向一定位置处停止扩展与贯通，最终形成了一条或若干条宏观剪切带。因此，对于高试样而言，在中间主应力很低或为 0 的情况下，其破坏模式应当是单一剪切破坏或共轭剪切破坏。随着 σ_2 的增加，不仅在 σ_3 方向上的微小裂纹会受到极大的抑制，而且位于宏观剪切带内的张拉型裂纹也会被进一步地促进和激发。由图 3-16 可知，当 σ_2 为 15MPa 时，破坏模式为剪切破坏，随着 σ_2 的进一步增大，剪切带周边开始衍生出一系列较长的拉伸裂纹，该裂纹基本平行于最大主应力方向。当 σ_2 达到 40MPa 时，可以发现宏观剪切带已经逐渐消失，板裂化破坏逐渐占据主导地位。对于中试样和矮试样而言，张拉型裂纹可以更容易地扩展至试样边界。在这种情况下，即使 σ_2 处于较低的水平，板裂化破坏也会发生，这主要是由于有限的裂纹扩展路径所致。总体来说，试样高宽比越小，导致硬岩发生板裂化破坏时的 σ_2 阈值也就越低。

图 3-16　试样高宽比为 2 时不同 σ_2 状态下花岗岩试样破坏模式转化过程

3.3.2 试样高宽比与中间主应力对于硬岩峰值卸载强度的影响

本文绘制了花岗岩试样峰值卸载强度 σ_1 随 σ_2 变化趋势，如图 3-17 所示。由图中可以看出，无论试样高宽比为何值，峰值卸载强度随着 σ_2 的增加呈现先增加后降低的趋势，这与岩石在真三轴加载状态下峰值强度随 σ_2 变化趋势是一致的。对于试样高宽比为 2、1 和 0.5 的长方体硬岩，其峰值卸载强度发生偏转时所对应的 σ_2 值分别为 60MPa、60MPa 和 100MPa。另外，当 σ_2 一定时，峰值卸载强度随试样高宽比的降低而增加。

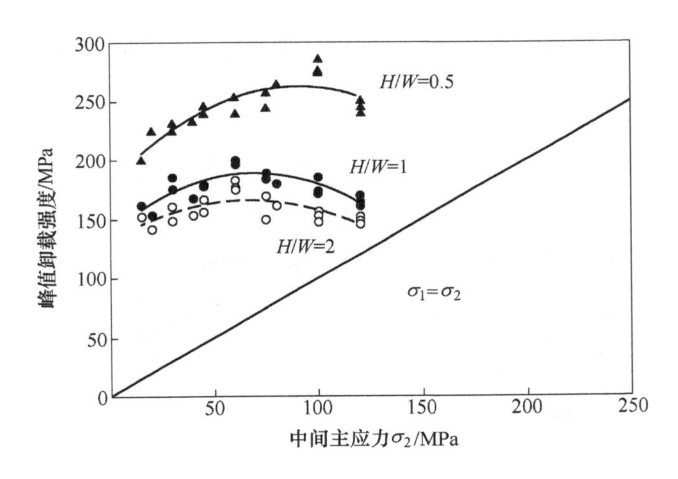

图 3-17 真三轴卸载下不同试样高宽比花岗岩峰值卸载强度随 σ_2 变化趋势

不同试样高宽比和不同 σ_2/σ_3 比值下峰值卸载强度随 σ_2 变化趋势如图 3-18 所示。从图中可以看出，峰值卸载强度似乎并没有受到 σ_2/σ_3 比值较为明显的影响。峰值卸载强度在 $\sigma_2/\sigma_3=1.5/1$、2/1 和 3/1 的情况下整体呈现出先增加后降低的发展趋势，即使在个别位置出现一些起伏和波动。图 3-19 所示为不同试样高宽比下各 σ_2 组峰值卸载强度平均值与相应的标准偏差值。每一组均对应某一特定的 σ_2 值和不同的 σ_3 值。由于数值上的相似性，将 $\sigma_2=45$MPa 和 40MPa、75MPa 和 80MPa 各合并为一组。从图中可以看出，偏差值最小为 0.91，最大值为 9.82 之间。总体来说，偏差值控制在一个相对较低的水平之内。这表明，当 σ_2 一定时，无论 σ_3 为何值，峰值卸载强度值总是相同的。另外，通过表 3-2 也可以看出，当试样高宽比相同时，花岗岩试样的破坏模式和累计声发射能量总是与 σ_2 有关，而与 σ_2/σ_3 无关。这表明，在真三轴卸载状态下，对于一个给定的 σ_2，(预先施加的) σ_3 对于花岗岩的破坏模式、破坏强度以及岩爆剧烈程度的影响较小。

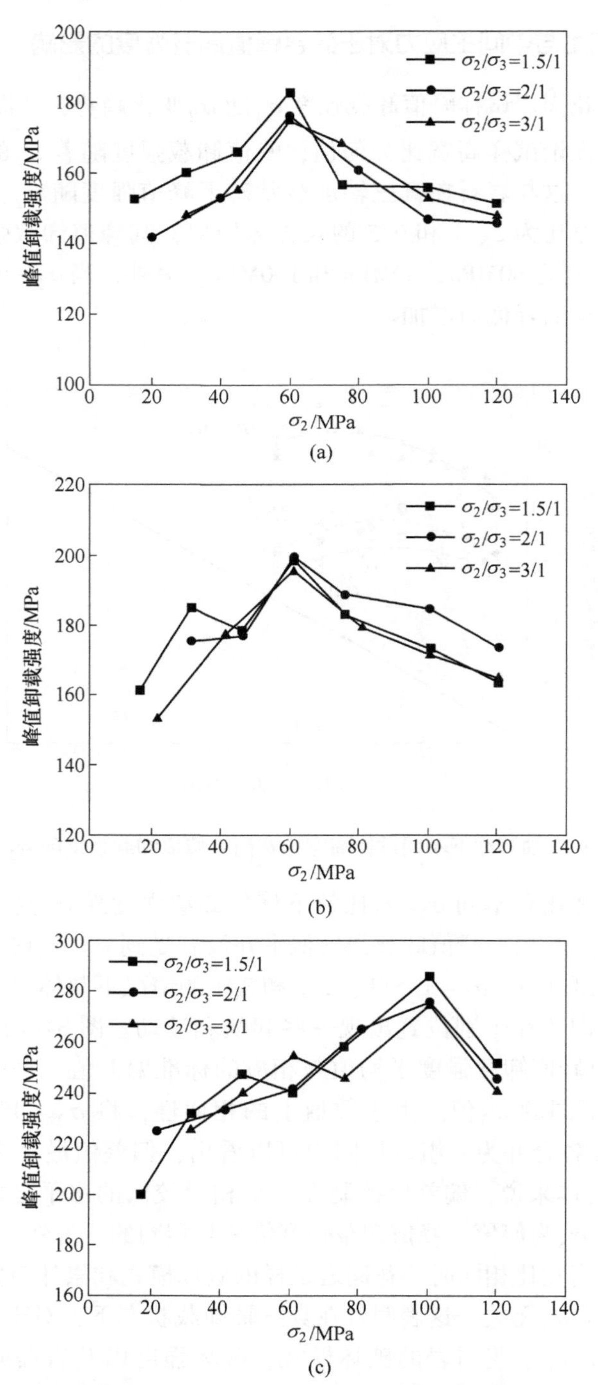

图 3-18　不同试样高宽比以及不同 σ_2/σ_3 比值下峰值卸载强度随 σ_2 变化趋势

（a）高宽比为 2；（b）高宽比为 1；（c）高宽比为 0.5

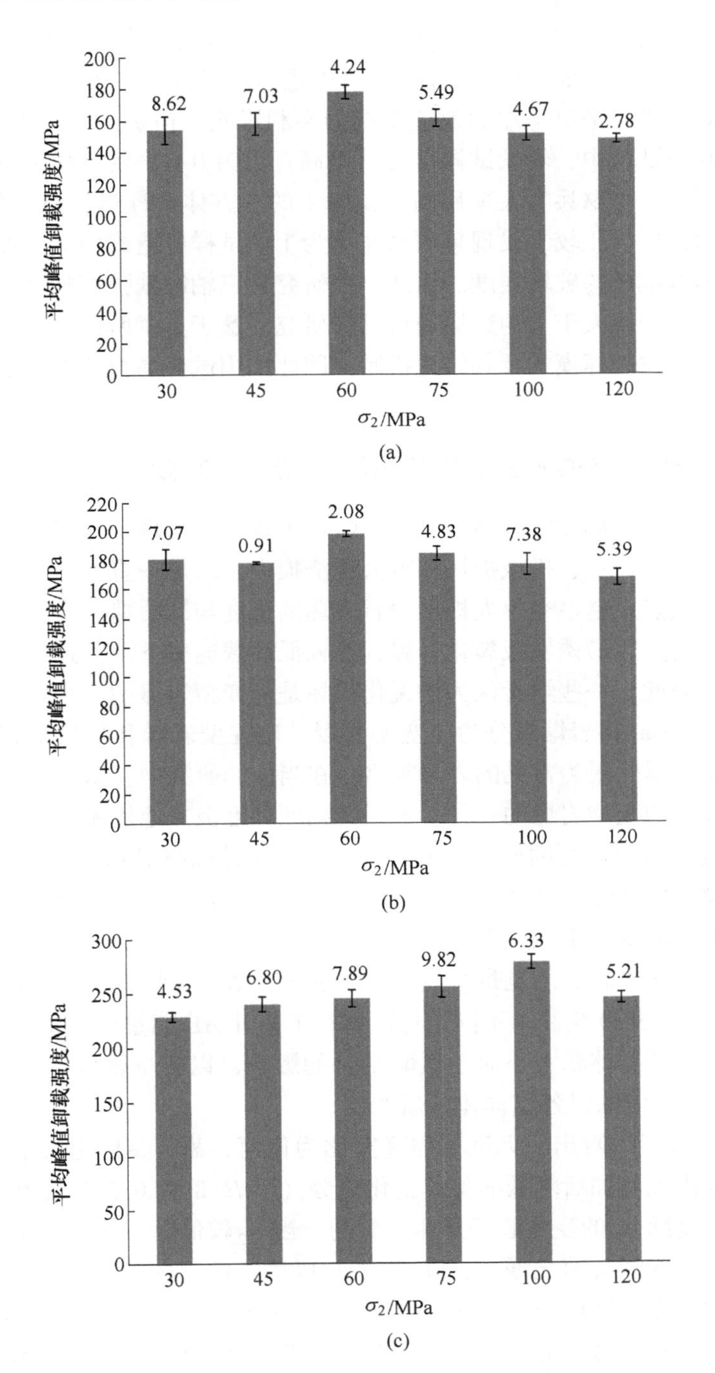

图 3-19 不同试样高宽比下各 σ_2 组峰值卸载强度平均值与标准偏差值

（a）高宽比为 2；（b）高宽比为 1；（c）高宽比为 0.5

降低试样的高宽比或增加边界的剪应力（试样与加载盘之间）将会形成较高的峰值强度，这主要是由于试样的端面摩擦效应造成的。尽管试验过程中采用了一些有效的措施来避免端面效应造成的不利影响，但仍无法彻底消除。因此，在真三轴卸载试验中，较低试样（尤其是高宽比为 0.5）的峰值卸载强度会高于真实峰值强度。李夕兵等人采用高宽比为 1 的立方体试样进行真三轴卸载试验。通过详细的分析与比较，发现采用高宽比为 1 的试样所造成的端面摩擦效应并不会显著地影响试样的破坏强度。因此，在研究真三轴卸载强度特性时，建议采用试样高宽比等于或大于 1 的试样进行试验研究。鉴于本章所研究的主要内容为真三轴卸载下试样破坏模式及其转化机制，因此采用试样高宽比为 0.5 的长方体试样也是合理的。

3.3.3 试样高宽比与中间主应力对于硬岩岩爆特性的影响

近年来，在深部高应力硬岩矿山或隧道工程中均出现了一系列强烈的岩爆事件，造成了人员伤亡、机械损坏和重大经济损失。岩爆一直是岩石力学与岩石工程界的研究热点。赵星光等人提出岩石破坏的强度与卸载速率有关。在较高卸载速率下，硬岩更容易诱发板裂化岩爆，在较低卸载速率下，其最终破坏形式为板裂化破坏。因此，一些学者认为板裂化破坏是应变型岩爆的一个重要前兆特征。

Kaiser 和 Cai 将岩爆划分为应变型岩爆、矿柱型岩爆和断层滑移型岩爆。其中，应变型岩爆是最为常见的岩爆类型。在当前的研究中，试验中所观察到的板裂化岩爆即为应变型岩爆的一种。岩爆的剧烈程度极大地依赖于储存在硬岩中的应变能，这是因为岩石的破坏过程始终伴随着能量的耗散以及弹性应变能的释放。如果储存的弹性应变能大于岩石破碎时所需的表面能，岩爆就会发生。储存于硬岩内部的应变能事实上与预应力密切相关，尤其是预先施加的 σ_2。为了评价岩石破裂过程中释放的能量特征和岩爆强度，表 3-3 收集了所有硬岩试样累积 AE 能量值。图 3-20 绘制了不同试样高宽比下累计 AE 能量密度值随 σ_2 的变化趋势。为了避免试样体积大小对于试验结果的影响，以能量密度作为具体考察值，即累计 AE 能量值除以各试样体积后的值。

由图 3-20 可以看出，无论试样高宽比为何值，累计 AE 能量密度值随 σ_2 值的增加呈现出先增加后降低的整体变化趋势（以 H/W 为 0.5 时最为明显），这与峰值卸载强度随 σ_2 的变化趋势是相一致的。当 σ_2 较低时，随着 σ_2 的增加，试样内部的弹性应变能会随之增加，在卸载 σ_3 以后，储存的弹性应变能便会迅速释放，岩爆的剧烈程度也较为严重。当 σ_2 进一步增加时，试样内部的裂纹便会大量萌生扩展。硬岩已经由完整的岩石逐渐转变为含有大量微观裂隙组成的破碎岩体。此时，储存在试样内部的应变能会逐渐耗散，导致试样在发生破坏时不能够集聚大量的能量，其岩爆剧烈程度反而会有所降低。

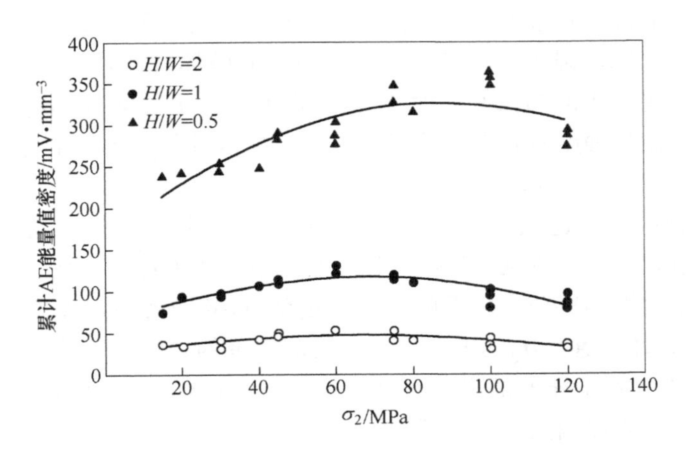

图 3-20 不同试样高宽比下累计 AE 能量密度值随中间主应力变化趋势

从图中还可以看出，高宽比为 0.5 的试样累计 AE 能量密度值最大，且破坏程度最为剧烈。反之，高宽比为 2 的试样累计 AE 能量密度值最小，其破坏程度最弱。对于一项具体深部地下工程而言，在开挖较低巷道或隧道时，其发生岩爆的可能性较低（具有较高的峰值强度），但是其岩爆发生的破坏程度和范围却是最大的。针对此种情况，应当密切关注巷道破坏发展动向，对巷道两帮或顶板采区加强支护的方式以积极预防岩爆的发生。相反，对于较高断面的巷道或隧道而言，应当采取不同的支护方式和策略。对于较高巷道而言，其发生破坏的可能性很大，但是岩爆的剧烈程度却相对较轻。针对此种情况，建议采用实时监测系统对巷道进行有效监测，支护方式一般采用普通支护方式即可，同时对于一些容易发生破坏的区域要做到重点预防与支护，防止破坏进一步发生。

3.4 本章小结

本章开展了真三轴卸载下不同试样高宽比和中间主应力对于长方体硬岩试样（以汨罗花岗岩为例）的破坏特性试验研究。主要结论如下：

（1）对于高试样而言，发生板裂化破坏需要较大的 σ_2，而对于较矮试样，较小的 σ_2 便可以产生板裂化破坏。当前的研究中当试样高宽比为 2、1 和 0.5 时，花岗岩试样发生板裂化破坏所对应的 σ_2 阈值分别为 45MPa、30MPa 和 15MPa。σ_2 的增加不仅抑制了裂纹在 σ_1-σ_3 平面内的延伸，还促进了其在 σ_1-σ_2 平面内的扩展与贯通。对于较矮试样而言，由于微小张拉型裂纹能够更容易地向试样顶底部（σ_1 方向）扩展和贯通，即使是在较小的 σ_2 作用下，有限的试样高度也会导致板裂化破坏的发生。

（2）在真三轴卸载下，无论试样高宽比为何值，峰值卸载强度随 σ_2 的增加均呈现先增加后降低的整体变化趋势。当σ_2一定时，随着试样高宽比的降低，峰值卸载强度呈现单调递增趋势。长方体硬岩的破坏特性是试样高宽比和σ_2值共同作用的结果。当前的试验表明当σ_2为定值时，不同的σ_2/σ_3比值对于花岗岩破坏模式、破坏强度及岩爆特性影响很小。换句话说，试样在真三轴卸载下的破坏特性与σ_3无关。

（3）试样高宽比越低，破坏时发生岩爆的程度就越强烈。在真三轴卸载状态下，破坏过程中向外飞溅的岩体往往为与自由面相平行的岩板，体现出板裂化岩爆或应变型岩爆的特征。岩爆的剧烈程度随σ_2的增大呈现先增大后降低的趋势。当σ_2较低时，随着σ_2的增加，试样内部集聚的弹性应变能会持续增加。进一步增加σ_2将导致试样内部出现明显的损伤，使得弹性应变能在破坏过程中发生持续的耗散，岩爆剧烈程度有所降低。

4 真三轴加载下高应力硬岩板裂化破坏与强度准则研究

我国很多金属矿山在“十四五”规划期间将进入到1000~2000m开采深度范围。在这些深部金属矿山中，多数为硬岩矿山。工程中常见的硬岩有花岗岩、玄武岩、石英岩、大理岩、凝灰岩等。在自然状态下，深部地下硬岩往往处于复杂的三维受力状态，三个主应力之间的关系为$\sigma_1>\sigma_2>\sigma_3\neq0$。为了更加合理的表征深部岩体破坏机理及其力学行为，国内外许多研究者进行了真三轴应力状态下岩石（或类岩石材料）破坏模式和强度特性的研究。目前，在真三轴加载应力状态下，人们对于岩石破坏模式的研究主要观察破坏面倾角的变化，并认为岩石的破坏模式为宏观剪切破坏。在真三轴受压状态下，是否会发生板裂化破坏，如果发生板裂化破坏，其转化依据和条件又是什么？这些问题无疑将极大影响地下工程中岩石的稳定性，特别是针对深部采矿和隧道工程。

早期的岩石力学研究往往会忽略σ_2的影响。20世纪70年代，Mogi采用自行研发设计的真三轴加载装置系统调查了σ_2对于岩石破坏特性的影响。他发现试样破坏面倾角和峰值强度与σ_2具有密切的联系。另外，σ_2还对岩石脆-延转换特性具有明显的影响。当σ_3一定时，随着σ_2的增加，岩石将逐渐由延性转变为脆性。随后，一些学者进一步验证了这一发现，取得了一些有益的成果。真三轴强度准则的研究也是实验岩石力学领域所关注的热点。为了考虑σ_2对于岩石强度特性的影响，国内外许多学者相继提出了如D-P、Mogi 1967、Mogi 1971、Mogi-Coulomb、Modified Wiebols-Cook、Modified Lade及3D Hoek-Brown等强度准则。事实上，上述准则都无法适用于自然界内所有的岩石种类。在真三轴加载状态下，不同的岩石可能表现出不同的强度特性，一些岩石强度可能对σ_2较为敏感，而另一些岩石则对于σ_2的依赖性较低。另外，在真三轴强度准则预测方面，仅仅考虑所选择强度准则拟合方程的相关性（R^2）是远远不够的。为了更好地反映真三轴强度准则的适用性以及合理性，还应当考虑所选取强度准则在偏平面、子午面的应力轨迹，为后续的数值分析和理论计算提供理论依据。此外，强度准则是否具有可预测性也是非常重要的一个关键点。合理选取真三轴强度准则的一个主要目的是能够预测岩石在任意应力状态下的强度而无需进行真三轴室内试验，这将极大地节省人力、物力及财力。

本章通过真三轴加载试验，探讨复杂三向受力状态下硬岩板裂化破坏发生判据。以汨罗花岗岩为例，研究硬岩在真三轴加载下板裂化破坏与剪切破坏转化机制。同时，以真三轴强度数据为基础，根据实际工程可预测性、试验值与预测值偏差、强度准则在偏平面应力轨迹、强度准则在子午面和τ_{oct}-σ_{oct}平面上应力轨迹4个方面因素，对7种经典强度准则进行全面评估与分析，以获得合理的真三轴硬岩强度准则。

4.1 真三轴加载下硬脆性岩石破坏特性

4.1.1 试验准备

4.1.1.1 试样制备

岩石试样材料为花岗岩，取自湖南省汨罗市境内。根据国际岩石力学协会（ISRM）标准，采用伺服液压试验机（型号：Instron 1346，BSN，USA）进行单轴压缩实验，试样直径为50mm，长度为100mm。为了检验花岗岩试样的矿物成分及其结构组成，对花岗岩试样切片进行岩相分析，如图4-1所示。汨罗花岗岩试样的矿物成分和物理力学参数见表4-1。岩石试样的物理力学性质表明本次试验所选择的花岗岩属于极强的岩石，体现出试样的硬脆型特性。

图4-1　汨罗花岗岩岩相分析图

表4-1　花岗岩试样矿物成分及其物理力学参数

特　性	汨罗花岗岩
矿物成分	38%斜长石 25%钾长石 5%钠长石 18%石英 5%角闪石 9%其他

续表 4-1

特性	汨罗花岗岩
结构构造	块状构造
密度/g·cm^{-3}	2.38
单轴抗压强度/MPa	113.7
泊松比	0.21
杨氏模量/GPa	45.3
单轴压缩下破坏模式	剪切破坏

本次试验选择立方体试样，尺寸为 50mm×50mm×50mm。为了尽量降低试验过程中所产生的端面效应，采用研磨机仔细地对试样的六个表面进行抛光，使表面光滑，垂直度良好。制备好的花岗岩试样如图 4-2 所示。

图 4-2　汨罗花岗岩立方体试样

4.1.1.2　试验设备

试验在中南大学高等研究中心 TRW-3000 型岩石真三轴电液伺服诱变（扰动）试验系统上进行，以获得真三轴应力状态下岩石的峰值强度和变形特征。该试验系统能够独立施加三个加载方向（*X*、*Y*、*Z* 方向）应力，对 *X*、*Y* 向可以施加最大 2000kN 的力，对 *Z* 向施加最大 3000kN 的力。采用线性可变差动变压器（LVDT）来测量试样应变，分辨率为 0.5μm。试验加载框架可以实现垂直和水平两个方向独立加载，垂直水平框架可实现对岩石试件 *X*、*Y* 两个方向上的加载；垂直加载框架实现对岩石试件 *Z* 方向上的加载。该试验装置可以满足的试样尺寸分别为 100mm×100mm×100mm、200mm×200mm×200mm 和 300mm×300mm×300mm 三种。为了使本次试验的试样尺寸（50mm×50mm×50mm）满足真三轴电液伺服诱变（扰动）试验系统的加载要求，仍然采用第 3 章中的新型加载装置，如图 4-3 所示。由于试样尺寸一致，无需对夹具做出任何修改，夹具断面尺寸均为 48mm×48mm。对该装置的介绍这里不再赘述。

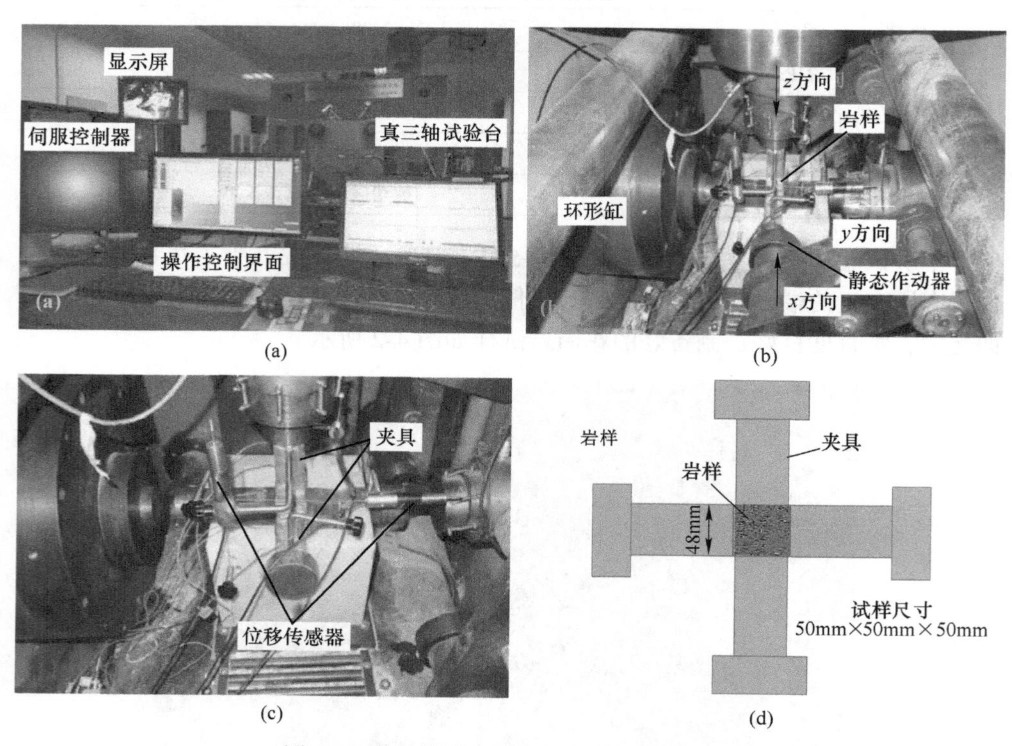

(a)　(b)　(c)　(d)

图 4-3　真三轴测试系统以及新型加载装置

（a）TRW-3000 型岩石真三轴电液伺服诱变（扰动）试验系统；（b），（c）真三轴设备及其新型加载装置；（d）新型加载装置与立方体试样示意图

4.1.2　试验方案

根据不同的 σ_3 值，将真三轴加载试验分为 5 组进行。σ_3 分别设定为 10MPa、20MPa、30MPa、50MPa 及 100MPa。每一组根据不同 σ_2 展开试验，涵盖范围由 $\sigma_2=\sigma_3\sim\sigma_1=\sigma_2$。试样编号见表 4-2。以 g-10-30 为例，g 表示花岗岩，10 表示预先设定的 σ_3 值，30 为预先设定的 σ_2 值。

表 4-2　表示预应力值的岩石试样编号

预先设定 σ_3 /MPa	岩石试样编号							
10	g-10-10	g-10-30	g-10-50	g-10-100	g-10-150	g-10-175	g-10-200	g-10-240

续表 4-2

预先设定 σ_3 /MPa	岩石试样编号							
20	g-20-20	g-20-50	g-20-100	g-20-150	g-20-200	g-20-250	g-20-275	g-20-340
30	g-30-30	g-30-50	g-30-100	g-30-150	g-30-200	g-30-300	g-30-344	
50	g-50-50	g-50-100	g-50-150	g-50-200	g-50-300	g-50-400	g-50-440	
100	g-100-100	g-100-180	g-100-260	g-100-340	g-100-420	g-100-490	g-100-600	

试验加载方案如图 4-4 所示。所有的真三轴加载试验遵循三步骤加载路径：

（1）首先，采用应力加载控制的方式将 σ_1 增加至 1MPa，然后以 0.2MPa/s 的加载速度增加至 5MPa。同样地，将 σ_2 和 σ_3 增加至 5MPa。

（2）采用应力加载控制模式以 0.3MPa/s 的速度同时增加 σ_1、σ_2 及 σ_3。当达到预先设定目标值时，停止加载 σ_3 值。随后，继续以 0.3MPa/s 的速度增加 σ_1 和 σ_2 值，直到 σ_2 达到预先设定目标值。

（3）维持 σ_3 和 σ_2 值不变，继续以 0.3MPa/s 的速度增加最大主应力 σ_1 值，直到试样发生彻底破坏，试验结束。

试验过程中，σ_1 位于 Z 方向，σ_2 位于 Y 方向，σ_3 位于 X 方向。

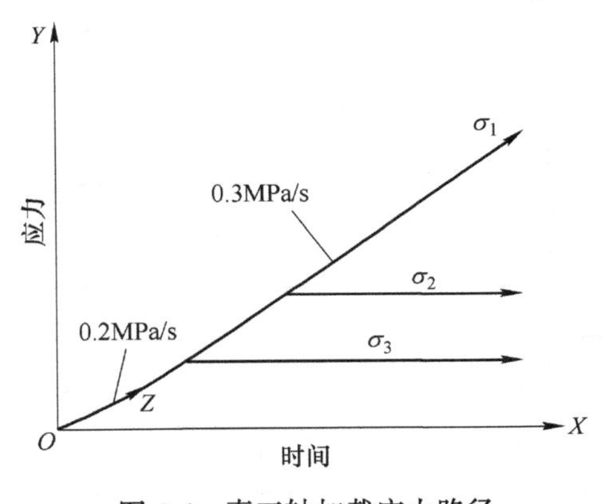

图 4-4 真三轴加载应力路径

4.1.3 试验结果

4.1.3.1 真三轴破坏强度

表 4-3 为真三轴加载下花岗岩试样破坏强度。图 4-5 所示为不同 σ_3 和 σ_2 立方体硬岩试样峰值强度。从图中可以明显看出，对于每一组 σ_3 值，随着 σ_2 的不断增加，破坏强度均呈现先增加后降低的趋势。图中点划线为 $\sigma_2=\sigma_3$ 情况下的拟

合曲线，而图中$\sigma_1=\sigma_2$情况则表示常规三轴拉伸状态（采用虚线表示）。当σ_3一定时，随着σ_2的逐渐增加，峰值强度呈现单调递增趋势。随着围压的不断增大，导致试样在Y方向的侧向位移受到了一定的约束与限制，使得试样的承载能力得到进一步增强。然而，继续增大σ_2将会导致试样的损伤程度出现恶化。此种情况下，在峰前阶段试样内部将产生大量的微观裂纹及初始损伤，使得峰值强度呈现下降的趋势。

表 4-3 真三轴加载下花岗岩试样峰值强度

岩石编号	预应力值/MPa		最大主应力/MPa
	σ_3	σ_2	
g-10-10	10	10	217.9
g-10-30	10	30	281.0
g-10-50	10	50	323.0
g-10-100	10	100	351.0
g-10-150	10	150	360.0
g-10-175	10	175	370.2
g-10-200	10	200	352.0
g-10-240	10	240	287.0
g-20-20	20	20	293.2
g-20-50	20	50	348.4
g-20-100	20	100	371.7
g-20-150	20	150	390
g-20-200	20	200	423.9
g-20-250	20	250	436.9
g-20-275	20	275	399.2
g-20-340	20	340	400.0
g-30-30	30	30	340.3
g-30-50	30	50	365.0
g-30-100	30	100	400.0
g-30-150	30	150	455.0
g-30-200	30	200	500.0
g-30-300	30	300	474.7
g-30-344	30	344	430.0
g-50-50	50	50	421.9
g-50-100	50	100	447.4

续表 4-3

岩石编号	预应力值/MPa		最大主应力/MPa
	σ_3	σ_2	
g-50-150	50	150	527.1
g-50-200	50	200	535.2
g-50-300	50	300	570.1
g-50-400	50	400	533.0
g-50-440	50	440	453.2
g-100-100	100	100	592.2
g-100-180	100	180	650
g-100-260	100	260	750
g-100-340	100	340	783.2
g-100-420	100	420	815
g-100-490	100	490	800
g-100-600	100	600	754
g-100-660	100	660	702

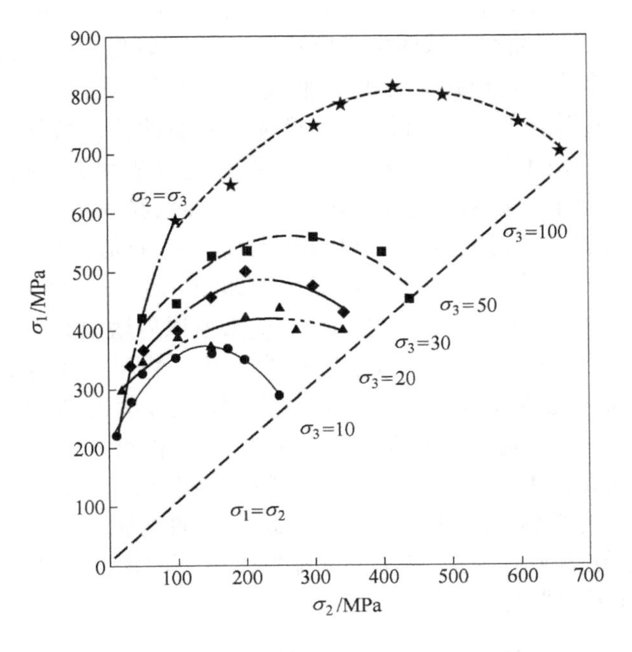

图 4-5 不同 σ_3 与 σ_2 下试样峰值强度变化规律

（图中各点线表示当 σ_3 一定时，峰值强度与 σ_2 的拟合关系曲线）

为了进一步说明真三轴加载下峰值强度随 σ_2 与 σ_3 的变化规律，引入峰值强度增长幅值 ν，可由下式表示：

$$\nu = \frac{\sigma_{1a} - \sigma_{1b}}{\sigma_{1a}} \tag{4-1}$$

式中，σ_{1a} 为 σ_3 一定时，该组试验中峰值强度对应的最大值，MPa；σ_{1b} 为 σ_3 一定时，该组试验中峰值强度对应的最小值，MPa。

通过计算可知，当 σ_3 为 10MPa 时，峰值强度增长幅值 ν 为 41.35%，而当 σ_3 增加至 100MPa 时，峰值强度增长幅值 ν 已经降低为 28.9%。可以看出，随着 σ_3 的增加，峰值强度增长幅值整体呈现递减的趋势，这表明，在较低 σ_3 水平下，峰值强度会受到 σ_2 较大的影响，而在较高 σ_3 水平时，峰值强度对于 σ_2 的依赖性明显降低。

4.1.3.2　应力-应变曲线与延-脆转化

图 4-6（a）、（b）、（c）分别为 $\sigma_3 = 20$MPa、50MPa 及 100MPa 时不同 σ_2 轴向应力-应变曲线。通过图 4-6 也可以观察到 σ_2 对于峰值强度的影响。在当前的研究中，应力-应变曲线可以分为初始压密闭合阶段、弹性阶段及屈服阶段三个部分。由于所采用的应力加载模式导致试样在达到峰值后夹具瞬间掉落，因此只获得了真三轴加载下峰前应力-应变特性曲线。图 4-6（a）所示为 $\sigma_3 = 20$MPa 时不同 σ_2 轴向应力-应变曲线。从图中可以看出，当 σ_2 较低时，虽然在峰前可以观察到屈服阶段（在靠近峰值处应力-应变曲线体现出了非线性特性处），但不是很明显，这是由于较低 σ_3 所致。随着 σ_2 的增加，岩石的脆性特征有所加强。总体来看，除了初始压密闭合阶段，用于表征岩石延性或塑性的非线性段观察不到，表明在较低 σ_3 情况下，花岗岩往往体现出较为明显的脆性特征。

随着 σ_3 的增加，尤其是当 $\sigma_3 = 100$MPa 时，在 σ_2 较低（σ_2 小于 300MPa）情况下，应力-应变曲线非线性特征非常显著。如图 4-6（c）所示，在峰前阶段，花岗岩经历了较大的变形，试样在达到一定应力值以后增幅开始放缓，而应变值仍然有较大幅度的增加，体现出明显的延性特征。然而，随着 σ_2 的不断增加，峰前应力-应变曲线逐渐由非线性向线性转变，屈服程度逐渐降低，岩石由延性至脆性的转化得到了一定程度的促进。通过以上分析可知，在较低 σ_3 情况下，花岗岩的延-脆转化并不是很明显，而在较高 σ_3 情况下，岩石的延-脆转化特性会受到 σ_2 较为明显的影响。值得注意的是，随着 σ_3 的增加，试样轴向应变呈现逐渐增加的趋势，这表明当 σ_3 增加时，试样发生破坏时需要更大的变形，这也反映出岩石延性逐渐增强的特征。

4.1.3.3　主破裂面倾角及破坏模式转变

图 4-7 所示为不同 σ_3 水平下花岗岩试样主破裂面倾角（主要破裂面与水平应

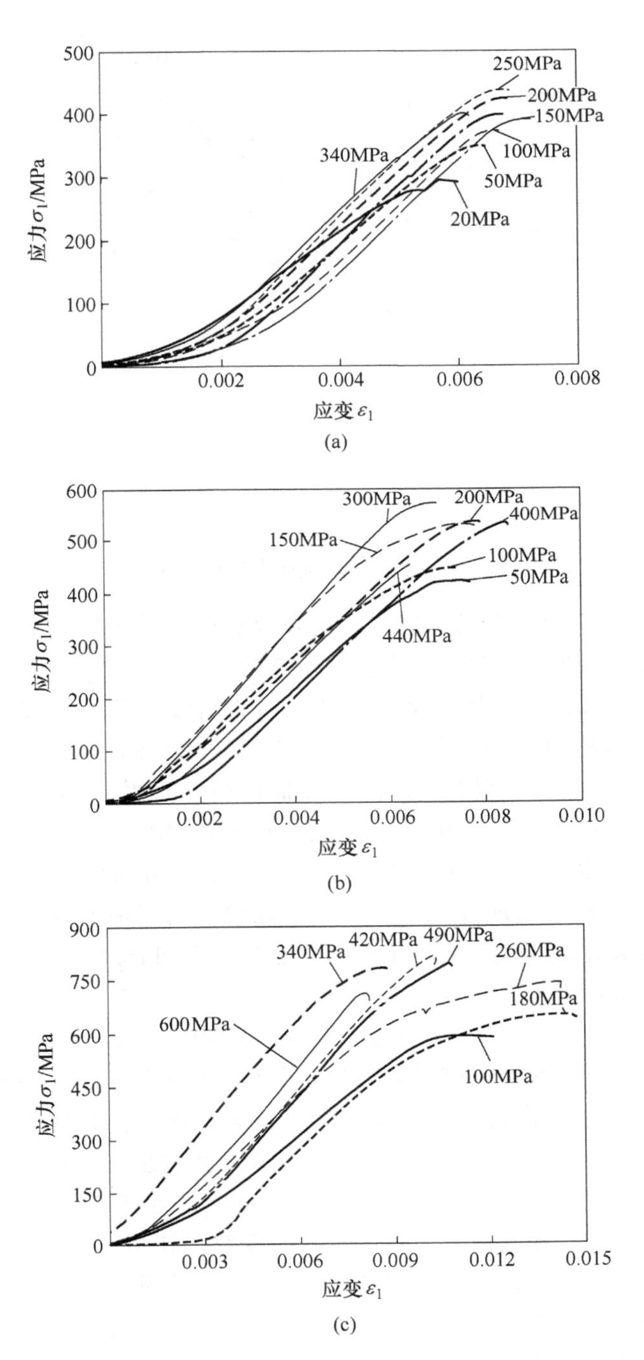

图 4-6 $\sigma_3 = 20\text{MPa}$、50MPa、100MPa 时不同中间主应力下轴向应力-应变曲线

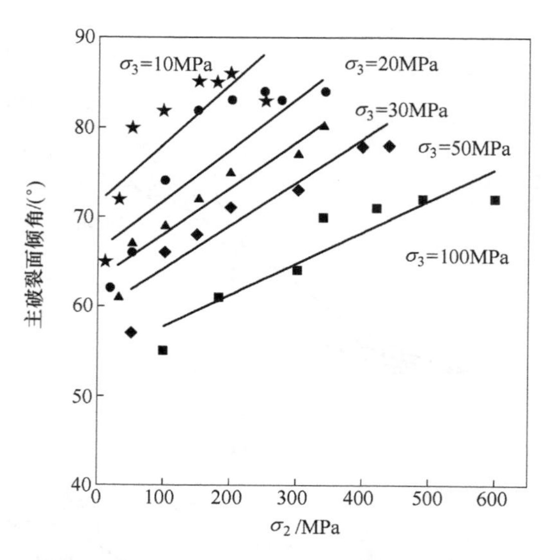

图 4-7　不同 σ_3 水平下花岗岩试样主破坏平面角随 σ_2 变化趋势

力方向夹角）随 σ_2 变化趋势。图中点线表示不同 σ_3 值下破裂面倾角与 σ_2 值拟合关系曲线，采用线性方式进行拟合。对于任意 σ_3 值，当 σ_2 由 σ_3 增加至 σ_1 时，花岗岩试样的破裂面倾角整体上呈现逐渐增加的趋势。当 σ_3 = 10MPa 时，破裂面倾角由 σ_2 = 10MPa 时的 64°增加至 σ_2 = 200MPa 的 86°，增加了 22°。在 σ_3 = 100MPa 时，发现此时破裂面倾角仍然增加了 18°，即由 σ_2 = 100MPa 时的 55°增加至 σ_2 = 600MPa 的 73°。分析可知，虽然 σ_3 = 100MPa 与 σ_3 = 10MPa 相比，其破裂面倾角增量仅相差 4°，然而在较高 σ_3 情况下，各 σ_2 值所对应的最大破裂面倾角相比于较低 σ_3 时均有所降低。为了更好地说明真三轴加载下立方体硬岩试样剪切破坏与板裂化破坏之间的转化机制，绘制了不同 σ_2 与 σ_3 下花岗岩试样典型破坏模式图，如图 4-8 所示。

从图 4-8 可以看出，当 σ_3 = 10MPa，σ_2 = 10MPa 时试样的破坏模式为剪切破坏。若干条宏观剪切裂纹将试样划分为大小不等形状各异的不规则楔形块体。随着 σ_2 的增大，其破坏模式转化为张拉-剪切混合型破坏，此种情况下，在宏观剪切带附近会产生一系列平行于最大主应力方向的张拉裂纹，并有向试样顶底部延伸的趋势，但剪切破坏仍然占据主导地位。当 σ_2 不小于 50MPa 时，可以发现花岗岩试样的最终破坏模式由剪切破坏转变为板裂化破坏（纵向劈裂化破坏）。在此种情况下，由于张拉型裂纹的扩展与贯通，试样内部出现大量平行于最大主应力方向的微小裂纹以及薄板，如图 4-8（a）所示（σ_2 大于 100MPa 时）。此时，主破裂平面角均大于 80°，有的甚至达到 86°左右。当 σ_3 = 20MPa 和 30MPa 时，由剪切破坏转变为板裂化破坏时所需的 σ_2 分别增加至 150MPa 和 300MPa，表明

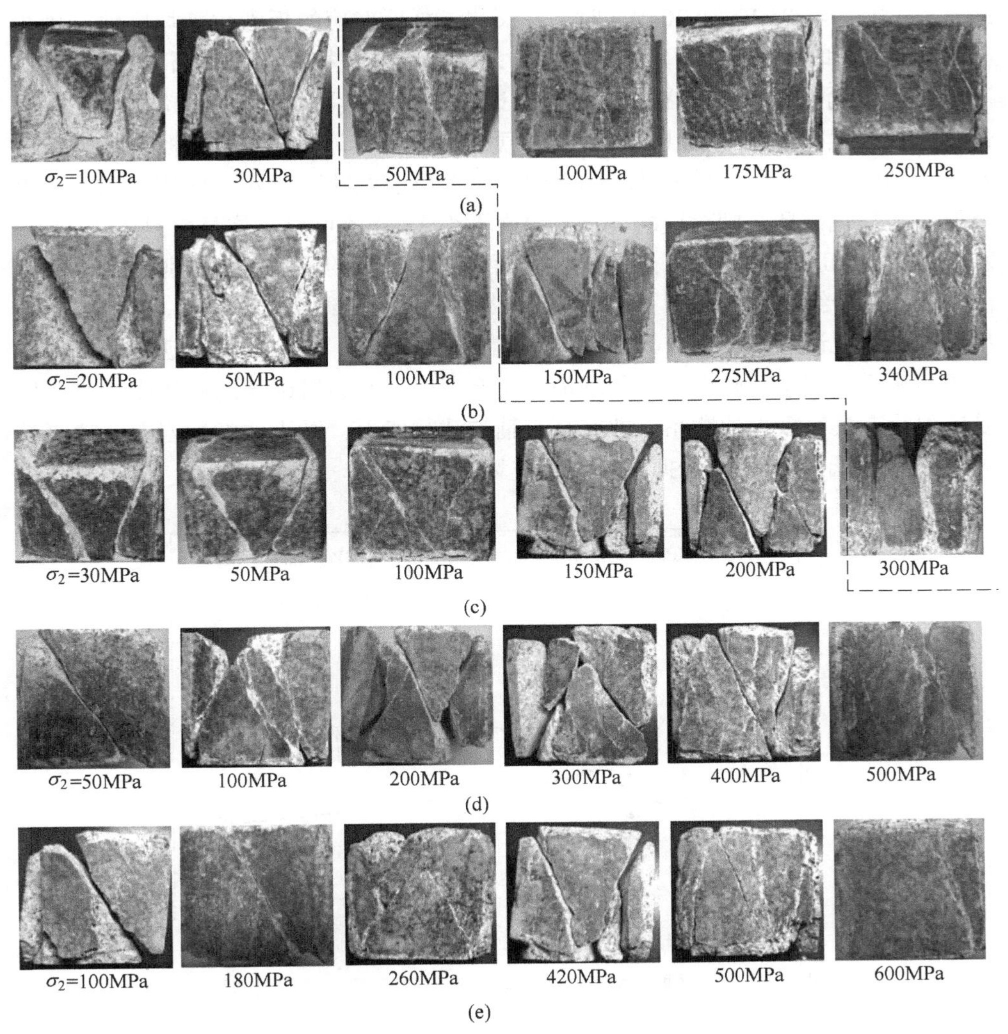

图 4-8 真三轴加载下不同 σ_3 与 σ_2 花岗岩试样典型破坏模式

只有当 σ_2 不小于该值时才会发生板裂化破坏。然而，当 σ_3 超过 30MPa（σ_3 = 50MPa 和 100MPa 时），σ_2 较低时，试样破坏模式为剪切破坏，σ_2 较高时，其破坏模式转化为张拉-剪切混合型破坏。然而，无论 σ_2 为何值，都不会出现板裂化破坏现象，如图 4-8（d）和 4-8（e）所示。通过以上分析表明：在真三轴加载状态下，随着 σ_3 的增加，硬岩试样内板裂化破坏的出现会越来越困难（需要更高的中间主应力值），甚至不会出现板裂化破坏。

图 4-9 所示为真三轴加载下花岗岩试样剪切→板裂破坏模式转变趋势图。由图 4-9 可以看出，当 σ_3 = 10MPa 时，花岗岩试样所对应的板裂化破坏阈值为 σ_2/

$\sigma_3=5$，当 $\sigma_3=20\text{MPa}$ 和 30MPa 时，花岗岩试样所对应的板裂化破坏阈值分别为 $\sigma_2/\sigma_3=7.5$ 和 10。当前试验结果表明：对于花岗岩试样（极强岩石），在一定情况下，板裂化破坏会出现在真三轴加载试验之中。然而，一旦 σ_3 超过某一特定值后，板裂化破坏就不会出现。值得注意的是，随着 σ_3 的增加，板裂化破坏所对应的阈值 σ_2/σ_3 呈现单调递增的趋势。因此可以推断，当 $\sigma_3=50\text{MPa}$ 时，如果要发生板裂化破坏，则对应的 σ_2/σ_3 应当不小于 10 才可以。这显然是不可能的。对于 $\sigma_3=50\text{MPa}$ 和 100MPa 这两组试验而言，其最大的 σ_2/σ_3 值分别为 8.8 和 6。由于 σ_2/σ_3 始终不能够达到 10，因此其破坏模式将始终为剪切破坏或张拉-剪切型破坏，这也说明在较高 σ_3 水平下，随着 σ_2 的增加，虽然试样由延性向脆性转化较为明显，但是其脆性程度的增加也是有限的。花岗岩试样的破坏模式与其所受应力状态具有极大地联系，即在真三轴加载状态下，对于硬脆性岩石，较高的 σ_3 值或者较低的 σ_2 值将会抑制板裂化破坏的发生。

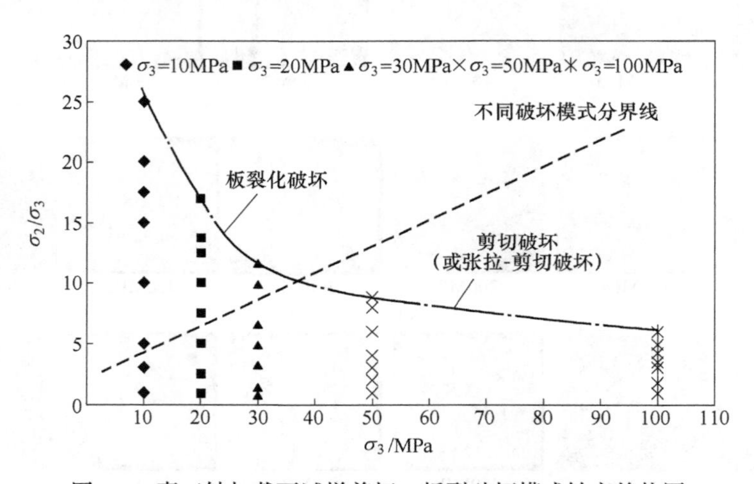

图 4-9 真三轴加载下试样剪切→板裂破坏模式转变趋势图

4.1.4 试验结果分析

在先前的真三轴室内实验中，许多研究者大多采用高宽比为 2∶1 的长方体试样，一些试样的宽度和厚度甚至也不尽相同，如赵菲和何满潮在采用花岗岩试样进行真三轴卸载试验时，采用宽度和厚度之比为 2∶1 的长方体试样。在当前的研究中，采用立方体试样（尺寸为 50mm×50mm×50mm）进行真三轴加载试验。李夕兵等人利用自行设计的岩石真三轴电液伺服诱变（扰动）试验系统对不同应力状态下花岗岩、红砂岩及水泥砂浆的立方试件（100mm×100mm×100mm）进行了真三轴卸载破坏试验。在他们的研究中，采用 Mogi 1971 准则对岩石在真三轴卸载状态下八面体剪应力与平均有效应力二者之间的关系进行了强度拟合。拟合结果发现 Mogi1971 准则中的参数 $n<1$ 且 $A>1.5$，这与以往室内试验采用试样高宽比为 2 的拟合结果相类似。通过详细比较和分析，他们发现采用高宽比为 1 的试样所造成的端面摩擦效应并不会显著地影响峰值强度。随后，一些学者又采用立方体试样进行了大量的真三轴加卸载试验，进一步验证了立方体试样在真三轴状态下的适用性和可行性，这也说明本文所采用的试样尺寸是可以用于真三轴加载试验的。

在当前的研究中，峰值强度随中间主应力的变化规律整体呈现先增加后降低的趋势。对于硬脆性岩石来说，即使是在较高的 σ_3 情况下，破裂面倾角的增量相比于较低 σ_3 水平下增量也相差不多，这表明在此种情况下试样的破裂面倾角仍然对 σ_2 具有较高的敏感性和依赖性。马晓东等人对两种不同孔隙砂岩在真三轴加载状态下的破裂面倾角进行了调查与分析。研究表明在较高 σ_3 水平下，两种孔隙砂岩（介于软岩与中等强度岩石之间）的破裂面倾角随 σ_2 的变化并不是很明显，其破坏平面角增量相比于低 σ_3 状态下时明显减小，尤其是 Bentheim 砂岩试样。通过比较可知，在较高 σ_3 状态下，极强岩石与软岩之间的破坏平面角随 σ_2 的变化规律是不同的。因此，真三轴加载下试样的破裂面倾角不仅会受到 σ_2 和 σ_3 的影响，还与其岩性有关。

值得注意的是，板裂化破坏或者劈裂破坏经常出现于单轴压缩状态、双轴加载状态或者真三轴卸载状态下。如李地元等人在单轴压缩状态下观察到高宽比为 0.5 的立方体花岗岩试样的破坏模式为板裂化破坏，Cai 通过增加 σ_2 发现在双轴加载下立方体硬岩的破坏模式为板裂化破坏，赵星光等人采用真三轴卸载试验研究花岗岩岩爆特性，发现在卸载速率较低时，其破坏模式为板裂化破坏，在卸载速率较高时，其破坏为板裂化岩爆。可以看出，自由面的存在（通过卸载一个或两个水平方向的主应力或事先预留一个或两个水平方向的自由面）为硬脆性岩石发生板裂化破坏提供了重要的条件。对于多轴加载情况而言，较高的中间主应力和低至 0 的最小主应力已经被证实是诱导板裂化破坏的一个重要因素。在此种应力状态下，较高的 σ_2 会极大地抑制沿最小主应力方向裂纹的起裂与发展，从而使裂纹只能沿着 σ_1-σ_2 平面扩展和贯通。此种条件下的 σ_2/σ_3 视为无穷大，即∞。然而，当最小主应力不为 0 时，是否也会出现板裂化破坏，换句话说，是否存在一个特定的 σ_2/σ_3 能够诱发板裂化破坏的发生？

基于当前的一系列室内试验结果，我们发现板裂化破坏是可以在真三轴加载状态下出现的。对于硬脆性岩石而言，实现这种破坏模式需要三个基本条件，即：（1）不小于某一特定的 σ_2/σ_3；（2）较低的 σ_3 水平；（3）较小的试样高宽比。图 4-10 所示为 $\sigma_3=20$MPa 时随 σ_2 增加试样破坏模式转变和裂纹扩展路径。当 $\sigma_2=20$MPa 时，破坏模式为剪切破坏。此时，宏观剪切带是由一系列平行于 σ_1 方向的微小拉伸裂纹所组成的。随着 σ_2 的增加（100MPa），宏观剪切带内的微小张拉裂纹开始朝向试样端部扩展与贯通，破坏模式为张拉-剪切型破坏。然而，当 σ_2 不小于 150MPa，其破坏模式将完全转变为板裂化破坏，这是由于在较低 σ_3 情况下，σ_2 的增大不仅限制了 σ_1-σ_3 平面上裂纹的扩展，同时又促进了 σ_1-σ_2 平面上的张拉型裂纹。类似的破坏模式转变过程也出现于第 3 章节（真三轴卸载条件）之中。

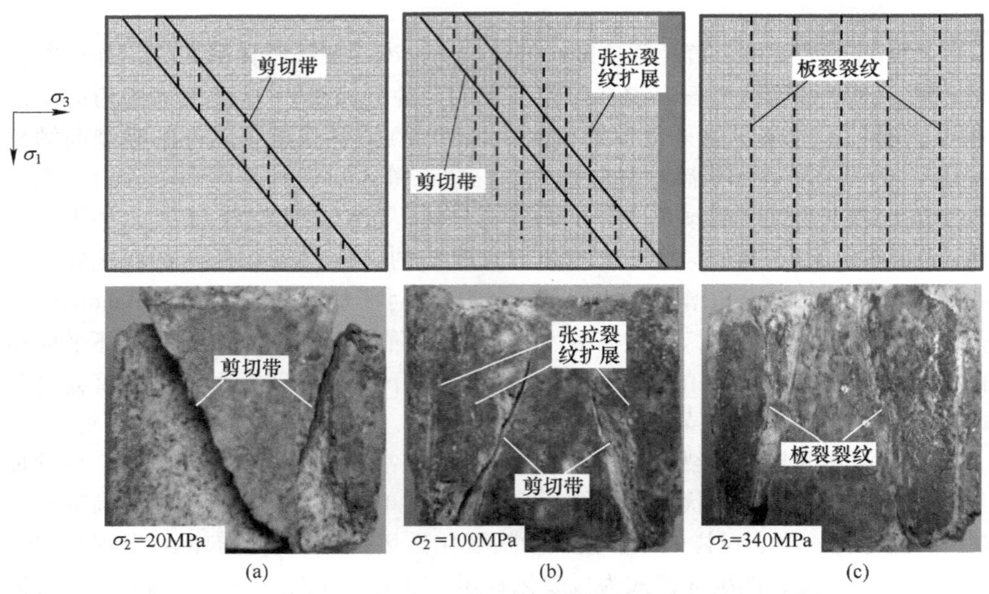

图 4-10 $\sigma_3=20$MPa 时不同 σ_2 值试样破坏模式转变和裂纹扩展路径

对于不同的岩性而言，σ_3 值的划定范围是不同的，因此所对应的 σ_2 值也会有所不同。值得注意的是，随着 σ_3 的增加，所对应的板裂化阈值（即 σ_2/σ_3）也会呈现逐渐增加的趋势。然而，一旦当 σ_3 超过某一个特定范围以后，无论 σ_2（或 σ_2/σ_3）增加至何值，都不会出现板裂化破坏。对于软岩，由于不在本文的研究范畴之内，因此并不做过多的介绍。

在先前的真三轴加载试验中，板裂化破坏很少被观察到，即使是在较低的 σ_3 以及较高的 σ_2 状态下，硬岩试样的破坏模式也经常是以宏观剪切破坏为主，如 Haimson 和 Chang 的实验，Mogi 真三轴实验、Vachaparampil、Ghassemi 及冯夏庭等人的试验等。通过对比分析，我们认为先前的试验结果与当前的试验结果不同的原因是：先前的真三轴加载试验所采用的试样高宽比均为 2∶1，而当前实验所采用的试样高宽比为 1∶1。由第 2 章的结论可知，对于较长的试样，微小的张拉型裂纹很难穿透试样顶底部以形成厚度相当、分布均匀的薄板，这表明较长的试样将会在一定程度上阻止张拉裂纹朝向最大主应力方向扩展和贯通，最终形成宏观剪切带。然而，相对于较矮试样而言，如果赋予特定的 σ_2/σ_3 值，张拉型裂纹便可以更加容易地沿着最大主应力方向扩展与延伸，并穿透试样的顶底部，最终形成平行于σ_1方向的板裂化破坏。这是由于有限的裂纹扩展路径（试样高度）所致。当前试验结果表明$\sigma_3=0$并不是板裂化破坏的一个必要条件。对于硬脆性岩石，只要超过某一特定的σ_2/σ_3，并处于较低的σ_3水平，同时降低试样的尺寸，便可以诱发板裂化的破坏。

4.2 基于真三轴试验数据的硬岩强度准则评估与选取

国内外许多研究者曾先后提出过一系列岩石强度准则。这些强度准则被用于描述岩石在各种应力状态下的破坏行为。在当前研究中，以真三轴强度数据为基础，根据实际工程可预测性、试验值与预测值偏差、强度准则在偏平面应力轨迹、强度准则在子午面和τ_{oct}-σ_{oct}平面应力轨迹四个方面因素，对七种经典强度准则进行了系统评估与分析，以获得合理的真三轴硬岩强度准则。其中，实际工程可预测性是指可以不通过真三轴试验（采用岩石强度参数，如黏聚力和内摩擦角等）便可以预测岩石的真三轴强度。本节简要介绍了七种强度准则，并将它们的预测结果与岩石真三轴强度试验数据进行了系统地比较与分析。

4.2.1 七种强度准则介绍

4.2.1.1 Mohr-Coulomb 强度准则

1773 年，Coulomb 提出了一个重要的准则。该准则可以通过剪切滑移面上的正应力的线性函数来表示：

$$\tau_n = c - \sigma_n \tan\varphi \tag{4-2}$$

式中 c——材料的黏聚力，MPa；

φ——材料的内摩擦角，(°)；

σ_n，τ_n——分别为作用在滑移面的正应力和剪应力，MPa。

该准则表示当剪应力等于黏结强度加上内摩擦角系数与垂直于滑移面上的正应力的乘积时，剪切断裂便会发生。

1910 年，Mohr 提出了剪切破坏理论。他强调在破坏面上剪应力τ_n是正应力σ_n的函数，并表示为：

$$\tau_n = f(\sigma_n) \tag{4-3}$$

该准则由坐标系中的曲线表示，因此又称为 Mohr 应力包络线。为了方便计算，线性版本的准则被广泛采用。由于线性的 Mohr 应力包络线等价于 Coulomb 准则，又可以表示为：

$$\sigma_1 = C_0 + q\sigma_3 \tag{4-4}$$

$$q = \tan^2(\pi/4 + \varphi/2)$$

式中 σ_1——最大主应力，MPa；

σ_3——最小主应力，MPa；

C_0——材料的单轴抗压强度，MPa。

该准则认为σ_1是σ_3的函数，但忽视了σ_2对峰值强度的影响。

4.2.1.2 Drucker-Prager 强度准则

事实上，Drucker-Prager 强度准则是对于 Von-Mises 准则的一个修正。通过引入一个静水压力项，Drucker-Prager 强度准则可以表示为：

$$\alpha I_1 + \sqrt{J_2} = k \tag{4-5}$$

$$I_1 = \sigma_1 + \sigma_2 + \sigma_3 \tag{4-6}$$

$$J_2 = \frac{1}{6}[(\sigma_1 - \sigma_2)^2 + (\sigma_1 - \sigma_3)^2 + (\sigma_2 - \sigma_3)^2] \tag{4-7}$$

式中 α，k——材料参数；

I_1——应力张量的第一不变量；

J_2——偏应力张量的第二不变量。

Drucker-Prager 强度准则在屈服面上表现为圆锥面。

因为 Durker-Prager 准则能较好地反映体积应力、剪应力及中间主应力对于岩石破坏的影响，在实际工程中得到了广泛的推广和应用。然而，在数值模拟、现场应用及理论推导过程中，该准则计算得出的强度值与实际值会产生较大的偏差。因此，一些专家相继提出了修正的 D-P 准则以期与 Mohr-Coulomb 准则相匹配。其中，外角点外接圆 D-P 准则（outer apices circumscribed D-Pcriterion）和内角点内切圆 D-P 准则（inner apices inscribed D-P criterion）是两种常用的和公认的 D-P 准则。对于外角点外接圆 D-P 准则，其公式中的材料参数α和k可以表示为：

$$\begin{aligned} \alpha &= \frac{2\sin\varphi}{\sqrt{3}(3 - \sin\varphi)} \\ k &= \frac{6c\cos\varphi}{\sqrt{3}(3 - \sin\varphi)} \end{aligned} \tag{4-8}$$

对于内角点内切圆 D-P 准则，其公式中的材料参数α和k可以表示为：

$$\begin{aligned} \alpha &= \frac{2\sin\varphi}{\sqrt{3}(3 + \sin\varphi)} \\ k &= \frac{6c\cos\varphi}{\sqrt{3}(3 + \sin\varphi)} \end{aligned} \tag{4-9}$$

由式（4-8）和式（4-9）可知，参数α仅仅与内摩擦角φ有关，而参数k不仅与内摩擦角有关，还与黏聚力c有关。

4.2.1.3 Mogi 1971 强度准则

通过详细比较真三轴应力状态下七种岩石的破坏强度，Mogi 提出了 Mogi 1971 准则。该准则事实上是对 Von-Mises 准则的一个推广。在实验中，Mogi 观察到脆性岩石的破坏是沿着平行于中间主应力方向的某一倾斜面发生的，而不是随机的出现于试样的体积之中，这也正如 σ_{oct}（即（$\sigma_1+\sigma_2+\sigma_3$)/3）所暗示的那样。因此，该准则认为极限变形应变能会随着有效平均应力（$\sigma_1+\sigma_3$)/2 的增加而增加。Mogi 1971 强度准则表示为：

$$\tau_{oct}=f_1(\sigma_1+\sigma_3) \tag{4-10}$$

式中 τ_{oct}——八面体剪应力，MPa；

f_1——单调递增函数。

τ_{oct}可表示如下：

$$\tau_{oct}=1/3\left[(\sigma_1-\sigma_2)^2+(\sigma_1-\sigma_3)^2+(\sigma_2-\sigma_3)^2\right]^{1/2} \tag{4-11}$$

该破坏准则的物理解释可表示为：当变形应变能达到临界值时，破坏将发生，而这个临界值是随着破坏面上有效平均正应力的增加而增加的。岩石在真三轴压缩下的破坏以剪切滑移为主，由于破坏面的方向通常平行于中间主应力，因此在破坏面上的有效正应力即为（$\sigma_1+\sigma_3$)/2。该准则也可以表示为一指数型函数，即：

$$\tau_{oct}=A(\sigma_1+\sigma_3)^n \tag{4-12}$$

式中 A，n——材料参数。

这两个参数必须要通过真三轴实验才能够确定。

4.2.1.4 线性 Mogi 强度准则（Mogi-Coulomb 准则）

为了将真三轴破坏准则与常规三轴实验数据相关联，Al-Ajmi 和 Zimmerman 分析了大量的真三轴实验数据，并提出了线性的 Mogi 强度准则。该准则事实上是将 Coulomb 准则由二维平面问题推广至三维空间问题，因此也称为 Mogi-Coulomb 准则。Mogi-Coulomb 准则中所用到的参数可以直接通过常规三轴数据来获取。该准则表示为：

$$\tau_{oct}=a+b\sigma_{m,2} \tag{4-13}$$

式中 a——τ_{oct}坐标轴上的截距；

b——该直线的斜率。

这个线性公式的基本原则是可以将材料参数与岩石力学强度参数相结合。通过与 Coulomb 破坏准则相比较，可知两参数的表达式为：

$$a=\frac{2\sqrt{2}}{3}c\cos\varphi$$
$$b=\frac{2\sqrt{2}}{3}\sin\varphi \tag{4-14}$$

该准则已被一些学者证实可以很好地预测岩石在真三轴加载状态下的强度变化规律。

4.2.1.5 Mogi 1967 强度准则

为了检验σ_2对于岩石破坏的影响，Mogi 对 Dunham 白云岩、Westerly 花岗岩及 Solenhofen 石灰岩进行了一系列的三轴拉伸试验（$\sigma_1=\sigma_2>\sigma_3$）、三轴压缩实验（$\sigma_1>\sigma_2=\sigma_3$）及双轴压缩实验（$\sigma_1>\sigma_2$，$\sigma_3=0$）。通过比较实验数据，Mogi 发现单纯地使用八面体正应力σ_{oct}作为八面体切应力τ_{oct}的自变量不能够很好地体现σ_2的作用，σ_2应当与σ_3呈一定比例形式存在，尽管相比于σ_3而言，σ_2对于峰值强度的影响较小。Mogi 1967 准则表示如下：

$$(\sigma_1-\sigma_3)/2=f_1[(\sigma_1+\beta\sigma_2+\sigma_3)/2] \tag{4-15}$$

式中 β——小于 1 的材料参数。

该准则认为如果β值选择合理，三轴压缩曲线与三轴拉伸曲线将会趋于一致。在这种情况下，公式自变量应当是以（$\sigma_1+\beta\sigma_2+\sigma_3$）而不是以($\sigma_1+\sigma_3$)或者($\sigma_1+\sigma_2+\sigma_3$)的形式存在。$\beta$值可以通过三轴压缩($\sigma_1>\sigma_2=\sigma_3$)和三轴拉伸（$\sigma_1=\sigma_2>\sigma_3$）实验获得，且对于不同的岩性也不尽相同。因此，该强度准则对于岩性具有较强的依赖性。

4.2.1.6 修正 Wiebols-Cook 强度准则

为了预测多轴状态下井孔附近岩石的实际强度，Zhou 于 1994 年提出了修正 Wiebols-Cook 强度准则。事实上，这是对 Drucker-Prager 强度准则等类似有效应变能准则的一个推广。该准则表示当岩石发生破坏时：

$$J_2^{1/2}=A+B\sigma_{oct}+C\sigma_{oct}^2 \tag{4-16}$$

式中 J_2——偏应力张量的第二不变量。

参数A、B、C通过岩石常规三轴压缩和双轴压缩实验来获得。在常规三轴压缩状态下，岩石的强度可以通过公式$\sigma_1=C_1+q\sigma_3$来获取（C_1为双轴压缩强度，参数q与式（4-4）中一致）。根据 Wiebolos 和 Cook 及何鹏飞等人的描述，C_1可由下式计算：

$$C_1=\left(1+\frac{3}{5}\tan\varphi\right)C_0 \tag{4-17}$$

将上述公式和单轴压缩强度（$\sigma_1=C_0$，$\sigma_2=\sigma_3=0$）迭代至式（4-16），则有：

$$A=\frac{C_0}{\sqrt{3}}-\frac{C_0}{3}B-\frac{C_0^2}{9}C \tag{4-18}$$

$$B = \frac{\sqrt{3}(q - 1)}{2 + q} - \frac{C}{3}[2C_0 + (2 + q)\sigma_3] \tag{4-19}$$

$$C = \frac{\sqrt{27}}{2C_1 + (q - 1)\sigma_3 - C_0}\left[\frac{C_1 + (q - 1)\sigma_3 - C_0}{2C_1 + (2q + 1)\sigma_3 - C_0} - \frac{q - 1}{2 + q}\right] \tag{4-20}$$

由于采用式（4-17）所获得岩石多轴强度与 Wiebols 和 Cook 所获得的强度相类似，因此修正 Wiebols-Cook 强度准则可以表示为一个修正的应变能准则。

4.2.1.7 修正 Lade 强度准则

修正 Lade 强度准则表示为无黏结效应的具有摩擦材料三维破坏准则。为了充分考虑黏聚力的效应，并将其应用于钻孔稳定性预测之中，Ewy 于 1999 年在 Lade 修正后准则的基础上又进一步提出了修正 Lade 强度准则。该准则将孔隙压力作为一个重要的参数。将调整后的与黏聚力有关的参数引入修正 Lade 强度准则后，可得：

$$\frac{I_1'^3}{I_3'} = 27 + \eta \tag{4-21}$$

$$I_1'^3 = (\sigma_1 + S) + (\sigma_2 + S) + (\sigma_3 + S) \tag{4-22}$$

$$I_3' = (\sigma_1 + S)(\sigma_2 + S)(\sigma_3 + S) \tag{4-23}$$

式中　S，η——材料参数。

参数 S 与岩石的黏聚力有关，而参数 η 则与内摩擦角有关。二者表示如下：

$$S = \frac{c}{\tan\varphi}$$
$$\eta = \frac{4\tan^2\varphi(9 - 7\sin\varphi)}{1 - \sin\varphi} \tag{4-24}$$

4.2.2 实际应用中强度准则的可预测性

研究岩石强度准则的一个主要目的就是预测岩石不同应力状态下的峰值强度。预测是指无需再通过一系列真三轴室内试验来获取真三轴的强度数据和相应的强度准则。这对于现场实际工程以及从事岩石力学的科学研究机构无疑将提供极大的优势，因为进行岩石真三轴试验需要消耗大量的人力、物力及财力。另外，相比于真三轴设备而言，常规三轴设备是比较普遍的。对于 Mogi 1971 和 Mogi 1967 准则来说，必须要进行完整的真三轴加载试验来获取强度准则参数。在这种情况下，真三轴强度准则就无法发挥其预测的优势与功能。其余五个强度准则的材料参数则可以直接或间接地通过岩石强度参数（即黏聚力和内摩擦角）来获取，因此只需要通过常规三轴实验就可以推导出相应的强度准则公式，最后用于预测岩石在复杂应力状态下的峰值强度。尽管 Mogi 1971 和 Mogi 1967 准则在可预测性方面没有发挥出其自身的优势，但是对于一些具有真三轴设备的科研机构，如果条件允许，仍然可以通过真三轴试验数据来对其进行强度准则拟合。另外，对于其他强度准则而言，也仍要采用多种手段与因素进行系统评估，如从试验值与预测值偏差、强度准则在偏平面应力轨迹、强度准则在子午面应力轨迹等方面进行考察。

4.2.3 最佳拟合方程（试验数据）与强度准则预测值偏差

为了检验上述七种经典强度准则在真三轴状态下的准确性，对最佳拟合方程（或试验数据）与强度准则预测值进行比较与分析。主要步骤如下：

（1）首先，根据 4.2 节中花岗岩试样的真三轴试验数据，获取各强度准则的最佳拟合方程。通过拟合相关性系数分析试验数据与最佳拟合方程之间的误差。

（2）随后，根据真三轴试验中 $\sigma_2=\sigma_3$ 数据所获得的岩石强度参数（黏聚力与内摩擦角）推导相应的强度准则方程，并计算不同应力状态下强度理论值（预测值）。

（3）最后，对比分析最佳拟合方程（或试验数据）与强度准则预测值。

值得注意的是，由于修正 Wiebols-Cook 准则与修正 Lade 准则的公式非常复杂（隐函数），因此无法通过试验数据来获取相应的最佳拟合方程。因此，本文仅将原始真三轴试验数据与这两个强度准则理论值（预测值）进行了比较与分析。

图 4-11 绘制了 σ_1-σ_3 平面上的花岗岩试样真三轴强度数据和基于试验数据的 Mohr-Coulomb 强度准则最佳拟合曲线方程。从图中可以看出，最佳拟合方程为一条直线。Mohr-Coulomb 强度准则中的黏聚力 c 和内摩擦角 φ 可根据常规三轴数据获得（本书未进行常规三轴实验，只对真三轴数据中 $\sigma_2=\sigma_3$ 数据进行了处理）。花岗岩试样黏聚力 c 为 50.32MPa，内摩擦角 φ 为 37°。由图 4-11 可以看出，基于试验数据的 Mohr-Coulomb 强度准则最佳拟合方程的相关性系数（R^2）为 0.8672，表明最佳拟合方程与真三轴试验数据之间存在一定的偏差，这是由于该强度准则忽略了 σ_2 对于峰值强度的影响，因此会引起较大的误差。另外，为了与基于试验数据的最佳拟合曲线相比较，图 4-11 还绘制出了强度准则理论值（预测值）及其拟合曲线。通过比较发现，除了常规三轴数据以外（$\sigma_2=\sigma_3$），两个拟合方程之间存在较大的偏差。

图 4-12 所示为 σ_1-σ_2 平面上真三轴试验数据（散点）与基于 Mohr-Coulomb 准则理论解（预测解，图中采用实线表示）。从图中可以看出，Mohr-Coulomb 准则并不能很好地预测真三轴峰值强度。当 $\sigma_2>\sigma_3$ 时，预测解与试验数据会产生较大的偏离。由于理论解在各组实验数据中都是一条平行于 x 轴的直线，因此该准则并没有体现出峰值强度随 σ_2 先增大后减小的变化趋势。从图中还可以看出，

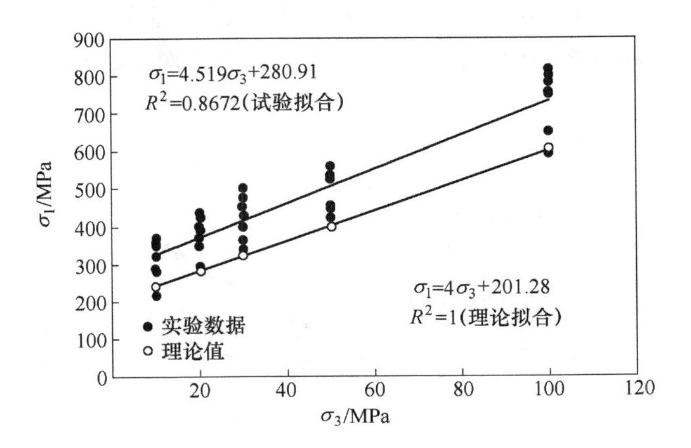

图 4-11 基于试验数据的 Mohr-Coulomb 强度准则最佳拟合曲线方程和基于岩石力学参数的拟合曲线

Mohr-Coulomb 准则整体上低估了岩石在真三轴加载状态下的峰值强度，尤其是当 σ_2值较大时。

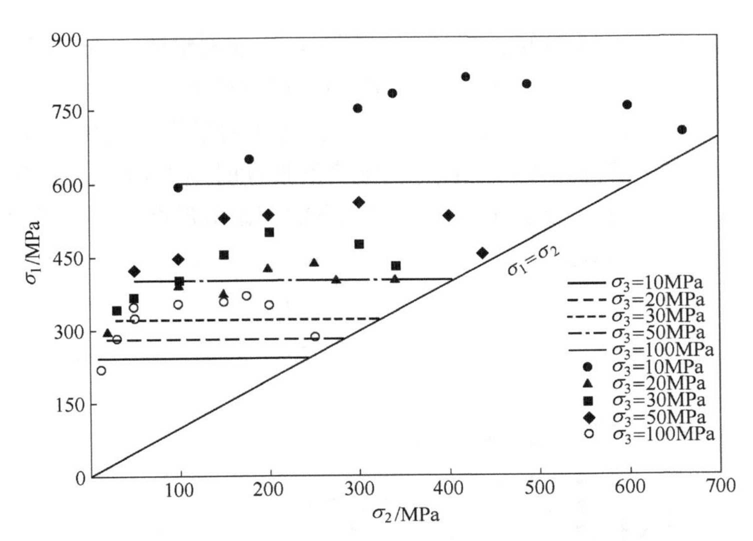

图 4-12 真三轴试验数据（散点）与基于 Mohr-Coulomb 准则理论解（实线）

图 4-13 绘制了 $J_2^{0.5}$-I_1平面上的花岗岩试样真三轴强度数据和基于试验数据的 Drucker-Prager 强度准则最佳拟合曲线方程。从图中可以看出，最佳拟合方程仍然为一直线，且最佳拟合方程的相关性系数（R^2）为 0.8473，表明最佳拟合方程与真三轴试验数据之间仍存在较大的偏差。图 4-13 还绘制出基于外角点外接圆 D-P 准则和内角点内切圆 D-P 准则的理论值及其拟合曲线。分析可知，无论是

外角点外接圆 D-P 准则还是内角点内切圆 D-P 准则，理论及其拟合曲线与试验数据及其最佳拟合曲线之间均存在较大的偏差，尤其是对于较高 I_1 水平下的外角点外接圆 D-P 准则。

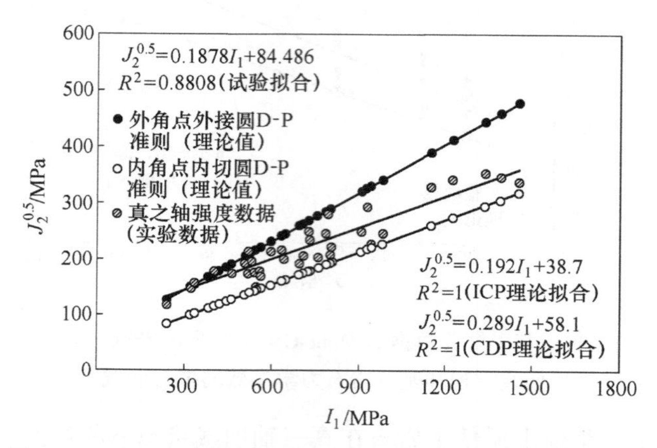

图 4-13　基于试验数据的 Drucker-Prager 强度准则最佳拟合曲线方程和基于岩石力学参数的拟合曲线

由图 4-14 和图 4-15 可知，内角点内切圆 D-P 准则整体上低估了岩石的真三轴峰值强度，而对于外角点外接圆 D-P 准则，在较低的 σ_2 水平下，可以较好地预测岩石的峰值强度，而在较高的 σ_2 水平下则高估了岩石的峰值强度。因此，Drucker-Prager 强度准则在预测岩石真三轴峰值强度时不太理想。值得注意的是，在图 4-14 和图 4-15 中，低于 $\sigma_1=\sigma_2$ 直线以下的理论解没有意义，可以忽略。

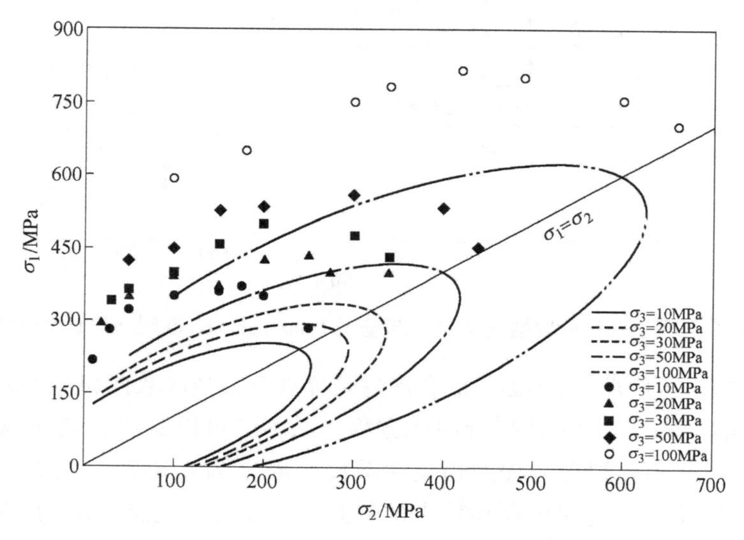

图 4-14　真三轴试验数据（散点）与基于内角点内切圆 D-P 准则理论解（实线）

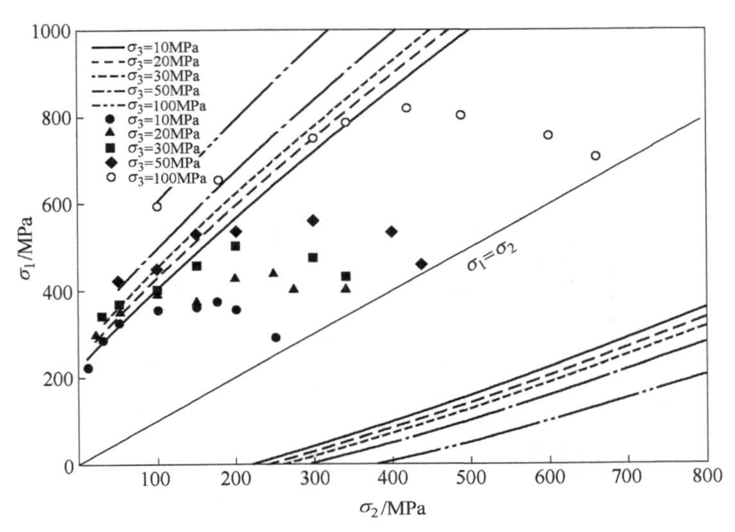

图 4-15 真三轴试验数据（散点）与基于外角点外接圆 D-P 准则理论解（实线）

图 4-16 绘制了 τ_{oct}-$\sigma_{m,2}$平面上的花岗岩试样真三轴强度数据和基于试验数据的 Mogi 1971 强度准则最佳拟合曲线方程。Mogi 1971 强度准则在图中表示为指数型函数。从图中可以看出，基于试验数据的 Mogi 1971 准则最佳拟合曲线相关性系数（R^2）高达 0.9954。由于 Mogi 1971 准则中的材料参数无法通过岩石强度参数获取，因此仅绘制 σ_1-σ_2平面上真三轴试验数据（散点）与最佳拟合曲线计算得到的峰值强度解（实线），如图 4-17 所示。从图中可以看出，由最佳拟合曲线计算得到的峰值强度解与试验数据能够很好地吻合，即使当 σ_2和 σ_3处于较高水平时。对于花岗岩而言，其峰值强度在达到最大值以后（尤其是在靠近 $\sigma_1=\sigma_2$附近时）便开始出现较大程度地降低，从而使得 $\sigma_1=\sigma_2$处的 σ_1值与 $\sigma_2=\sigma_3$处的 σ_1在数值上并没有明显的差别。

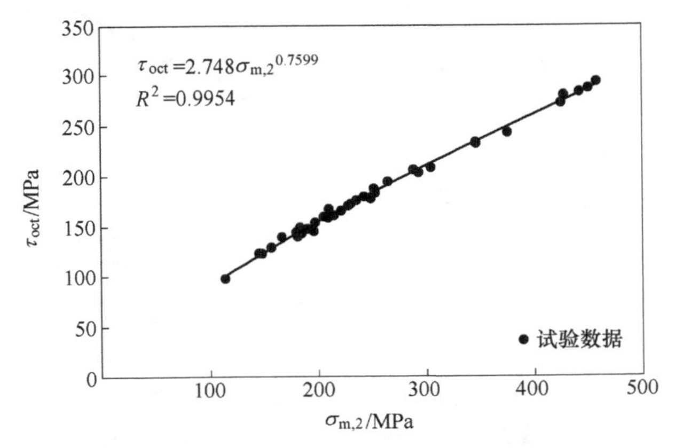

图 4-16 基于试验数据 Mogi 1971 强度准则最佳拟合曲线方程

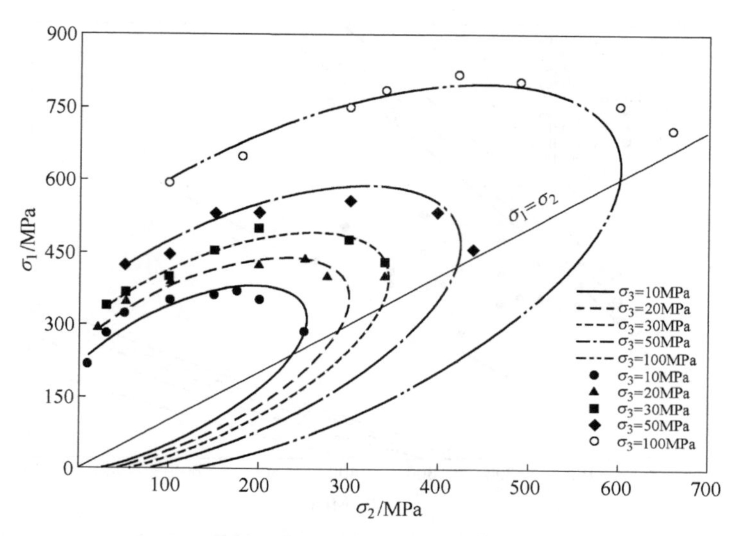

图 4-17　真三轴试验数据（散点）与基于 Mogi 1971 准则最佳拟合曲线计算得到的峰值强度解（实线）

图 4-18 绘制了 τ_{oct}-$\sigma_{m,2}$平面上的花岗岩试样真三轴强度数据和基于试验数据的 Mogi-Coulomb 强度准则最佳拟合曲线方程。该准则在图中表示为一条直线。从图中可以看出，最佳拟合曲线方程相关性系数高达 0. 9957，表明最佳拟合曲线与试验数据具有密切的一致性。为了将岩石强度参数与真三轴强度准则相关联，图中还绘制出了 Mogi-Coulomb 强度准则理论值及其拟合曲线。对比两条拟合曲线可知，二者具有相当高的吻合性。将两条拟合曲线中的材料参数 a 和 b 值进行对比，可以发现二者也具有较高的相似性，如图 4-18 所示。

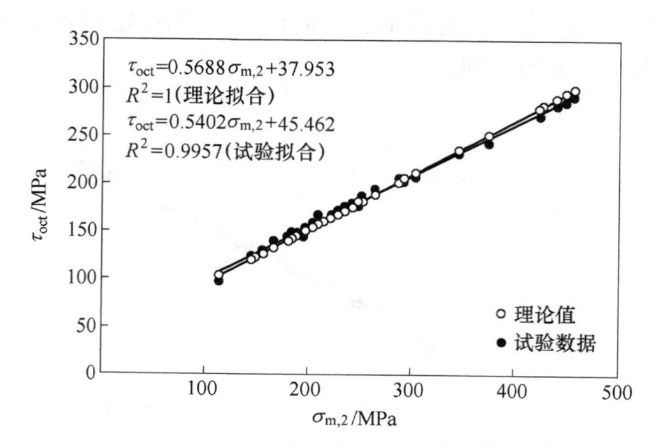

图 4-18　基于试验数据的 Mogi-Coulomb 强度准则最佳拟合曲线方程和基于岩石力学参数的拟合曲线

图 4-19 绘制了 σ_1-σ_2 平面上真三轴试验数据（散点）与基于 Mogi-Coulomb 准则理论解（预测解，图中采用实线表示）。从图中可以看出，Mogi-Coulomb 准则峰值强度在大部分情况下能够很好地预测岩石在真三轴状态峰值强度，即使是在较高的 σ_2 和 σ_3 水平下。

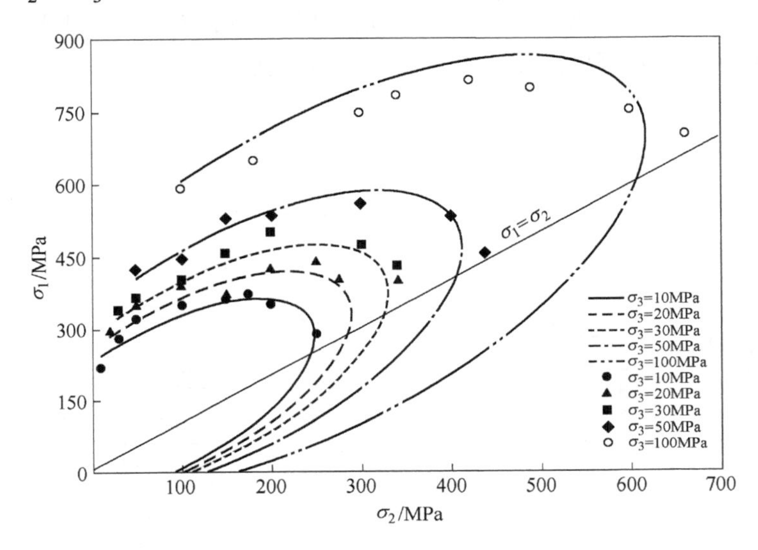

图 4-19 真三轴试验数据（散点）与基于 Mogi-Coulomb 准则理论解（实线）

图 4-20 绘制了 $(\sigma_1-\sigma_3)/2$-$(\sigma_1+\beta\sigma_2+\sigma_3)$ 平面上的花岗岩试样真三轴强度数据和基于试验数据的 Mogi 1967 强度准则最佳拟合曲线方程。根据常规三轴压缩实验与三轴拉伸实验计算出 β 为 0.05。从图中可以看出，最佳拟合曲线方程相关性系数为 0.9781。分析认为试验数据与最佳拟合曲线方程具有较高的一致性的原因在于该准则同时考虑了 σ_2 的效应及 σ_2 与 σ_3 二者之间的比例关系。

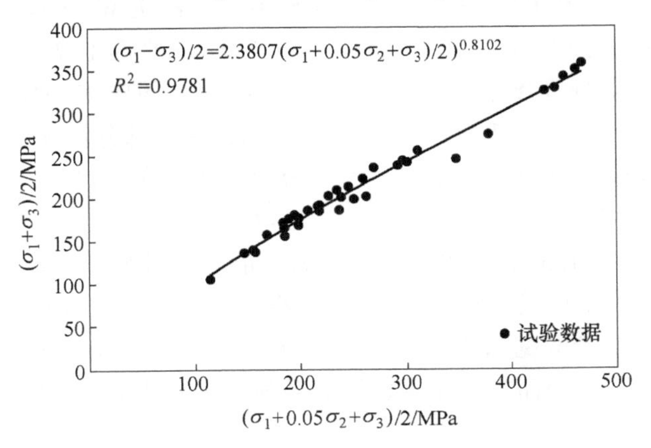

图 4-20 基于试验数据的 Mogi 1967 强度准则最佳拟合曲线方程

由于 Mogi 1967 准则中的材料参数无法通过岩石强度参数获取，因此仅绘制σ_1-σ_2平面上真三轴试验数据（散点）与最佳拟合曲线计算得到的峰值强度解（实线），如图 4-21 所示。从图中可以看出，由最佳拟合曲线计算得到的峰值强度解为若干条不平行于 x 轴的斜直线，这表明当 σ_2较低时，Mogi 1967 准则高估了岩石的峰值强度，而当 σ_2较高时则低估了岩石的峰值强度。因此该准则不能够很好地体现出峰值强度随 σ_2先增高后降低的变化趋势。

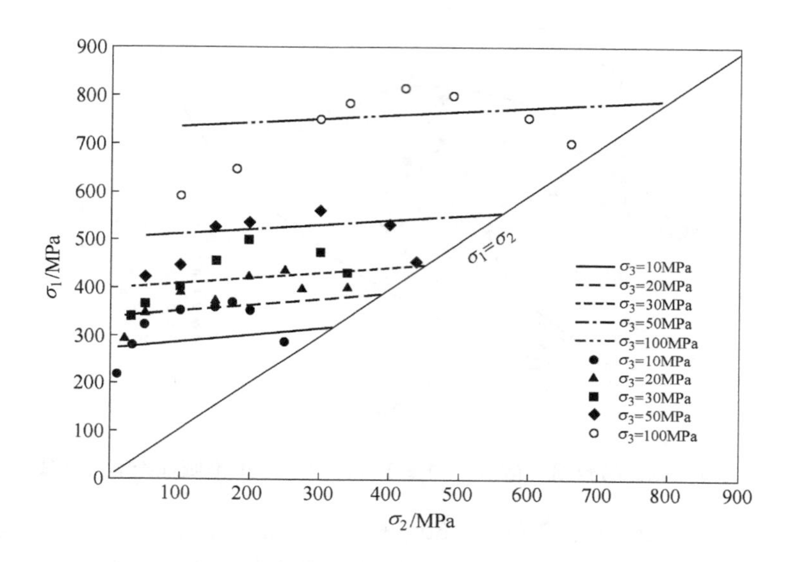

图 4-21 真三轴试验数据（散点）与基于 Mogi 1967 准则最佳拟合曲线计算得到的峰值强度解（实线）

考虑到修正 Wiebols-Cook 准则和修正 Lade 准则公式自身的复杂性，本书中没有绘制出 $J_2^{0.5}$-σ_{oct} 和 $I_1'^3$-I_3'平面上基于试验数据的修正 Wiebols-Cook 准则及修正 Lade 准则最佳拟合曲线方程。因此，仅绘制了 σ_1-σ_2平面上真三轴试验数据（散点）与基于上述两种强度准则的理论解（预测解，图中采用实线表示），如图 4-22和图 4-23 所示。通过观察图 4-23 可以看出，在大部分情况下，修正 Wiebols-Cook 准则能够很好地预测岩石在各种应力状态下的峰值强度。在较低 σ_3水平下，修正 Lade 准则能够很好地预测岩石真三轴峰值强度。然而，在较高 σ_3水平下（σ_3=50MPa 和 100MPa），该准则高估了岩石的真三轴峰值强度。总体来说，修正 Wiebols-Cook 准则以及修正 Lade 准则能够较好地体现岩石峰值强度随 σ_2的整体变化趋势，且试验数据与理论解（预测解）具有较高地一致性和吻合性。对于一项具体的实际工程而言，如果岩体所受最小主应力 σ_3较低，修正 Lade 准则也仍然是适用的。

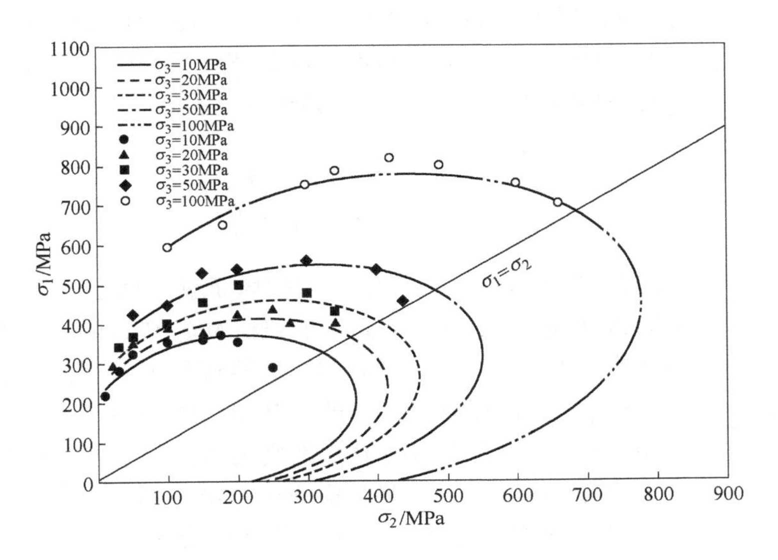

图 4-22 真三轴试验数据（散点）与基于修正 Wiebols-Cook 准则理论解（实线）

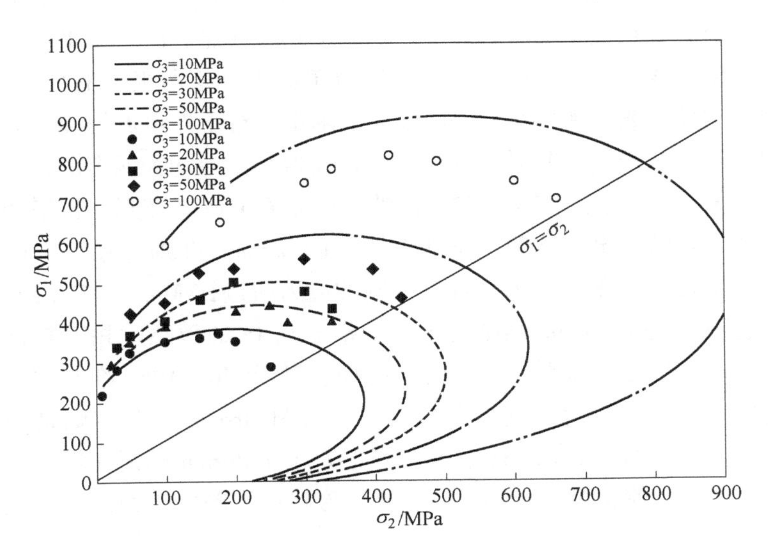

图 4-23 真三轴试验数据（散点）与基于修正 Lade 准则理论解（实线）

4.2.4 强度准则在偏平面应力轨迹

与主应力空间对角线垂直的平面称为偏平面。应力张量可以分解为一个各方向应力相等的球应力张量和一个偏应力张量。由于偏平面上各点的球应力张量相等，仅偏应力张量不同，故可在偏平面上考察强度准则的基本特性。

不同的强度准则在偏平面上得到的图形并不相同。偏平面通常被用来说明八面体剪应力 τ_{oct}对于应力洛德角（Lode angle）Θ 的依赖性。在给定的偏平面上，八面体正应力 σ_{oct}总是相同的，因此应力洛德角可以表示为：

$$\Theta = \tan^{-1}\left[\frac{\sigma_1 - 2\sigma_2 + \sigma_3}{\sqrt{3}(\sigma_1 - \sigma_3)}\right] \tag{4-25}$$

图 4-24 为七个强度准则在偏平面上的典型破坏面应力轨迹（I_1一定时 τ_{oct} 对 Θ）。Mohr-Coulomb 准则、Drucker-Prager 准则、Mogi-Coulomb 准则、修正 Wiebols-Cook 准则和修正 Lade criterion 准则的应力轨迹是由岩石力学参数（基于真三轴实验中 $\sigma_2=\sigma_3$数据）计算而得到的。其中，Drucker-Prager 准则分为外角点外接圆 D-P 准则和内角点内切圆 D-P 准则两种。为了便于分析应力轨迹，在偏平面上建立了 σ_x-σ_y坐标系。将偏应力张量第一不变量 I_1分别设定为 50MPa 和 100MPa 两种，分别建立两种情况下各强度准则在偏平面上的应力轨迹。

由图 4-24 可知，对于 Mohr-Coulomb 准则来说，其应力轨迹在偏平面上的形状为直线六边形，在三个主应力方向上出现了六个拐点。由于偏平面上的破坏包络线是由六条直线组成的，体现出该准则对于应力洛德角极大的依赖性。因此，在进行理论推导和数值计算时会造成较大的困难。对于外角点外接圆 D-P 准则和内角点内切圆 D-P 准则，其对应的应力轨迹在偏平面上均为两个圆，表明 D-P 准则与应力洛德角 Θ 无关。Mogi 1971 准则与 Mogi-Coulomb 准则在偏平面上呈现为曲线六边形。可以看出，这两个准则与 Mohr-Coulomb 准则存在一定区别。将二者做进一步比较，发现 Mogi-Coulomb 准则的应力轨迹比 Mogi 1971 准则更加圆润与光滑，表明 Mogi-Coulomb 准则对于应力洛德角 Θ 的敏感度相对较低，因此在数值计算与理论推导方面更具有一定的优势。对于 Mogi 1967 准则而言，其在偏平面上的应力轨迹仍然为一直线六边形，这与 Mohr-Coulomb 准则是一致的，因此极为不利。修正 Wiebols-Cook 准则和修正 Lade criterion 准则在偏平面上均呈现为曲边三角形，且修正 Wiebols-Cook 准则的形状更加趋向于圆形，体现出较低的 Θ 依赖性。

4.2.5 强度准则在子午面和 τ_{oct}-σ_{oct}平面应力轨迹

图 4-25 所示为七种强度准则在子午面上应力轨迹。在子午面平面中，取八面体正应力 σ_{oct}为横坐标，八面体剪应力 τ_{oct}为纵坐标。为了便于说明各强度准则在子午面上强度破坏特性，以 $\sigma_2=\sigma_3$（$\Theta=30°$）为例绘制各强度准则在子午面上应力轨迹。

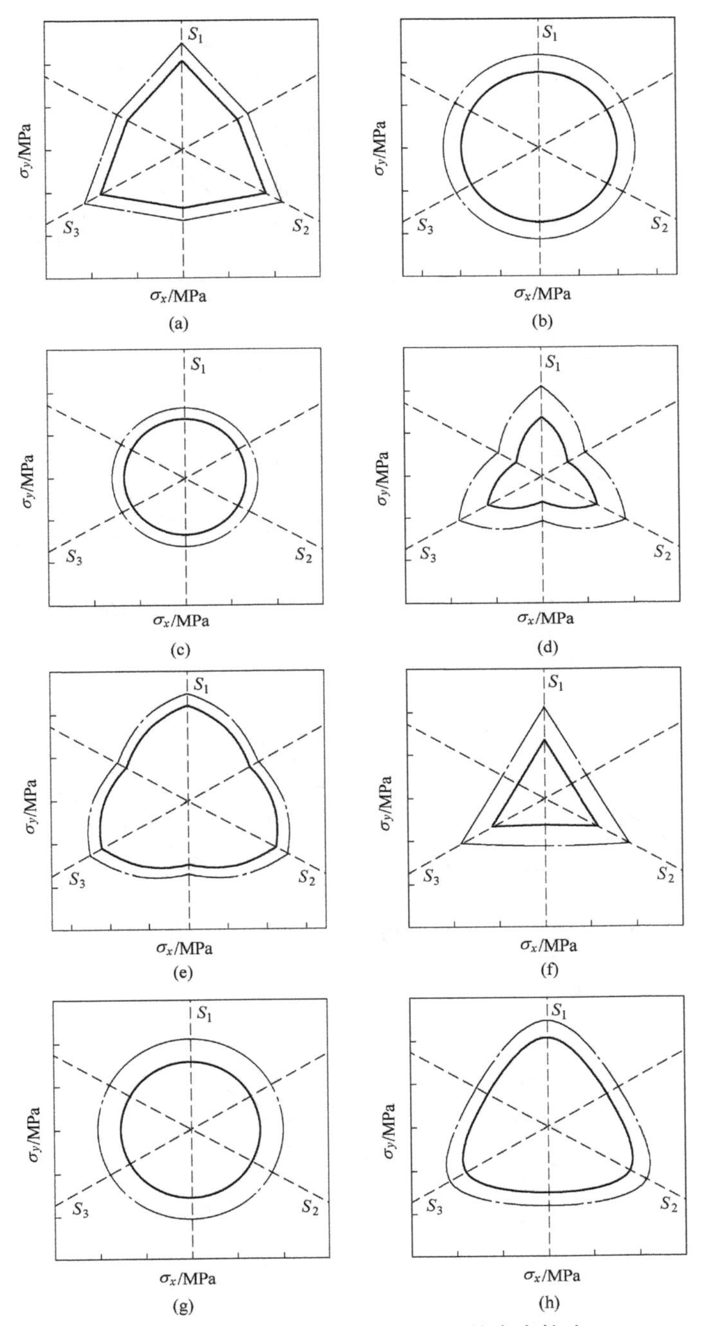

图 4-24 各强度准则在偏平面上的应力轨迹

(a) Mohr-Coulomb；(b) 外角点外接圆 D-P；(c) 内角点内切圆 D-P；(d) Mogi 1971；(e) Mogi-Coulomb；(f) Mogi 1967；(g) 修正 Wiebols-Cook；(h) 修正 Lade

（实线表示 $I_1=50\text{MPa}$，点画线表示 $I_1=100\text{MPa}$，虚线表示三个主应力的方向）

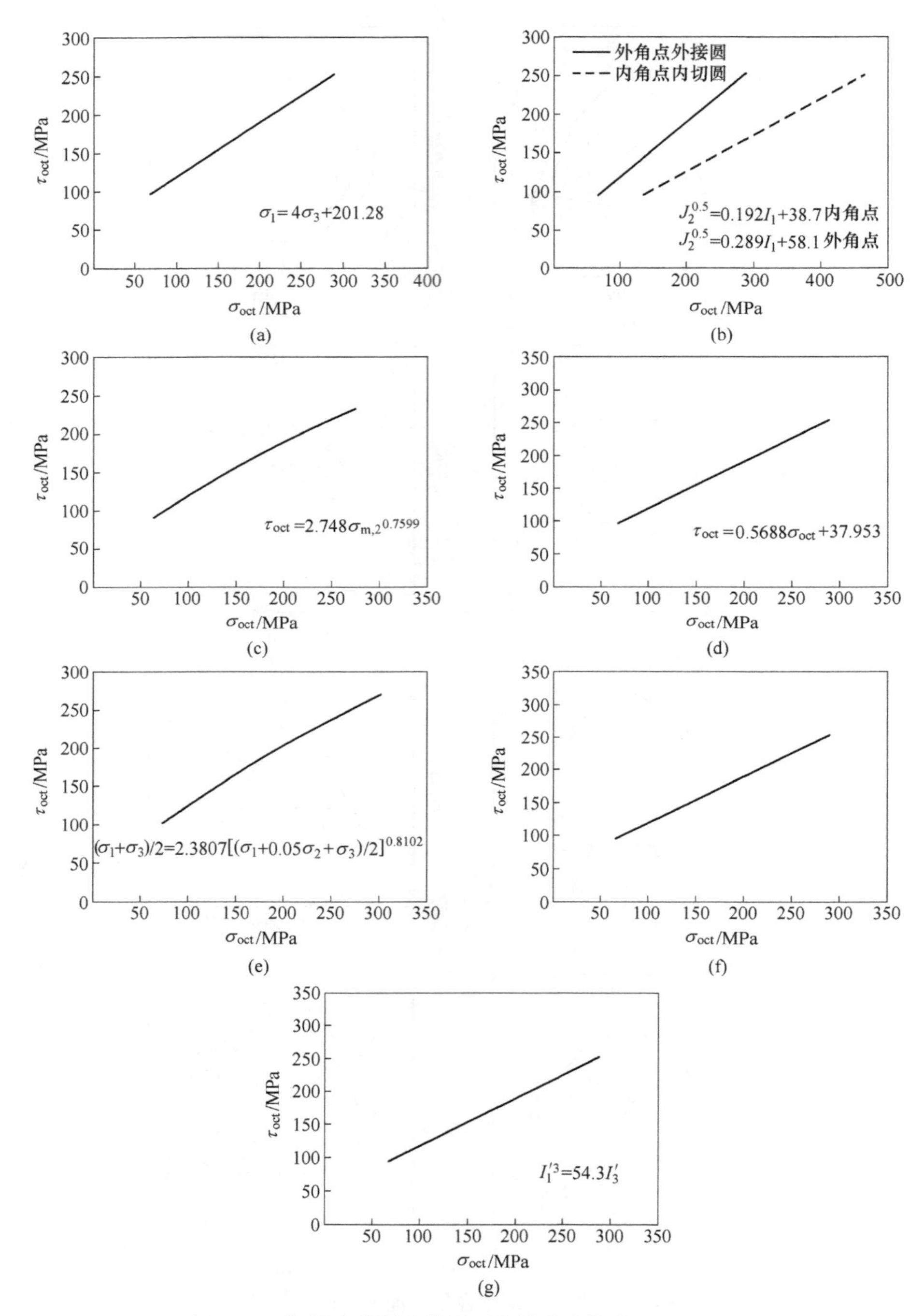

图 4-25　各强度准则在偏平面上的应力轨迹（$\Theta=30°$）

（a）Mohr-Coulomb；（b）外角点外接圆 D-P 和内角点内切圆 D-P；（c）Mogi 1971；（d）Mogi-Coulomb；（e）Mogi 1967；（f）修正 Wiebols-Cook；（g）修正 Lade

由图 4-25 可知，Mohr-Coulomb 准则、外角点外接圆 D-P 准则和内角点内切圆 D-P 准则、Mogi-Coulomb 准则、修正 Wiebols-Cook 准则和修正 Lade criterion 准则在子午面应力轨迹均为一条斜直线。事实上，除内角点内切圆 D-P 准则以外，这些准则在子午面上的应力轨迹是相互重合的。Mogi 1971 准则和 Mogi 1967 准则在子午面上为光滑曲线，体现出非线性特性。为了与试验数据相比较，将五组常规三轴实验数据（$\sigma_2=\sigma_3$，分别为 $\sigma_3=10$MPa，20MPa，30MPa，50MPa，100MPa）计算得到的 τ_{oct} 与 σ_{oct} 值连同各强度准则在子午面上的应力轨迹一同绘制于图 4-26 之中。

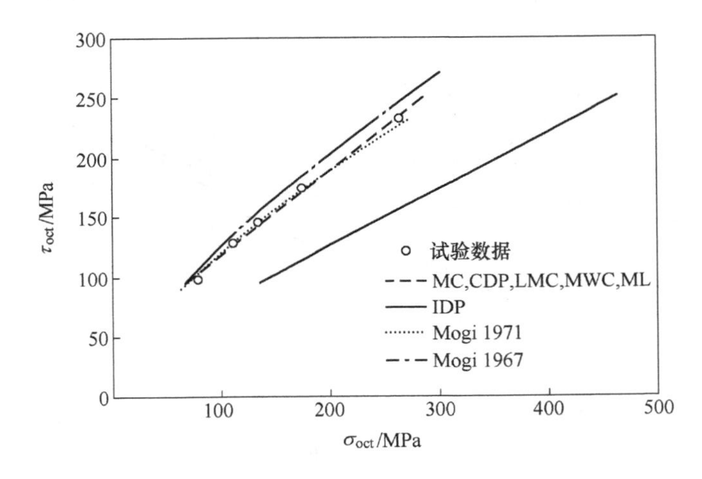

图 4-26 各强度准则和试验数据在子午面上的应力轨迹（$\Theta=30°$）

（MC 为 Mohr-Coulomb 准则，CDP 为外角点外接圆 D-P 准则，LMC 为 Mogi-Coulomb 准则，MWC 为修正 Wiebols-Cook 准则，ML 为修正 Lade 准则，IDP 为内角点内切圆 D-P 准则）

从图 4-26 可以看出，在子午面上，基于试验数据的计算值与内角点内切圆 D-P 准则应力轨迹之间存在着较大的偏差。对于花岗岩试样而言，Mohr-Coulomb 准则，外角点外接圆 D-P 准则、Mogi-Coulomb 准则、修正 Wiebols-Cook 准则、修正 Lade 准则以及 Mogi 1971 准则应力轨迹与试验数据变化趋势具有较好的吻合性与一致性。对于 Mogi 1967 准则，当八面体剪应力 σ_{oct} 较低时，二者具有较高的一致性。然而，随着 σ_{oct} 的不断增加，该准则应力轨迹开始逐渐与试验数据发生偏离，体现出较大的偏差。为了进一步说明真三轴状态下应力轨迹与试验数据之间的关系，绘制了 $\sigma_2=3\sigma_3$ 时 τ_{oct}-σ_{oct} 平面上各强度准则应力轨迹与试验数据变化趋势，如图 4-27 所示。值得注意的是，当 $\sigma_2=3\sigma_3$ 时，各强度准则在 τ_{oct}-σ_{oct} 平面上的应力轨迹已不处于子午面之上，因为此时应力洛德角 Θ 并非定值。

由图 4-27 可知，在 τ_{oct}-σ_{oct} 平面上，Mohr-Coulomb 准则应力轨迹与试验数据值有较大的偏差，表明 Mohr-Coulomb 准则不适用于除 $\sigma_2=\sigma_3$ 以外的情况。随着

σ_{oct}的增加，外角点外接圆 D-P 准则应力轨迹逐渐与试验数据结果发生偏离，且偏离程度越来越大，尤其是当 σ_{oct}大于 200MPa 时，说明该准则在此种情况下是不适用的。Mogi-Coulomb 准则在 τ_{oct}-σ_{oct}平面上的应力轨迹始终与试验数据结果保持较高的一致性。对于修正 Wiebols-Cook 准则和 Mogi 1971 准则，其应力轨迹能够很好地体现出试验数据的变化趋势，表现出良好的一致性。对于修正 Lade 准则和 Mogi 1967 准则，除了 $\sigma_2=100$MPa，$\sigma_3=300$MPa 以外，在大多数情况下试验数据与其应力轨迹之间都具有较好的一致性。外角点外接圆 D-P 准则应力轨迹与试验数据结果偏差最大，且总是小于试验数据结果。

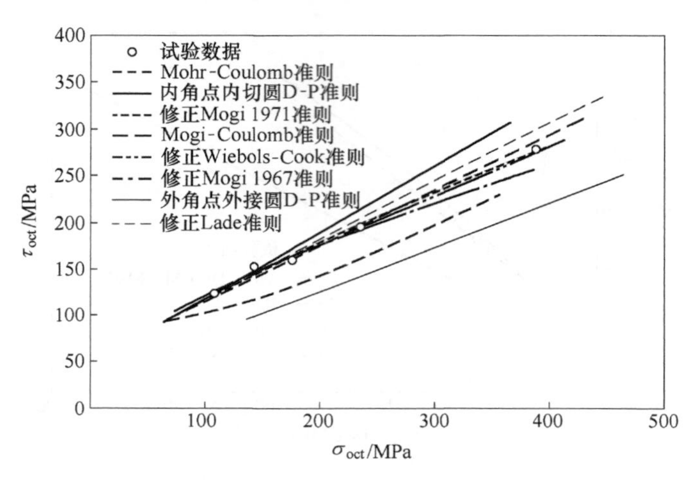

图 4-27　各强度准则及试验数据在 τ_{oct}-σ_{oct}平面上的应力轨迹（$\sigma_2=3\sigma_3$）

4.2.6　试验结果分析

通过分析最佳拟合方程（试验数据）与各强度准则预测值偏差可知，Mogi-Coulomb 准则，修正 Wiebols-Cook 准则在预测硬岩真三轴强度准则方面体现出很大的优势。这种优势主要体现在以下两个方面：

（1）在预测硬岩真三轴强度时能够将常规三轴实验中的岩石强度参数与强度准则相关联。这一点非常重要。如果在不采用真三轴室内试验的情况下仍能较为准确地预测岩石强度，将为地下深部岩石力学工程提供极大帮助。尽管基于试验数据的 Mogi 1971 和 Mogi 1967 准则最佳拟合方程具有较高的相关性系数，但是二者无法通过黏聚力和内摩擦角等岩石力学强度参数来预测复杂受力状态下岩石的峰值强度。换句话说，基于 Mogi 1971 和 Mogi 1967 准则的理论值（预测值）是无法获取的。

（2）强度准则理论值（预测值）与其最佳拟合曲线方程（或试验数据）之间偏差较小。在最佳拟合曲线无法获取之时，还可以通过试验数据与强度准则理论值（预测值）进行比较。如果强度准则理论值（预测值）与最佳拟合曲线或试验数据之间仍然存在较大的偏差，该强度准则也不能够很好地预测硬岩真三轴峰值强度（参考 Mohr-Coulomb 准则和 Drucker-Prager 准则）。

在当前的研究中，除了 Mogi-Coulomb 准则、修正 Wiebols-Cook 准则以外，修正 Lade 准则在大部分情况下也能够很好地预测硬岩真三轴峰值强度。当 σ_3 较大时（本书中指 $\sigma_3=50$MPa 和 100MPa 时），修正 Lade 准则预测值与真三轴试验数据将会产生较大的偏差。对于一项实际工程而言，如果所受 σ_3 值并不是很大，采用修正 Lade 准则也仍然是适用的。根据 Colmenares 和 Zoback 的描述，修正 Wiebols-Cook 准则和修正 Lade 准则能够很好地拟合大部分岩石材料真三轴强度数据，这是因为所选取的岩石对于 σ_2 具有较高的依赖性。由第 4.1 节可知，本书所选择的汨罗花岗岩同样对于 σ_2 具有较强的依赖性与敏感性，因此当前研究认为 Mogi-Coulomb 准则也同样适用于具有较高 σ_2 敏感性和依赖性岩石。

通过比较各强度准则在偏平面上的应力轨迹，可以推断出 Mohr-Coulomb 准则和 Mogi 1967 准则是最不利的，其次是 Mogi 1971 准则。相比于上述几种准则而言，虽然修正 Wiebols-Cook 准则、修正 Lade 准则和 Mogi-Coulomb 准则会产生一些拐点，但是这三个准则在偏平面上的应力轨迹更加圆润与光滑，体现出较低的应力洛德角 Θ 依赖性。Drucker-Prager 准则在七种强度准则中表现最佳。

通过分析 $\sigma_2=\sigma_3$ 和 $\sigma_2=3\sigma_3$ 两种情况下各强度准则在子午面和 τ_{oct}-σ_{oct} 平面上应力轨迹可知，修正 Wiebols Cook、Mogi-Coulomb 和 Mogi 1971 准则是最有利的。对于一项具体工程而言，几乎不可能遇到最小主应力大于 80MPa（经估算，本书中对应于 σ_{oct} 为 240MPa 左右）以上的情况。通过阅读相关参考文献可知，将 σ_3 视为最小主应力，此时所对应的埋深应当超过 2500m。因此，在不超过此范围的情况下，修正 Lade 准则与 Mogi 1967 准则也是适用的。

通过对实际工程可预测性、试验值与预测值偏差、强度准则在偏平面应力轨迹、强度准则在子午面应力轨迹四个方面因素作详细的对比与分析，得出 Mogi-Coulomb 准则，修正 Wiebols-Cook 准则以及修正 Lade 准则在整体上能够很好地体现硬岩在真三轴状态下峰值强度特性。对于本书所研究的具有较高 σ_2 依赖性的硬脆性岩石，建议在上述三种强度准则之中优先选择 Mogi-Coulomb 强度准则，因为该强度准则具有计算简便、预测精度高等优点。

4.3 本章小结

（1）在真三轴加载状态下，当 σ_3 一定时，花岗岩峰值强度随 σ_2 呈现先增加后降低的趋势。σ_2 对于峰值强度的影响程度随着 σ_3 的增大而逐渐降低。当 σ_3 较低时，硬脆性岩石的延-脆转化特性不明显，往往体现出较为明显的脆性特性。随着 σ_3 的增大，岩石的延-脆转化特性会受到 σ_2 较为明显的影响。无论 σ_3 为何值，主破裂面倾角都随 σ_2 的增加而增加。相比于较低 σ_3 水平，在较高 σ_3 情况下试样的主破裂面倾角有所降低。

（2）当 $\sigma_3=10\text{MPa}$ 时，花岗岩试样所对应的板裂化破坏阈值为 $\sigma_2/\sigma_3=5$，当 $\sigma_3=20\text{MPa}$ 和 30MPa 时，花岗岩试样所对应的板裂化破坏阈值分别为 $\sigma_2/\sigma_3=7.5$ 和 10。率先在真三轴加载条件下观察到板裂化破坏现象。认为最小主应力为 0 并不是板裂化破坏的一个必要条件。对于硬脆性岩石而言，实现真三轴加载下板裂化破坏需要满足以下条件：①不小于某一特定的 σ_2/σ_3 值；②处于较低的 σ_3 水平；③较矮的试样高度。

（3）通过分析最佳拟合方程（试验数据）与各强度准则预测值偏差可知，Mogi-Coulomb 准则、修正 Wiebols-Cook 准则整体上能够很好地预测硬岩真三轴峰值强度，其次是修正 Lade 准则。Mohr-Coulomb 准则和 Drucker-Prager 准则在预测硬岩强度值时存在较大偏差。Mogi 1971 准则和 Mogi 1967 准则最大的劣势在于不能够将岩石强度参数与强度准则参数相关联，因此不具有可预测性。

（4）通过比较各强度准则在偏平面上的应力轨迹，Mohr-Coulomb 准则和 Mogi 1967 准则是最不利的，其次是 Mogi 1971 准则。相比于上述几种准则而言，修正 Wiebols-Cook 准则、修正 Lade 准则和 Mogi-Coulomb 准则在偏平面上的应力轨迹更加圆润与光滑，体现出较低的应力洛德角 Θ 依赖性。Drucker-Prager 准则在七种强度准则中表现最佳。

（5）通过分析 $\sigma_2=\sigma_3$ 和 $\sigma_2=3\sigma_3$ 两种情况下各强度准则在子午面和 τ_{oct}-σ_{oct} 平面上应力轨迹，认为如果 σ_3 不是很大，修正 Wiebols-Cook、Mogi-Coulomb、Mogi 1971 准则、修正 Lade 准则和 Mogi 1967 准则应力轨迹与试验数据结果均具有较好的一致性。

（6）综合分析得出 Mogi-Coulomb 准则、修正 Wiebols-Cook 准则及修正 Lade 准则在整体上能够很好地反映硬岩在真三轴状态下的峰值强度特性。在这三种强度准则中，建议优先选择 Mogi-Coulomb 准则。

5 正交各向异性板裂屈曲岩爆发生机制及控制对策

国内外很多硬岩矿山在深部开采中都不同程度地遇到了岩爆、岩体冒落以及硐室失稳等动力灾害现象。近年来，深部高应力硬岩开挖卸荷诱发的高强度岩爆频发，造成人员伤亡、机械损坏、工期延误和重大经济损失，岩爆灾害已经成为制约深埋隧洞工程安全建设的瓶颈问题。为此，相关学者开展了一系列的实验研究，逐渐认识到硬岩板裂破坏和应变型岩爆之间具有的密切相关性，为解释深部硬岩的脆性板裂化破坏机理和分析岩爆的发生机制提供了重要的研究思路。

当前，对于深部高应力硬岩板裂屈曲岩爆（属于应变型岩爆）破坏机制的研究大多是对板裂化围岩建立薄板力学模型，并在此基础上进行相关的力学机制分析。刘宁等人针对高地应力下隧洞围岩发生的劈裂破坏，根据柯克霍夫平板理论，在薄板模型的基础上建立劈裂范围内围岩的临界应力、位移的解析计算公式。翁磊等人以三参量黏弹性本构关系为基础，建立了屈曲型岩爆的层裂薄板结构力学模型，推导出双向受力下屈曲型岩爆的压屈时效方程，探讨了不同应力状态下屈曲型岩爆的时效特征。李晓静借鉴薄板压曲的相关理论，结合能量耗散分析方法，研究了出现宏观劈裂裂缝之后，岩柱失稳破坏的机理，得到了岩板发生压曲破坏的临界荷载，并且推导得出了劈裂裂缝条数的计算公式（见图 5-1）。周辉等人结合锦屏二级水电站深埋隧洞典型岩爆案例，分析板裂屈曲岩爆的发生机制及结构面作用机制，认为渐进的板裂化破坏过程起到了活跃结构面的作用，而结构面的存在及其扩展降低了板裂化围岩结构的稳定性，促进了岩爆的发生。在板裂化破坏控制方面，周辉等人采用室内试验和数值模拟的方法研究了板裂化破坏的预应力锚固效应，并提出了“及时支护、区域控制及重点加固”的锚喷支护控制策略。

通过阅读以上文献可知，众多学者对于板裂化破坏与板裂（层裂）屈曲岩爆的发生机制与力学行为进行了深入而广泛的研究，但都是将岩体视为各向同性体，所建立的薄板模型也均为各向同性板。而现场实际岩体中由于层理、节理的存在，往往表现出明显的各向异性。另外，当前对于板裂化破坏与板裂化岩爆控制对策的研究也鲜有报道。综上所述，针对深部高应力层状岩体，本书首先对板裂体建立了正交各向异性薄板力学模型，推导出双向受力条件下板裂屈曲岩爆临界荷载值，探讨了轴向应力对于板裂屈曲岩爆的影响；随后，结合弹性理论分别解出正交各向异性薄板在压曲与弯曲状态下的挠度值；然后，提出采用充填法对板裂屈曲岩爆进行防治的控制对策，并推导出充填体所需的围压值；最后，通过算例对理论解进行了必要的解释与验证。研究结果对于认识深部高应力硬岩板裂屈曲岩爆发生机制及控制对策具有一定的理论指导意义。

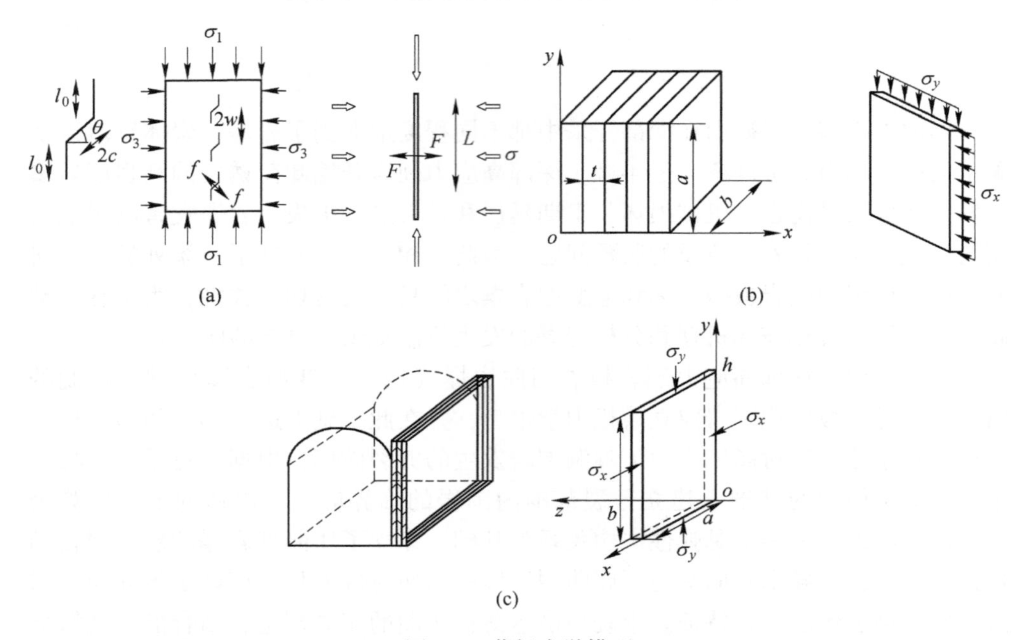

图 5-1　薄板力学模型

（a）李晓静等人建立的薄板力学模型；（b）刘宁等人建立的薄板力学模型；

（c）翁磊等人建立的薄板力学模型

5.1　板裂化破坏与板裂屈曲岩爆相互联系

目前关于硬岩脆性板裂破坏的形成机理有两种可能的解释：其一，由静力学观点可知，深部硬岩开挖后，由于围岩应力重分布，硐室周边岩石发生应力集中，切向应力增大，径向应力减小，围岩处于近似单轴或双轴加载状态，从而使得岩石内的裂纹沿最大主应力方向扩展，在一定的应力水平下产生基本平行于开挖面的板裂破坏面；其二，由动力学观点发现，深部高应力硬岩储存有大量初始弹性压缩应变能，动态开挖卸载后引起围岩弹性能释放，在开挖边界面反射成拉伸应力波，当拉伸应力超过岩石的抗拉强度时，便会形成基本平行于开挖面的板裂破坏面。无论是静力学观点还是动力学观点，都反映出深部岩石开挖后的两种主要应力变化路径，即最大主应力加载和最小主应力卸载。然而，对于正交各向异性岩体（这里假设层理面与最大切应力平行或略有斜交），由于其内部含有大量层理面与不连续面，相比于致密完整（各向同性）的岩体，裂纹的扩展速度会很快达到非稳定扩展阶段，从而将使裂纹长度迅速增加。这里需要说明的是，板裂裂纹既可以沿着层理面扩展，也可能在非层理面处扩展，这在周辉等人的室内试验中也得到了佐证（见图5-2）。裂纹的迅速扩展最终将硐壁围岩劈裂成若干岩板，在这里，我们把这一系列的岩板视为正交各向异性薄板。如图5-3所示。

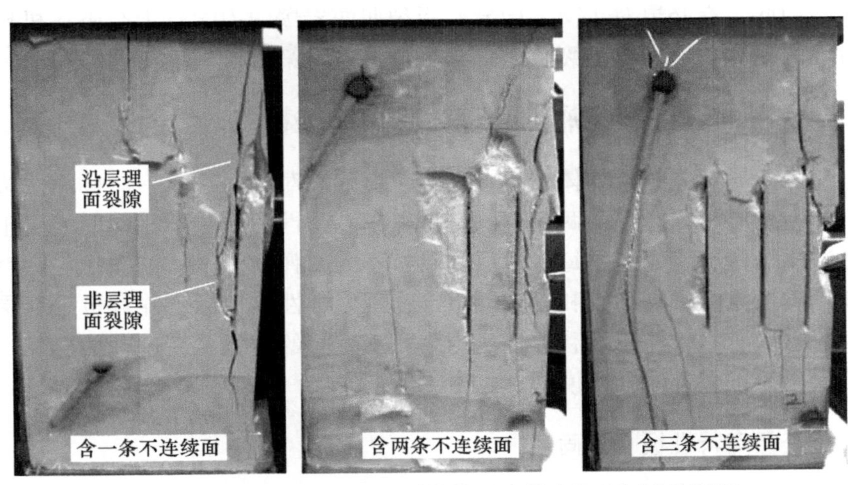

图5-2 周辉等人开展的板裂化模型试样失稳破坏试验研究

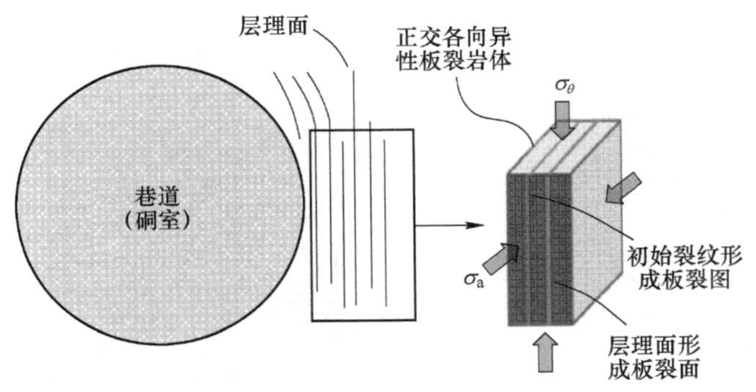

图5-3 基于正交各向异性薄板的板裂体结构特征

当岩板形成之后，仍然会受到最大切向应力σ_θ与轴向应力σ_a的双重作用（硐壁附近径向应力近似为0），但此时的切向应力与瞬态开挖卸荷时相比却有所不同（此时硐壁围岩已处于弹塑性区）。由弹性力学可知，当薄板在纵向荷载作用下处于弯曲的平衡状态时，这种现象称为压曲，也称为屈曲，而对于竖向层状岩体，可近似将其归结为正交各向异性薄板的压曲问题。值得注意的是，对于薄板的压曲问题，当纵向荷载达到临界值以后，荷载的稍许增大将使得位移和内力增大很多，因此所释放的能量也相当可观。可以推知，当 σ_θ 小于某一临界荷载时，薄板（板裂体）处于稳定状态，其破坏形式也仅表现为板裂化片帮；相反，当 σ_θ 大于该临界荷载时，平衡状态此时被打破，薄板的弯曲必将导致一个新的自由表面的产生，这一过程的重复使岩板的突然断裂过程加剧，表现为岩爆。对于此类型的岩爆，可以称之为板裂屈曲岩爆。由弹性力学与结构力学可知，各向同性薄板与各向异性薄板在弯曲以及压曲极限平衡状态下的临界荷载、挠度值相差较大。因此，有必要对正交各向异性板裂屈曲岩爆的力学行为与破坏机理开展理论方面的研究，为后续板裂化破坏与岩爆控制对策提供理论依据。

5.2　正交各向异性板裂屈曲岩爆力学模型分析

正交各向异性体是指物体内存在三个正交弹性对称面，同一对称面两边对称方向上弹性性质相同，但两两正交的三个方向上弹性性质并不相同。成层正交各向异性岩体是指层状岩体的每一地层均具有不同的弹性模量、泊松比、密度、抗压强度、抗拉强度、黏结力和内摩擦角等物理力学性质指标，并且每一地层在互相垂直的方向上的弹性模量和泊松比均为互不相同的常数。在这种情况下，层状岩体可简化为正交各向异性模型。

5.2.1　正交各向异性板临界荷载

对硐壁附近板裂化岩体建立正交各向异性薄板力学模型，如图 5-4 所示。

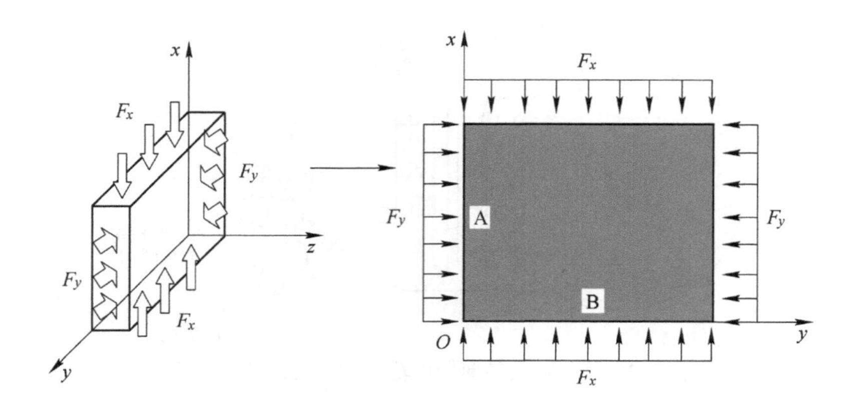

图 5-4　正交各向异性薄板力学模型示意图

设有四边简支的矩形薄板，其四边受有均布压力，设板厚为 δ（为方便计算，这里将若干岩板视为一个整体，即只存在一个薄板），在沿巷道轴向方向（y 轴）与纵向（x 轴）上板边的每单位长度上分别有 F_y 和 F_x，其平面应力与中面内力分别为：

$$\begin{cases}\sigma_x = -\dfrac{F_x}{\delta} \\ \sigma_y = -\dfrac{F_y}{\delta} \\ \tau_{xy} = 0\end{cases} \tag{5-1}$$

$$\begin{cases}F_{Tx} = -F_x \\ F_{Ty} = -F_y \\ F_{Txy} = 0\end{cases} \tag{5-2}$$

正交各向异性薄板的压曲微分方程可以表示为：

$$D\nabla^4\omega - \left(F_{Tx}\frac{\partial^2\omega}{\partial x^2} + 2F_{Txy}\frac{\partial^2\omega}{\partial x\partial y} + F_{Ty}\frac{\partial^2\omega}{\partial y^2}\right) = 0 \tag{5-3}$$

各向同性薄板弹性曲面微分方程中微分算子为：

$$D\nabla^4\omega = D_1\frac{\partial^4\omega}{\partial x^4} + D_2\frac{\partial^4\omega}{\partial y^4} + D_3\frac{\partial^4\omega}{\partial x^2\partial y^2} \tag{5-4}$$

式中，D_1、D_2、D_3为薄板在弹性主向上的弯曲刚度，可由以下公式求得：

$$\begin{cases}D_1 = \dfrac{E_1\delta^3}{12(1-\mu_1\mu_2)} \\ D_2 = \dfrac{E_2\delta^3}{12(1-\mu_1\mu_2)} \\ D_3 = \mu_2 D_1 + 2D_k \\ D_k = \dfrac{G\delta^3}{12}\end{cases} \tag{5-5}$$

式中 D_k——弹性薄板在弹性主向的扭转刚度；

G——剪切刚度；

E_1，E_2——x、y 轴方向上的弹性模量；

μ_1，μ_2——x、y 轴方向上的泊松比。

设薄板高为 A，长为 B，正交各向异性薄板的挠度表达式为：

$$\omega = \sum_{m=1}^{\infty}\sum_{n=1}^{\infty} a_{mn}\sin\frac{m\pi x}{A}\sin\frac{n\pi y}{B} \tag{5-6}$$

将式（5-2）、式（5-4）及式（5-5）代入式（5-3）整理得：

$$\sum_{m=1}^{\infty}\sum_{n=1}^{\infty} a_{mn}\sin\frac{m\pi x}{A}\sin\frac{n\pi y}{B}\left(D_1\frac{m^4\pi^4}{A^4} + D_2\frac{n^4\pi^4}{B^4} + 2D_3\frac{m^2n^2}{A^2B^2} - \frac{F_x m^2}{\pi^2A^2} - \frac{F_y N^2}{\pi^2B^2}\right) = 0 \tag{5-7}$$

根据巷道屈曲变形时的特点，由于内层岩体对岩板的横向约束作用，x、y 方向半波数只能为 1，即令 $m=1$，$n=1$。另外，设 $F_y=\alpha F_x$，则式（5-6）改为：

$$a_{mn}\sin\frac{\pi x}{A}\sin\frac{\pi y}{B}\left[D_1\frac{1}{A^4}+D_2\frac{1}{B^4}+2D_3\frac{1}{A^2B^2}-\frac{F_x}{\pi^2}\left(\frac{1}{A^2}+\alpha\frac{1}{B^2}\right)\right]=0 \tag{5-8}$$

由式（5-7）可知，若要使薄板发生压曲突变，则括号内多项式必须等于零，则有：

$$D_1\frac{1}{A^4}+D_2\frac{1}{B^4}+2D_3\frac{1}{A^2B^2}-\frac{F_x}{\pi^2}\left(\frac{1}{A^2}+\alpha\frac{1}{B^2}\right)=0 \tag{5-9}$$

整理后得：

$$F_x=\left(\frac{D_1}{A^4}+\frac{D_2}{B^4}+\frac{2D_3}{A^2B^2}\right)\frac{\pi^2A^2B^2}{B^2+\alpha A^2} \tag{5-10}$$

式（5-10）即为正交各向异性薄板在四边简支条件下双向受有均布荷载时的临界荷载表达式。分析式（5-10）可知，临界荷载 F_x 的大小与弹性主向的弯曲刚度、板的高度和长度及轴切比有关。在这里，我们将轴向应力与切向应力的比值定义为轴切比（一般只考虑 α 介于 0~1 时的情况）。图 5-5 所示为当弯曲刚度、薄板尺寸一定时，临界荷载与轴切比 α 之间的变化关系曲线。

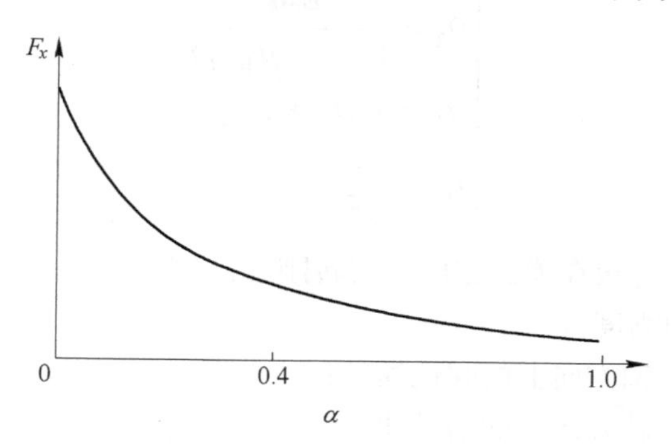

图 5-5　临界荷载值随 α 的变化关系

由图 5-5 可以看出，随着轴切比 α 的增大，临界荷载 F_x 大致呈双曲线型降低趋势，当 α>0.4 时，临界荷载值已基本保持不变，维持在较低的水平。因此，在较低的切向应力作用之下，便会引起板裂屈曲岩爆。这表明：在深部高应力硬岩开挖卸荷之后，如果沿巷道轴线方向的应力值较大，则发生板裂屈曲岩爆的可能性会增大。较高的轴向应力不仅会增加岩爆发生的可能性，也是高应力硬岩脆性岩体板裂破坏形成的一个必要条件。李夕兵等人曾提出较高的中间主应力 σ_2 会促进巷道边墙附近岩体板裂化破坏的形成。通过对比分析可知，相对于地下工程岩体而言，二者作用于岩体的方向基本上是一致的，因此其力学破坏机理也是相同的。

事实上，只有当中间主应力（本书视为轴向应力）达到一定值时，才会发生板裂化破坏。因此，对于图 5-5 而言，当 α 处于较低水平时，即轴向应力较小时，理论上不可能发生板裂化破坏，也就不会有板裂屈曲岩爆的发生。下面通过图 5-6 来加以说明。

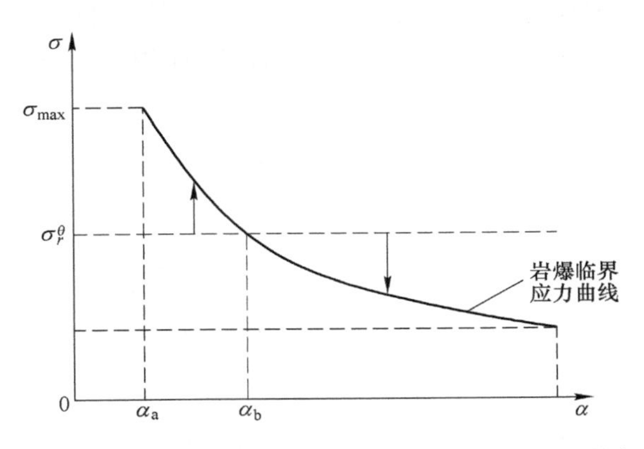

图 5-6 轴向应力对板裂化破坏与板裂屈曲岩爆的影响

由图 5-6 可知，当 $\alpha<\alpha_a$（α_a取决于其所对应的应力 σ_a值，这里将其视为某一参数，α_b也如此）时，由于轴向应力较小，因此并无板裂化破坏现象发生，即式（5-10）在 $0\sim\alpha_a$范畴内并不适用。当 $\alpha_a<\alpha<\alpha_b$时，轴向应力逐渐增大，此时，若 $\sigma_r^\theta>\sigma_{ci}$，硐壁围岩会形成平行于主应力方向的板裂化破坏。针对第二种假设，存在两种情况：其一，板裂屈曲岩爆的临界应力值 σ 虽然会有所降低，但仍大于切向应力值 σ_r^θ，因此不会发生岩爆；其二，板裂化破坏发生以后，切向应力的幅值还不至于引起板裂屈曲岩爆的发生。随后，由于相邻开采扰动或爆破震动等因素的影响，导致巷道周边应力集中，使得 σ_r^θ进一步增大，一旦达到所需值临界荷载，岩爆便会相继发生（也称为时滞型岩爆）。当 $\alpha>\alpha_b$时，切向应力值 σ_r^θ大于岩爆临界荷载值 σ，硐壁附近不仅会形成板裂化破坏，还会引发板裂屈曲岩爆。针对此种假设，板裂化破坏与板裂屈曲岩爆的关系并不存在明显的前后时间顺序，即当硐壁附近产生板裂化破坏的瞬间，板裂屈曲岩爆便会立即引发，二者可以视为一个连续的破坏过程，李夕兵、杜坤和赵星光等人开展的岩爆试验也验证了这一观点。因此，轴向应力对于板裂化破坏与板裂屈曲岩爆具有重要的影响。上述两种可能诱发岩爆的情况之中，第一种情况（由于外在扰动导致切向应力增加）更容易采取相应的支护措施。值得注意的是，书中只讨论了 $\sigma_r^\theta>\sigma_{ci}$时的情形，这是因为：当开挖卸荷后的最大切向应力值小于板裂起裂阈值时，巷道围岩仍处于弹性应力状态，即硐壁附近岩体并未发生破坏，因此不在当前的考虑范围之内。

5.2.2　正交各向异性板裂屈曲岩爆破坏判据

自然界中具有层状构造的沉积岩约占陆地面积的2/3，许多变质岩也具有显著的层状构造特征，因此，在工程建设中会遇到大量的层状岩体稳定问题。层状岩体是典型的复杂岩体之一，通常具有显著的横观各向同性或正交各向异性特征。对于层状岩体，其开挖卸荷后围岩应力计算简图如图5-7所示，并做以下几点假设：

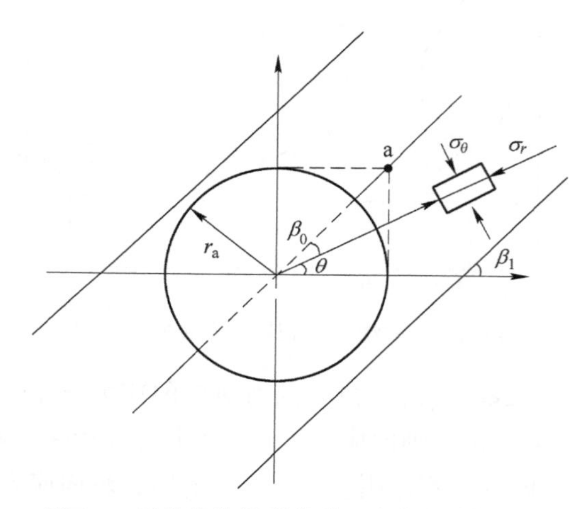

图5-7　层状岩体圆形巷道二次应力计算简图

（1）岩体中仅具有单组层理，并不计层理间距所给予的影响；

（2）为了简化计算，硐壁周边的径向应力 σ_r^p 与 $\lambda=1$（按平面应变问题考虑，即为水平应力与垂直应力比值，区别于 α）条件下纯弹性分布的 σ_r 相等；

（3）硐壁围岩的切向应力受层理面的强度控制，即岩体的二次应力都满足层理面的强度公式。剪裂区外的应力可由 $\lambda=1$ 时纯弹性分布的计算公式确定。

解析解可表示为：

$$
\begin{gathered}
\sigma_r^\theta=\frac{p\left(1-\dfrac{r_a^2}{R^2}\right)\cos(\beta_0-\psi_j)\sin\beta_0+c_j\cos\psi_j}{\sin(\beta_0-\psi_j)\cos\beta_0} \\
\beta_0=\beta_1-\theta \\
\sigma_r^p=p\left(1-\frac{r_a^2}{R^2}\right)
\end{gathered}
\tag{5-11}
$$

式中　σ_r^θ，σ_r^p——切向应力和径向应力；

p——原岩应力；

r_a——圆形巷道半径；

R——围岩内任意一点距离巷道中心的距离；

c_j，ψ_j——层理 c 面的强度参数；

β_0——单元体的破坏角；

β_1——层理面夹角；

θ——围岩内任意一点的单元体径向线与水平轴的夹角。

对于竖向层状岩体，近似将 β_1 取为 90°，对于硐壁周边附近岩体，θ 可取为 45°，且有 $R=\sqrt{2}r_a$（由几何关系求得），将上述各值代入式（5-11）中整理得：

$$\sigma_r^\theta = \frac{p\cos(45-\psi_j)+2\sqrt{2}c_j\cos\psi_j}{2\sin(45-\psi_j)}$$

$$\sigma_r^p = \frac{p}{2} \tag{5-12}$$

式（5-12）即为竖向层状岩体开挖卸荷硐周（图中 a 点处）二次应力解析解。由公式发现最大切向应力与层理面的强度参数及原岩应力值有关。通过比较式（5-10）及式（5-12）可以得到在 $\lambda=1$ 时圆形巷道周边正交各向异性板裂屈曲岩爆破坏判据，即当满足以下关系时，板裂屈曲岩爆发生：

$$\frac{p\cos(45-\psi_j)+2\sqrt{2}c_j\cos\psi_j}{2\sin(45-\psi_j)} > \left(\frac{D_1}{A^4}+\frac{D_2}{B^4}+\frac{2D_3}{A^2B^2}\right)\frac{\pi^2A^2B^2}{B^2+\alpha A^2} \tag{5-13}$$

5.2.3 正交各向异性薄板压曲挠度值

当求薄板在压曲状态下临界荷载所对应的挠度值时，一般采用能量法来计算。能量法的稳定准则是：当薄板由平面稳定平衡状态转变为微弯曲的曲面稳定平衡状态时，与受横向荷载作用而弯曲时一样，其挠度值是从零开始增加的，所以形变势能的增加就是薄板的全部弯曲形变势能。于是存在以下功能方程：

$$W+V_\varepsilon=0 \tag{5-14}$$

式中 W——纵向荷载（即 F_x，F_y）所做的功；

V_ε——形变势能。

采用里茨法计算正交各向异性板的形变势能，即：

$$V_\varepsilon=\frac{1}{2}\iiint(\sigma_x\varepsilon_x+\sigma_y\varepsilon_y+\tau_{xy}\gamma_{xy})\mathrm{d}x\mathrm{d}y\mathrm{d}z \tag{5-15}$$

上式中的应力分量和形变分量，可表示如下：

$$\begin{cases} \sigma_x = -\dfrac{z}{1-\mu_1\mu_2}\left(E_1\dfrac{\partial^2\omega}{\partial x^2}+\mu_1E_2\dfrac{\partial^2\omega}{\partial y^2}\right) \\ \varepsilon_x = -z\dfrac{\partial^2\omega}{\partial x^2} \\ \sigma_y = -\dfrac{z}{1-\mu_1\mu_2}\left(\dfrac{E_2\partial^2\omega}{\partial y^2}+\mu_2E_1\dfrac{\partial^2\omega}{\partial x^2}\right) \\ \varepsilon_y = -z\dfrac{\partial^2\omega}{\partial y^2} \end{cases} \tag{5-16}$$

本书只考虑弯曲和扭转变形能及作用于中性面内的力的势能改变，因此忽略剪应力的作用。将式（5-16）代入（5-15）中，对 z 从 0~δ 积分，整理得：

$$V_\varepsilon = \frac{1}{2}\iint\left[D_1\frac{\partial^4\omega}{\partial x^4}+D_2\frac{\partial^4\omega}{\partial y^4}\right]\mathrm{d}x\mathrm{d}y \tag{5-17}$$

将式（5-6）代入式（5-17），其中，仍令 $m=1$，$n=1$，并对 x 从 $0\to A$，y 从 $0\to B$ 积分，即得：

$$V_\varepsilon = 2a_{\mathrm{mn}}^2\pi^2\left(\frac{D_1B}{A^3}+\frac{D_2A}{B^3}\right) \tag{5-18}$$

下面求纵向荷载 W 所做的功。由弹性力学可知，纵向荷载所做的功，可以按照荷载引起的中面内力所做的功来计算，则有：

$$W = -\frac{1}{2}\iint\left[F_{\mathrm{TX}}\left(\frac{\partial\omega}{\partial x}\right)^2+F_{\mathrm{TY}}\left(\frac{\partial\omega}{\partial y}\right)^2+2F_{\mathrm{XY}}\frac{\partial\omega}{\partial x}\frac{\partial\omega}{\partial y}\right]\mathrm{d}x\mathrm{d}y \tag{5-19}$$

同样地，忽略剪应力的作用。由薄板挠度理论可知板中面的应变为：

$$\begin{aligned} \varepsilon_x &= \frac{1}{2}\left(\frac{\partial\omega}{\partial x}\right)^2 = \frac{1-\mu_1^2}{E_1}\sigma_x \\ \varepsilon_y &= \frac{1}{2}\left(\frac{\partial\omega}{\partial y}\right)^2 = \frac{1-\mu_2^2}{E_2}\sigma_y \end{aligned} \tag{5-20}$$

将式（5-1）、（5-2）及（5-20）代入式（5-19），对 x 从 $0\to A$，y 从 $0\to B$ 积分整理得：

$$\begin{aligned} W_x &= -\delta AB\sigma_x\varepsilon_x, \\ W_y &= -\delta AB\sigma_y\varepsilon_y \end{aligned} \tag{5-21}$$

由叠加原理可知，$W=W_x+W_y$，则有：

$$W = -\delta AB\left[\sigma_x^2\left(\frac{1-\mu_1^2}{E_1}+\alpha^2\frac{1-\mu_2^2}{E_2}\right)\right] \tag{5-22}$$

将式（5-18）、（5-22）代入式（5-14）中，可求得：

$$a_{mn}=\sqrt{\frac{\delta AB\left[\sigma_x^2\left(\frac{1-\mu_1^2}{E_1}+\alpha^2\frac{1-\mu_2^2}{E_2}\right)\right]}{2\pi^2\left(\frac{D_1B}{A^3}+\frac{D_2A}{B^3}\right)}}$$

$$=\sqrt{\frac{\left[\sigma_x^2\left(\frac{1-\mu_1^2}{E_1}+\alpha^2\frac{1-\mu_2^2}{E_2}\right)\right]6(1-\mu_1\mu_2)}{\pi^2\delta^2\left(\frac{E_1B^2}{A^2}+\frac{E_2A^2}{B^2}\right)}} \tag{5-23}$$

式中，a_{mn}即为$x=A/2$，$y=B/2$时中性轴所对应的最大水平挠度值。

分析以上公式，压曲水平挠度值与板厚、临界荷载、轴切比、板的长高比及弹性参数有关。设薄板的长高比为B/A，可以得出不同板厚δ（分别为5cm，10cm，15cm）条件下，水平挠度值ω随薄板长高比的变化趋势，如图5-8所示。

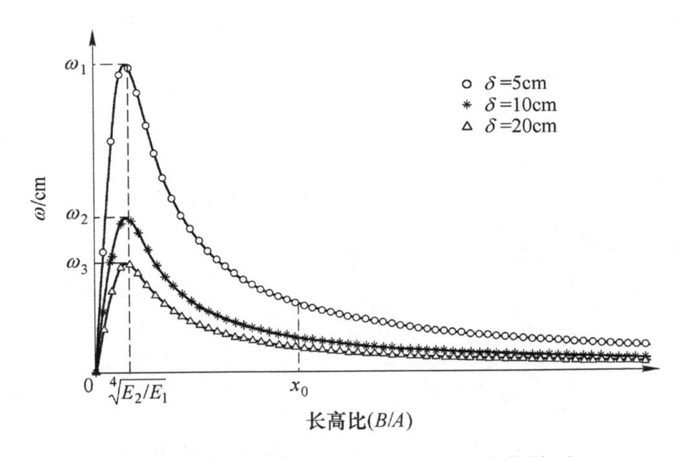

图5-8 不同板厚下挠度值随长高比变化关系

由图5-8可知，当临界荷载、轴向荷载及弹性参数一定时，在相同的横坐标处，随着板厚的减少，水平挠度值越大，以$\sqrt[4]{E_2/E_1}$为例，不同板厚下所对应的挠度值有$\omega_1>\omega_2>\omega_3$。值得注意的是，深部高应力硬岩大多为弹脆性材料，水平变形不可能无限增大，可以根据岩石的室内试验，得到岩石的最大侧向应变，从而求得岩石的水平极限变形值。当根据式（5-23）求得的最大水平变形超出岩石的最大侧向允许变形时，即岩板在没有达到最大水平变形值时就已经发生断裂，因此不一定会出现岩块弹射等现象；如果最大变形值没有超出岩石的最大侧向允许变形时，当达到最大变形值时，岩板便会发生板裂屈曲岩爆现象。

从图5-8还可以看出，当板厚一定时，水平挠度值随长高比的变化先呈现增高的趋势，当长高比为$\sqrt[4]{E_2/E_1}$时，水平挠度值达到最大值。随后，挠度值呈现单调递减的变化趋势。当长高比大于某 x_0 时，水平挠度值便基本维持在一个较低的水平，变化趋势已不是很明显。

5.3　深部高应力板裂屈曲岩爆控制对策

近年来，充填采矿法特别是胶结充填采矿法、高水速凝泵送充填采矿法及高浓度全尾砂充填采矿法，在近几十年中发展最快，因为该类采矿法可以最大程度地回采复杂开采技术条件下的矿体，尤其是针对贵重、稀有金属。同时，充填法也是控制岩爆和开采有岩爆危害矿床的主要技术之一，充填用于开采有岩爆倾向或危害的矿床，可以降低岩爆发生频度，减小岩爆震级和减轻岩爆的破坏程度，已得到绝大多数有岩爆危害矿山生产实践的证实。图 5-9 所示为贵州开磷集团马路坪矿 640 中段下磷 5 盘区试验采场拍摄到的板裂化破坏现象，在开挖扰动或应力重分布的作用下，极有可能诱发板裂屈曲岩爆。由图 5-9 可以看出，在采用了锚网支护方案之后，硐壁附近依然发生了较为明显的板裂化破坏，表明该支护效果不是很理想。因此，本书提出采用充填法对采空区或硐室进行支护。

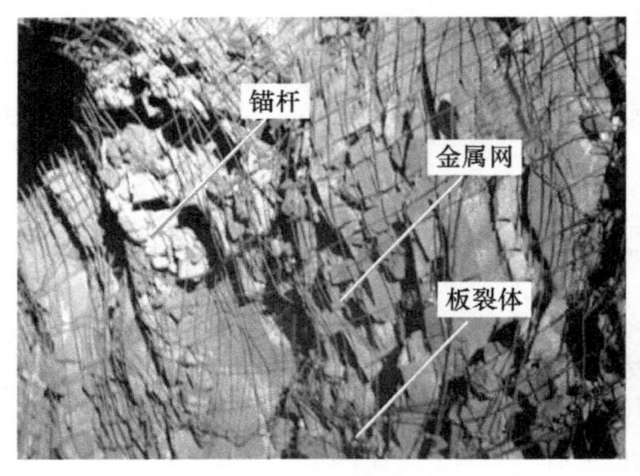

图 5-9　马路坪矿 640 中段板裂化破坏现象和现有支护方式

目前，充填控制岩爆的机理可分为区域性支护机理和局部支护机理。本书假设充填体为连续、各向同性介质，即对硐壁围岩作用有均布载荷 q，并对围岩具有约束作用。令四边简支正交各向异性矩形薄板在横向载荷作用下（弯曲变形）的最大挠度值为 ω_0，为了避免发生板裂屈曲岩爆，需使 $a_{mn}=\omega_0$，即薄板不发生水平向位移（挠度）。对于正交各向异性薄板，采用差分法来求解小挠度弯曲挠度值。

图 5-10 所示为四边简支矩形薄板（图中均布荷载均简化为一个箭头表示），其弹性主向平行于边界，受有均布横向荷载 q。薄板长高比可以任意选取，只要使各边界与小方格的尺寸成比例即可。为了计算方便，本次将薄板断面视为正方形，采用4×4 的网格。对于正交各向异性薄板，存在 4 个相互独立的未知数 ω_{I}、

$\omega_{\text{Ⅱ}}$、$\omega_{\text{Ⅲ}}$以及$\omega_{\text{Ⅳ}}$。如图 5-8 所示，分别列出点Ⅰ、Ⅱ、Ⅲ、Ⅳ处的差分方程：

$$\begin{cases}[6(D_1+D_2)+8D_3]\omega_{\text{Ⅰ}}-8(D_1+D_3)\omega_{\text{Ⅱ}}- \\ 8(D_2+D_3)\omega_{\text{Ⅲ}}+8D_3\omega_{\text{Ⅳ}}=h^4q \\ \\ -4(D_1+D_3)\omega_{\text{Ⅰ}}+[6(D_1+D_2)+8D_3]\omega_{\text{Ⅱ}}+ \\ 4D_3\omega_{\text{Ⅲ}}-8(D_2+D_3)\omega_{\text{Ⅳ}}=h^4q \\ \\ -4(D_2+D_3)\omega_{\text{Ⅰ}}+4D_3\omega_{\text{Ⅱ}}+ \\ [6(D_1+D_2)+8D_3]\omega_{\text{Ⅲ}}-8(D_1+D_3)\omega_{\text{Ⅳ}}=h^4q \\ \\ 2D_3\omega_{\text{Ⅰ}}-4(D_2+D_3)\omega_{\text{Ⅱ}}-4(D_1+D_3)\omega_{\text{Ⅲ}}+ \\ [6(D_1+D_2)+8D_3]\omega_{\text{Ⅳ}}=h^4q\end{cases} \tag{5-24}$$

式中 h——正方形方格的尺寸，长度为 $A/4$。

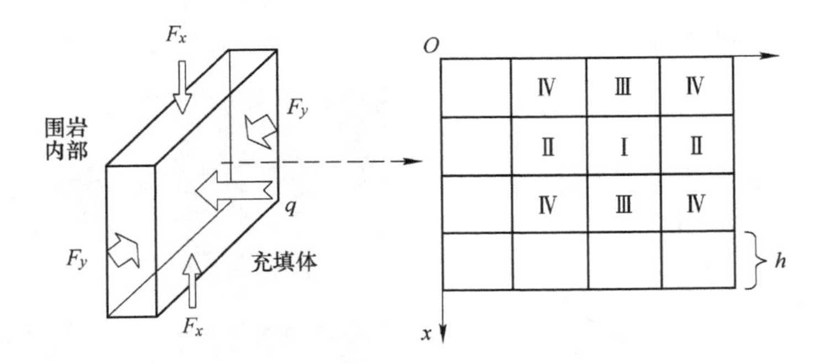

图 5-10 差分法求解弯曲挠度值示意图

将式（5-5）代入上式，并赋以一定的值，即可解出Ⅰ、Ⅱ、Ⅲ、Ⅳ各处的水平挠度值。一般而言，对于正交各向异性薄板，受横向荷载产生的最大挠度值位于板的中心处（Ⅰ处所对应的$\omega_{\text{Ⅰ}}$），这与薄板受纵向荷载时所产生的最大挠度值的位置是重合的。这也说明只要满足 $a_{mn}=\omega_0=\omega_{\text{Ⅰ}}$，就可以有效抑制板裂屈曲岩爆。令 $\omega_{\text{Ⅰ}}=f(q)$，则有如下关系式：

$$f(q)=\sqrt{\frac{\left[\sigma_x^2\left(\frac{1-\mu_1^2}{E_1}+\alpha^2\frac{1-\mu_2^2}{E_2}\right)\right]6(1-\mu_1\mu_2)}{\pi^2\delta^2\left(\frac{E_1B^2}{A^2}+\frac{E_2A^2}{B^2}\right)}} \tag{5-25}$$

对于一项具体的地下工程，将所需参数代入上式之中，便可以求得充填体所应提供的围压值，最终以指导现场实际工程应用。

5.4　现场算例

开阳磷矿矿区位于贵州省中部乌江流域开发区。目前，其下属的马路坪矿山的开拓深度（640 中段下磷 5 盘区）距地表已达 600~700m，垂直深度已超过 800m，经估算垂直应力可达 23MPa 左右，试验采场测试水平最大主应力（巷道轴向）达 34. 49MPa，最小水平主应力（巷道径向）约为 26. 58MPa，且最大主应力的大小随测点埋深增加而增加。以某采准巷道为例，该中段巷道围岩以砂岩为主，单轴抗压强度为 109. 50MPa，岩石普氏硬度系数 f 较大，表现为硬而脆的特性。为了避免开挖卸荷诱导裂纹对于原生裂纹的干扰，在未进行开采扰动时，且距离掌子面较远处布置若干水平钻孔，采用高清智能钻孔电视对既定部位进行定期观测，如图 5-11 所示。通过观察发现待开采矿体周边围岩内部含有大量的层理与裂隙（见图 5-12（a））,层理面为陡倾状分布，因此可近似将岩体视为正交各向异性体。根据张学民相关研究可知，取 $E_1=37.79\text{GPa}$、$E_2=24.39\text{GPa}$、$\mu_1=0.254$、$\mu_2=0.180$、$G=15.07\text{GPa}$。在该采准巷道上盘围岩壁的中部观察到一块矩形岩板，尺寸为长×高×厚=1. 7m×2m×0. 05m，如图 5-12（b）所示。

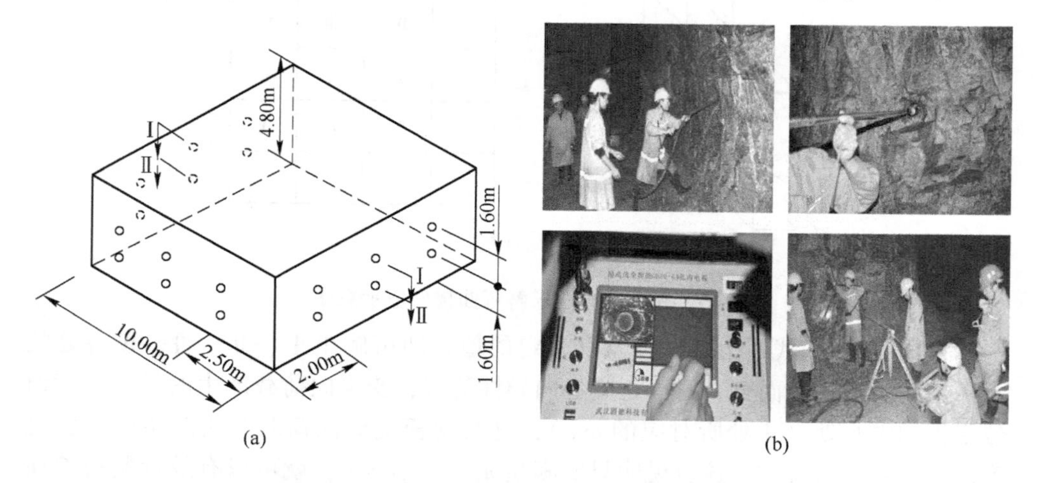

图 5-11　钻孔窥视布点示意图（a）和开展现场孔内岩体裂纹监测工作（b）

将以上各参数代入式（5-5）和式（5-10），可求得该正交各向异性岩板发生板裂屈曲岩爆的临界荷载值为 2169kN/m（对应的临界应力为 43. 4MPa）。由呼志明相关研究可知，砂岩层面的强度参数为 $20°<\psi_j<30°$，$0.1\text{MPa}<c_j<0.5\text{MPa}$，近似取原岩应力值为 25MPa，将各参数代入式（5-12）中，可得切向应力 $33.5\text{MPa}<\sigma_r^\theta<49.1\text{MPa}$，这表明该处岩板有可能发生板裂屈曲岩爆事故。

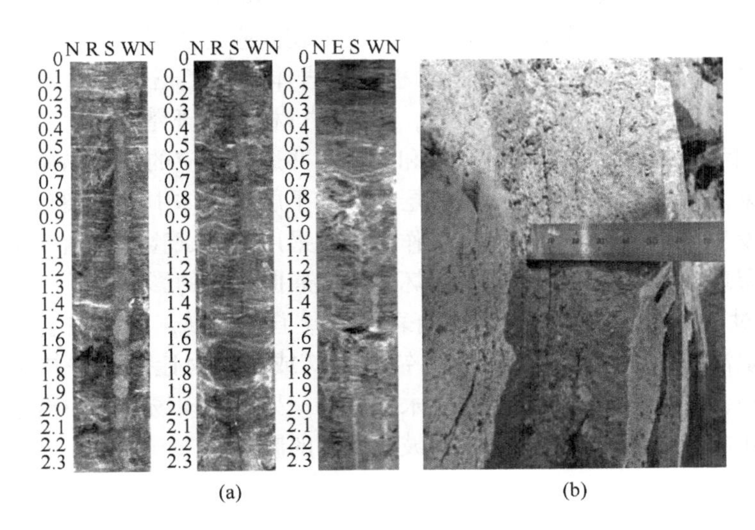

(a) (b)

图 5-12 钻孔窥视图及巷道某处板裂化岩体
(a) 钻孔平面展开图；(b) 板裂化岩体

事实上，对于马路坪矿 640 中段试验采场，除了在硐壁附近发生了板裂化破坏，还出现了顶板冒顶，底板地鼓等地质灾害现象。为了防止地表塌陷、加固围岩并且预防岩爆的发生，需要对采空区（包括采准巷道）进行充填作业。结合开磷矿区的实际条件，建议采用磷石膏和普通硅酸盐水泥进行磷石膏胶结充填，同时辅以磷石膏岩粉胶结充填及紫红色页岩和白云岩块石胶结充填。为降低充填成本、改善浆体的流动性能，在相应的充填材料组合中加入粉煤灰以部分替代水泥。将所需参数代入式（5-24）中，得出充填体作用于岩板上的最大挠度值为 $\omega_{\mathrm{I}}=7.3q\times10^{-8}\mathrm{m}$，将其代入式（5-25）中，并得出岩板在压曲状态下的临界水平位移值为 2.78cm，最终经整理得 $q=0.38\mathrm{MPa}$。这表明：只要充填体所需提供的围压值不小于 0.38MPa，该处围岩就可以处于相对稳定的状态，而强度为 0.38MPa 的充填体也是易于制备的。

5.5 结果分析

本章主要采用理论分析对正交各向异性板裂屈曲岩爆发生机制及控制对策进行了初步的探索，并结合现场实例对研究结果给予了进一步解释。研究认为：

（1）针对 5.2.2 节中的式（5-13），分析发现层状岩体开挖卸荷后的最大切向应力并不是在硐壁附近有最大值，而是沿着径向方向呈逐渐增加的趋势。本书研究对象为巷道附近出现的板裂化破坏及板裂屈曲岩爆现象。当单元体向围岩内部转移时，由于径向应力不断增加，岩体由二向应力状态过渡为三向应力状态，其破坏方式可能已经转变为剪切破坏或张剪破坏。鉴于此种破坏方式并不是本书所研究的范畴，因此，只须考虑硐壁附近处的切向应力值即可。

（2）本章对深部高应力竖向层状板裂化岩体建立了正交各向异性薄板的力学模型，可以在深部开拓和采准阶段，提前进行相关的研究工作，对潜在发生的板裂化范围和板裂屈曲岩爆进行预报和预警，并进行相应的支护措施，以实现安全高效开采。另外，本书未考虑倾斜层状和水平层状岩体中的板裂化屈曲岩爆力学行为与发生机制。在今后的研究工作中，应采用室内试验或数值模拟的方法来研究倾斜层理对于硐壁附近板裂化破坏及板裂屈曲岩爆的影响。

（3）对于一些可能发生板裂屈曲岩爆的巷道或硐室，如果在生产阶段不适合采用充填法进行支护，可先采取"锚网索"或预应力让压支护技术对围岩进行初期支护，之后再采用充填法作为永久支护。另外，现场实际中对于充填体强度的确定还应考虑顶板下沉、底板底鼓等因素的影响。

5.6　本章小结

（1）板裂化破坏是板裂屈曲岩爆的一个必要条件。在分析深部高应力（竖向）层状岩体板裂屈曲岩爆力学机制时，应对硐壁附近板裂化岩体建立正交各向异性薄板的力学模型。

（2）由薄板压曲微分方程推导出正交各向异性板裂屈曲岩爆临界荷载值，并建立板裂屈曲岩爆发生判据。分析得出轴向应力不仅会促进板裂化破坏的形成，还会加剧板裂屈曲岩爆发生的可能性。当轴向应力较低时，巷道围岩仍处于弹性状态，无板裂化破坏现象；随着轴向应力逐渐增大，硐壁围岩会形成平行于主应力方向的板裂化破坏，但不会发生岩爆；当轴向应力足够大时，硐壁围岩不但会形成板裂化破坏，还会发生板裂屈曲岩爆，此时又分为两种情况：1）板裂化破坏与板裂屈曲岩爆的关系并不存在明显的前后时间顺序，在形成板裂体后，板裂屈曲岩爆便会立即引发，二者可以视为一个连续的破坏过程；2）板裂化破坏发生以后，切向应力的幅值还不至于引起板裂屈曲岩爆的发生，但由于外界动力扰动等因素的影响，使得 σ_r^θ 持续增大，最终导致岩爆的发生（对应于时滞型岩爆）。

（3）由弹性力学中的里茨法与能量法推导出正交各向异性薄板在压曲状态下的最大挠度值。研究表明：挠度值随着板厚的减少而增大；当板厚一定时，水平挠度值随长高比的变化先呈现增高的趋势，当长高比为 $\sqrt[4]{E_2/E_1}$ 时，挠度值达到最大，随后，挠度值呈现单调递减的变化趋势。

（4）为了抑制板裂屈曲岩爆的发生，提出采用充填法对采空区或硐室围岩进行支护，并计算出了充填体所需最小围压值。结合现场算例分析得出当充填体所需提供的围压值（即充填体强度值）不小于 0.38MPa 时，板裂化围岩便可以处于相对稳定的状态。

6 结构面作用下深部高应力硬岩巷道破坏特性

对于深部高应力硬岩矿山而言，开挖巷道或硐室将导致围岩应力的重新分布，即巷道径向应力降低及切向应力的集中。开挖卸荷所形成的自由面为岩体的破坏失稳提供了一定的条件。

含结构面岩体广泛存在于地下矿山工程之中，由于其分布的随机性和分异性属于较为复杂的工程介质。结构面作为深部矿山开采中大量存在的一种主要地质构造，切割地层进而破坏了地层的连续性和完整性。大量工程实践表明，深部硬岩灾害的发生不但与应力场特征和开采扰动有关，还与其赋存的地质构造密切相关。在含有结构面岩体中进行采掘工程时，开采扰动与结构面的相互作用会导致其周围岩体应力场、位移场再次发生变化，进一步诱发更大规模的矿井灾害，如突水、顶板垮落等现象，造成人员伤亡和机械设备损失。可见，结构面对工程岩体力学响应与破坏行为有着非常重要的影响。

例如，金川集团股份有限公司二矿区 1250 中段一段走向 N40W 的巷道曾在施工过程发生强烈破坏，造成顶板大规模垮塌，且在巷道一侧出现严重内挤，损失惨重。经分析此次事故与巷道周边赋存的硬性结构面和开挖扰动活动有关。可见，开采扰动是上述灾害的外在诱导因素，而结构面周边非均匀应力场、位移场的存在则是导致岩体工程灾害的内在因素。

由于结构面对深部硬岩力学行为、变形特性和破坏机理有着非常重要的影响，国内外学者对含有节理裂隙硬岩或类岩石材料的破坏特性开展了大量的研究，重点分析了裂隙参数对于硬岩裂纹扩展路径、破坏模式及峰值强度的影响。Wong 等人采用 RFPA 数值模拟软件分析了单轴压缩下预制裂隙倾角、长度、试样宽度及裂隙位置对于岩石破坏和裂纹扩展的影响。郭奇峰等人采用声发射与表面应变监测等手段，基于最大畸变能理论对单轴压缩条件下裂隙花岗岩的裂纹起裂应力、起裂角及裂纹扩展路径进行计算。周辉等人结合锦屏二级水电站引水隧洞，分析了不同结构面类型、力学性质、产状、不同施工方法等条件下结构面对岩爆的作用机制，并将结构面型岩爆可分为滑移型、剪切破裂型和张拉板裂型三大类。

其他学者则利用含孔洞的岩石试样来模拟深部巷道的受力情况，特别关注岩样孔洞周边应力集中的量化表征。如李地元等人以挪威 Iddefjord 花岗岩为例，研究了单轴压缩下含双侧预制方形孔洞的板状试样的破坏特性，并观察到孔洞周边岩体出现了块体弹射、劈裂等应变型岩爆特征，如图 6-1 所示。杨圣奇等人采用扫描电镜实时观测系统对含单个孔洞大理岩进行了单轴压缩试验，分析了大理岩加载过程中裂纹的萌生、扩展、演化和贯通特征。为了调查含自然裂隙下硬脆性巷道围岩破坏机理，钟志彬等人对含预制孔洞流纹岩进行了双轴压缩实验，研究结果表明硬脆性岩体中的自然裂隙对于裂纹起裂、扩展及应变能耗散方面具有重要作用。

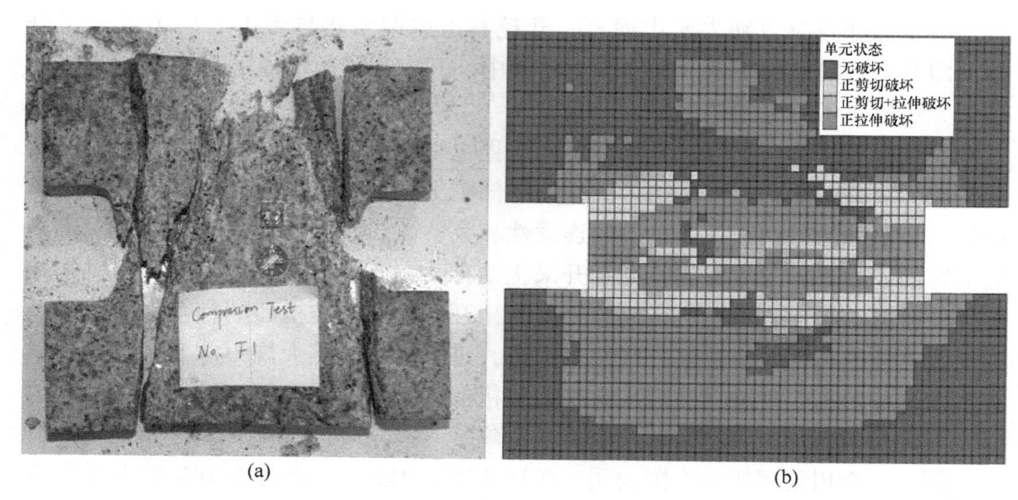

图 6-1　单轴压缩下含预制孔洞板状花岗岩破坏模式

（a）单轴压缩下的宏观破坏照片；（b）中心截面塑性状态分布情况

值得注意的是，尽管国内外许多学者对于含预制裂隙或含预制孔洞岩石材料进行了广泛而又深入的研究，然而很少有人关注开挖卸荷下与结构面效应下对于岩石破坏的共同作用。另外，现有研究中的预制裂隙一般为张开裂隙，而现场实际中结构面往往为闭合裂隙，受相互摩擦影响较大。因此，应当充分考虑结构面摩擦效应对于硬岩巷道围岩破坏特性的影响。周辉等人分析了结构面作用下深埋硬岩隧道岩爆诱发机理，探讨了不同结构面类型、产状（是否揭露）、不同生产环境、施工方法等条件下结构面对岩爆的作用机制。然而，研究中并没有考虑侧压系数、开挖卸荷过程、结构面裂隙倾角及摩擦效应的影响，且上述研究也仅限于定性分析。事实上，上述各因素对于深部采动硬岩巷道的破坏至关重要。

由于预制条形裂隙及圆形孔洞的同时存在，使得在硬岩试样加工时难以制备，需要耗费大量人力物力。采用数值模拟不失为一种高效、便捷的研究途径。由于裂纹的起裂、扩展及贯通，岩石的破裂实际上经历了一个从连续介质到不连续介质的转化过程，因此，采用有限元/离散元耦合数值模拟技术（FEM/DEM）开展相关的研究具有较大的优势。

本章将沿用第 2 章所采用的数值仿真技术研究结构面作用下深埋高应力硬岩巷道破坏特性，从结构面倾角、位置（揭露与否）、摩擦系数及初始地应力场（侧压力系数）四个方面开展研究。模拟中还考虑了岩体非均质性和开挖卸荷效应。通过分析比较破坏模式、裂纹扩展路径、岩体能量释放演化规律及巷道周边有效塑性应变，探讨板裂化破坏（岩爆）与剪切滑移破坏（岩爆）之间的相互作用与联系，进而揭示深部高应力硬岩破坏的结构面作用机制。

6.1 深部高应力下含结构面硬岩巷道破坏特性数值模拟

在第 2 章中已经对 FEM/DEM 的基本原理和 ELFEN 数值模拟软件进行了详细的介绍，这里不再赘述，详见 2.2 节。

6.1.1 数值模型的建立

数值模型几何尺寸如图 6-2 所示。对于二维状态下的平面应变分析而言，ELFEN 数值模拟假定模型的厚度为单元厚度。在当前的研究中，默认模型的厚度为 1mm。在试样中心部位设有一圆形巷道，用于模拟开挖卸荷过程。试样尺寸为 20m×20m，巷道直径为 4m。由于本章主要是研究巷道周边岩体的破坏过程，对模型边界采用了“non-reflecting boundary”设置（非反射边界），因此所设计的模型边界与巷道尺寸是合理的。在圆形巷道顶部预留一长为 2m 的闭合结构面。考虑四个因素对圆形巷道破坏的影响：（1）结构面破坏倾角；（2）结构面所处位置（揭露或非揭露）；（3）结构面摩擦系数；（4）侧压系数。结构面倾角共有四种，分别为 30°、45°、60°和 90°。根据结构面位置的不同，模拟两种情况，即已揭露矿体（结构面一侧距离巷道开挖边界 0m）和非揭露矿体（结构面一侧距离巷道开挖边界 6m）。为了考虑结构面之间充填物或凸台的作用，将摩擦系数分为三组，即 0.1、0.5 和 1。根据初始地应力的不同，又将侧压系数分为 0.5、1、1.5 和 2 四种。在巷道顶底板和两帮分别设置有一个监测点（编号 5-8），主要用于监测该点有效塑性应变及切向应力的变化趋势。

为了揭示深部高应力硬岩力学破坏特性，以山东黄金红岭铅锌矿为工程背景，取深部大理岩作为研究对象，模拟中所用到的材料参数和离散接触参数见表 6-1。由室内试验可得大理岩单轴抗压强度为 72MPa，单轴抗拉强度为 3.1MPa。由抗压强度与抗拉强度比值可以看出，大理岩属于典型的硬脆性岩石。在模拟过程中，还同时考虑了岩体的非均质性。材料的非均质性应用于基础单元之上，允许每个单元具有独立的杨氏模量、泊松比、密度、抗拉强度和断裂能等。在 ELFEN 中，首先对某一平均值设定上下限（以百分比的形式给出），并应用随机生成器为每个元素创建各属性的值。杨氏模量、泊松比、密度、抗拉强度和断裂能在试样内的分布情况如图 6-3 所示。图例中数字表示模型中对应单元赋存值与

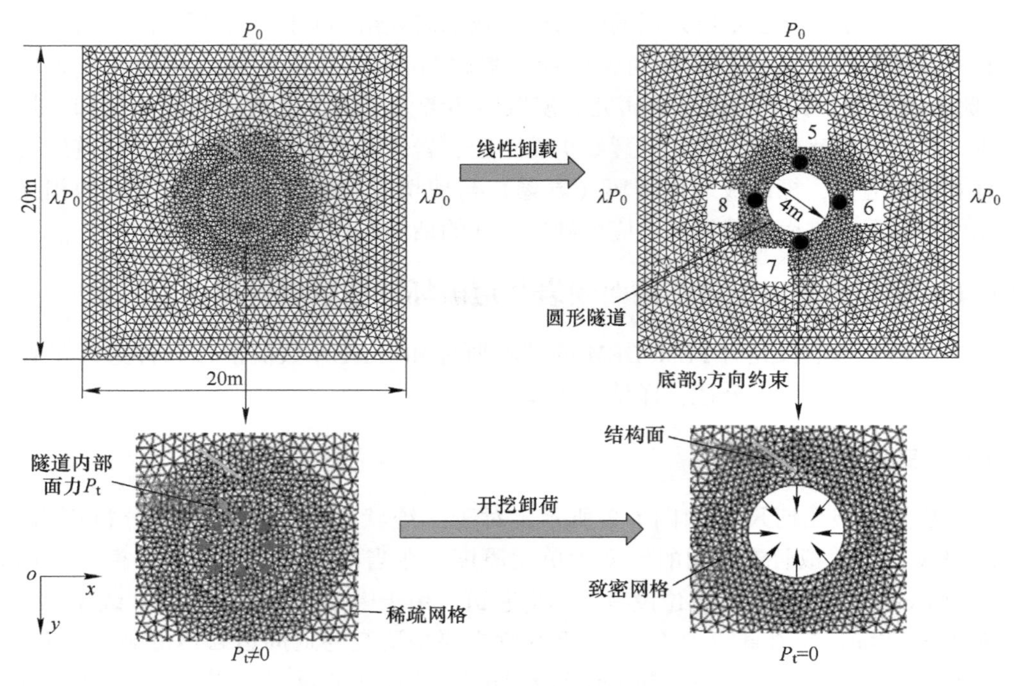

图 6-2 模型几何尺寸及非结构化三角形网格

λ—侧压力系数；P_0—垂直应力

平均值的比值。模型网格采用非结构化三角形网格，网格数量 4568 个（含圆形巷道)，如图 6-2 所示。为了提高运算效率，可适当将试样边界网格划分大一些，而将圆形孔洞附近网格加密。对于离散接触参数的选取原则已在第 2 章中做了必要的解释，这里只将各参数列于表 6-1 之中。对于硬岩残余强度参数值可按照 Hajiabdolmajid 等人提出的 CWFS（黏聚力弱化内摩擦角强化）模型选取。

表 6-1 材料物理力学参数与离散接触参数

参 数		大 理 岩
物理力学参数	杨氏模量 E/GPa	35.81（变量：上限 25%，下限 20%）
	泊松比/μ	0.23（变量：上限 15%，下限 15%）
	剪切模量 G/GPa	14.55
	密度/$Ns^2 \cdot m^{-4}$	2610（变量：上限 20%，下限 20%）
	抗拉强度 σ_t/MPa	3.1（变量：上限 15%，下限 25%）
	黏聚力 c/MPa	20（对应有效塑性应变：0）
	内摩擦角 φ/(°)	32（对应有效塑性应变：0）
	残余黏聚力 c_r/MPa	1（对应有效塑性应变：0.005）
	残余内摩擦角 φ_r/(°)	45（对应有效塑性应变：0.005）

续表 6-1

参　数		大 理 岩
离散接触参数	断裂能 G_f/N · m^{-1}	20（变量：上限 15%，下限 25%）
	法向罚值 P_n/N · m^{-2}	3.6×10^{10}
	切向罚值 P_t/N · m^{-2}	3.6×10^{9}
	新生裂隙摩擦系数/γ	0.5
	结构面摩擦系数/μ	0.1、0.5、1
	网格单元尺寸/m	0.5 和 0.3
	最小单元尺寸/m	0.15
	接触类型	Node-Edge
	接触域	0.15

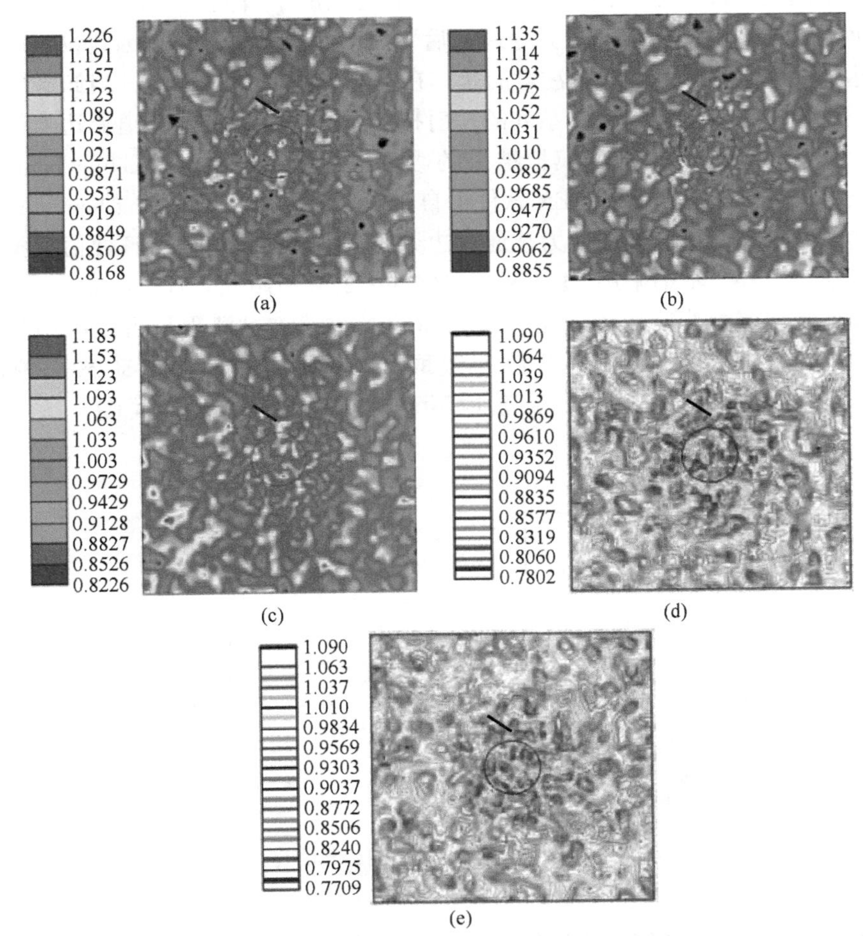

图 6-3　各材料参数在模型中的初始分布情况

(a) 杨氏模量；(b) 泊松比；(c) 密度；(d) 抗拉强度；(e) 断裂能

对于二维平面问题，采用面力对模型边界施加初始地应力，即在模型顶部施加垂直应力，在模型两侧施加水平应力，同时对底部 y 方向进行约束。加载方式采用线性位移控制方式，历时 0.01s。采用线性加载方式是为了避免突然地加载而造成网格单元不必要的破坏。在 0.01s 之后，始终保持 x 方向和 y 方向应力不变，如图 6-4（a）所示。在建模过程中，将模型分为两个实体（object），即圆形巷道及除此以外的岩体。开挖卸荷过程被施加于圆形巷道实体之上，卸荷方程曲线如图 6-4（b）所示。由图中可以看出，开挖卸荷从 0.01s 后开始，采用线性松弛的方式进行卸载，全过程历时 0.005s。当达到 0.015s 时，卸荷过程结束，表示圆形巷道已被全部开挖。图中荷载因子（load factor）为 1 时表示圆形巷道未开挖卸荷之前所处的应力状态，荷载因子为零表示圆形巷道边界应力已被全部释放。采用线性卸荷方程曲线的目的是为了避免由于瞬间的开挖移除（应力改变）而导致岩体突然的破坏。开挖卸荷后岩体仍然会发生破坏，因此设定当模拟计算达到 0.02s 时结束。值得注意的是，在动态开挖卸荷过程中，当卸载应力波传播至边界时，可能会产生一系列的反射拉伸波并逐渐扩展至巷道周边岩体。为了消除反射拉伸波对于数值模拟结果的影响，采用了“non-reflecting boundary”边界条件（非反射边界，ELFEN 软件中自带模块）。“non-reflecting boundary”可以使巷道开挖卸荷所产生的应力波通过边界而不被反射，从而保证数值模拟结果的正确性。另外，本书采用 ELFEN 模拟软件中的黏滞阻尼（viscous damping）系数以表征卸载应力波的衰减过程。对于 ELFEN 而言，黏滞阻尼可以应用到任何类型的实体之中。黏滞阻尼系数一般取为 0～1 之间，对于动态开挖问题（dynamic relaxation simulation），一般应不大于 0.1，本书拟取为 0.08。

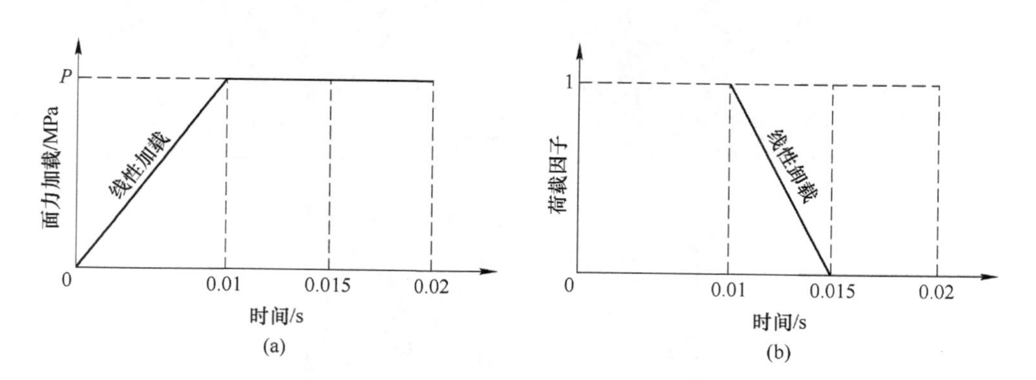

图 6-4 数值模拟应力加卸载路径

（a）模型边界；（b）隧道内力

基于山东黄金赤峰红岭铅锌矿初始地应力场进行相关数值模拟的研究。根据 Kaiser 效应法得出矿区的地应力分布，不同埋深最大水平主应力的方位一致性较好，三维地应力与埋深关系式如下：

$$\begin{cases}\sigma_{v} = 0.0279h, \\ \sigma_{hmax} = 0.0256h + 10.202, \\ \sigma_{hmin} = 0.0233h + 1.4743.\end{cases} \tag{6-1}$$

本章选择埋深为1000m的圆形隧道来反映深部高应力特征。经计算，模型垂直应力值 $\sigma_{v}=27.9$MPa，最大水平主应力值 $\sigma_{hmax}=35.8$MPa，最小水平主应力值 $\sigma_{hmin}=24.8$MPa。对于二维平面应变问题而言，不考虑最小水平主应力值。除侧压系数以外，其他参数分析均采用上述初始地应力值进行数值模拟计算。

6.1.2 数值模型验证

为了验证ELFEN数值模拟的有效性，同时与含有结构面的数值模型相比较，对无结构面的圆形巷道岩体模型进行了数值模拟计算。模拟考虑了不同侧压系数（采用参数 λ 表示侧压系数），即0.5、1、1.5和2四种情况，其中垂直应力始终为30MPa。图6-5所示为不同侧压力系数下模型内部最大主应力（切向应力）与有效塑性应变云图。开挖卸荷后，巷道周边应力开始重新分布，即径向应力逐渐减小，切向应力逐渐增加。通过观察最大主应力云图可以看出，当 $\lambda=0.5$ 时，应力集中主要发生于巷道两帮，而当 $\lambda=1$ 时，巷道周边的应力集中程度开始降低，且应力分布较为均匀。当 λ 增加至1.5和2时，顶底板附近开始有较为明显的应力集中，尤其是当 $\lambda=2$ 时。分析可知，当 $\lambda<1$ 时，隧道两帮会受到较高的压缩应力，导致边墙附近产生较高的应变能，而当 $\lambda>1$ 时，应变能主要在顶底板处开始积聚。

裂纹的起裂、扩展与贯通与有效塑性应变具有密切的联系。从图6-5可以看出，无论侧压系数为何值，圆形巷道周边的有效塑性应变值均呈现出不均匀分布的特性，即使当 $\lambda=1$ 时。这是由于岩体的非均质性所导致。由于岩体所体现出的强度非均质性，即使当某处的最大主应力小于平均单轴抗压强度，塑性应变也可能会发生，这取决于该网格单元的强度值是否大于其最大主应力值（巷道周边切向应力值）。如果强度值小于最大主应力值，就会有新生裂隙的出现。以 $\lambda=1$ 为例，弹性状态下均质圆形巷道周边应力分布规律可由以下公式表示：

$$\begin{cases}\sigma_{r} = 0 \\ \sigma_{\theta} = P(1+\lambda) + 2P(1-\lambda)\cos 2\theta \\ \tau_{r\theta} = 0\end{cases} \tag{6-2}$$

式中 σ_r，σ_θ，$\tau_{r\theta}$——巷道周边一点的径向应力、切向应力和剪应力，MPa；

λ——侧压力系数；

θ——水平轴和该点与圆心连线的夹角，（°）。

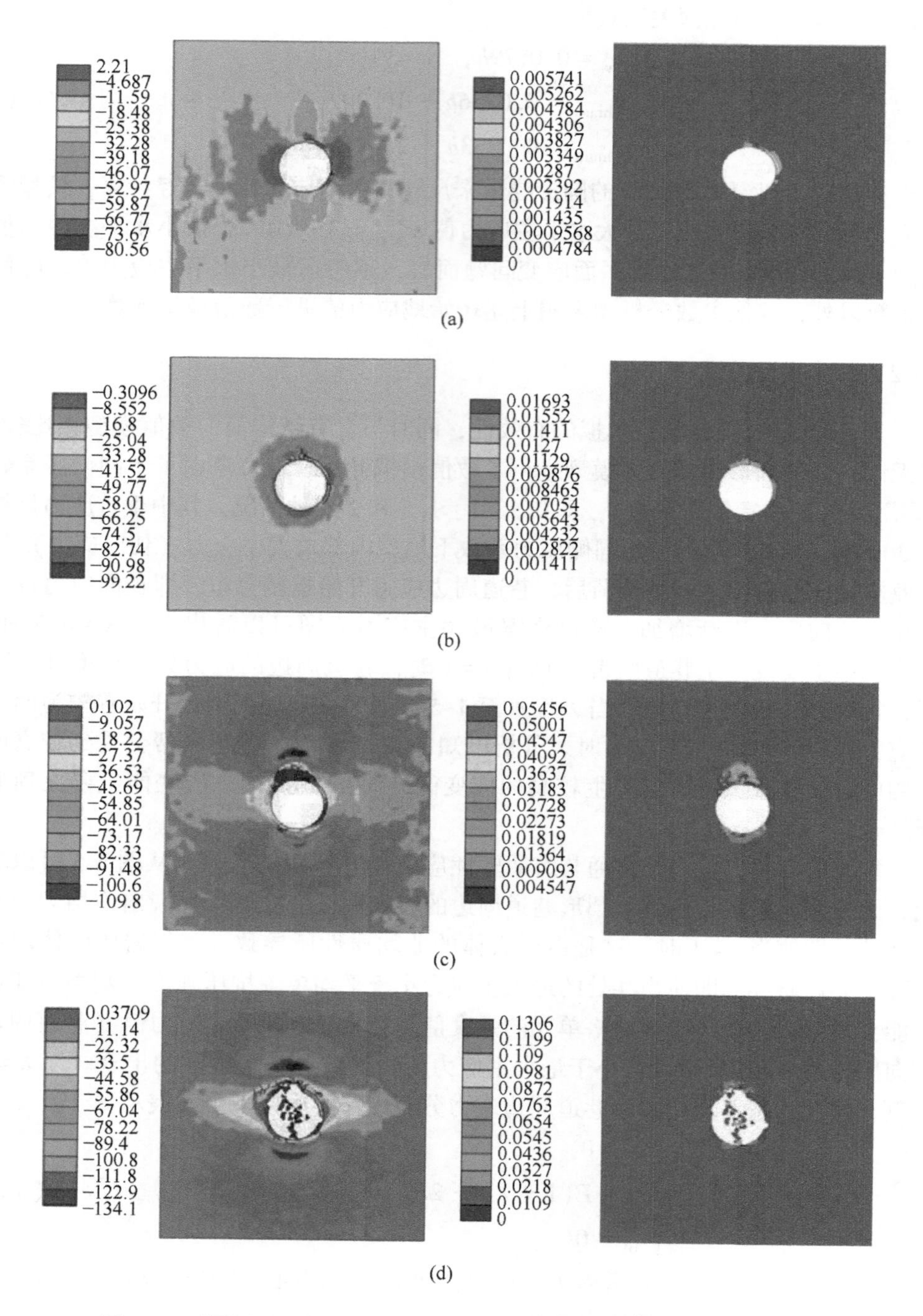

图 6-5　不同侧压系数下最大主应力和有效塑性应变云图（无结构面）

（a）$\lambda=0.5$；（b）$\lambda=1$；（c）$\lambda=1.5$；（d）$\lambda=2$

根据式（6-2），弹性状态下均质圆形巷道周边应力分布如图 6-6 所示。从图中可以看出，巷道周边岩体各点切向应力值均为 60MPa，小于岩石单轴抗压强度 72MPa。在此种情况下，模型内部不会有塑性应变和新生裂纹的出现。然而，该计算结果与图 6-5 数值模拟结果并不相符，这充分说明了岩体非均质性对于巷道围岩破坏的影响。

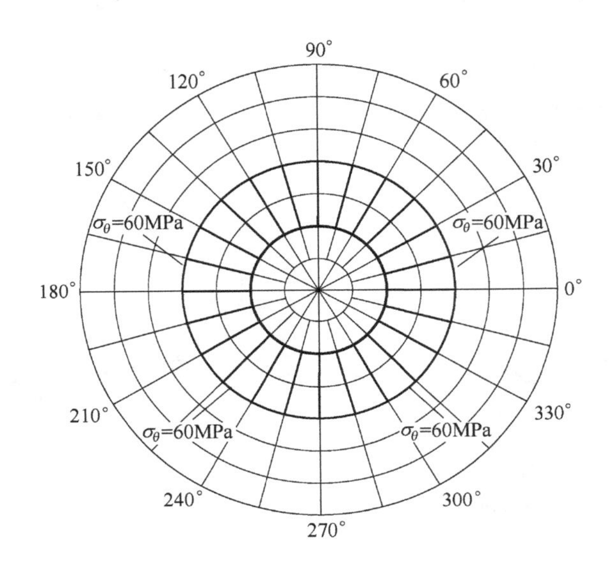

图 6-6　$\lambda=1$ 时弹性状态下均质圆形巷道周边应力分布

图 6-7 绘制了沿四个监测点径向方向的切向应力值分布规律（$t=0.02$s 时）。从图 6-7（a）和图 6-7（b）可以看出，随着径向距离的增加，切向应力值并没有如图 6-7（c）和图 6-7（d）呈现出单调递减的趋势，而是呈现先增加后降低的整体变化趋势。这表明监测点 5 和 6 附近的岩体已经进入塑性变形阶段。从图 6-5（b）中也可以看出监测点 5 和 6 附近产生了一系列的宏观裂纹，而监测点 7 和 8 始终没有裂纹产生。

图 6-8 所示为不同侧压力系数下模型释放应变能时程曲线。当 $\lambda=0.5$ 和 1 时，所释放的应变能维持在很低的水平（11kJ 左右）。在较低初始应力状态下，切向应力很难集中，模型内部所储存的弹性应变能本身就较低，因此所释放的应变能非常有限。随着侧压力系数的增加，岩体内部积聚大量的弹性能。在开挖卸荷的作用之下，巷道周边应力发生重新分布，自由面的形成势必会释放岩体内部大量的弹性能。在此种情况下，巷道围岩破坏程度和范围会有所增加，极有可能诱发岩体动力灾害（岩爆）。

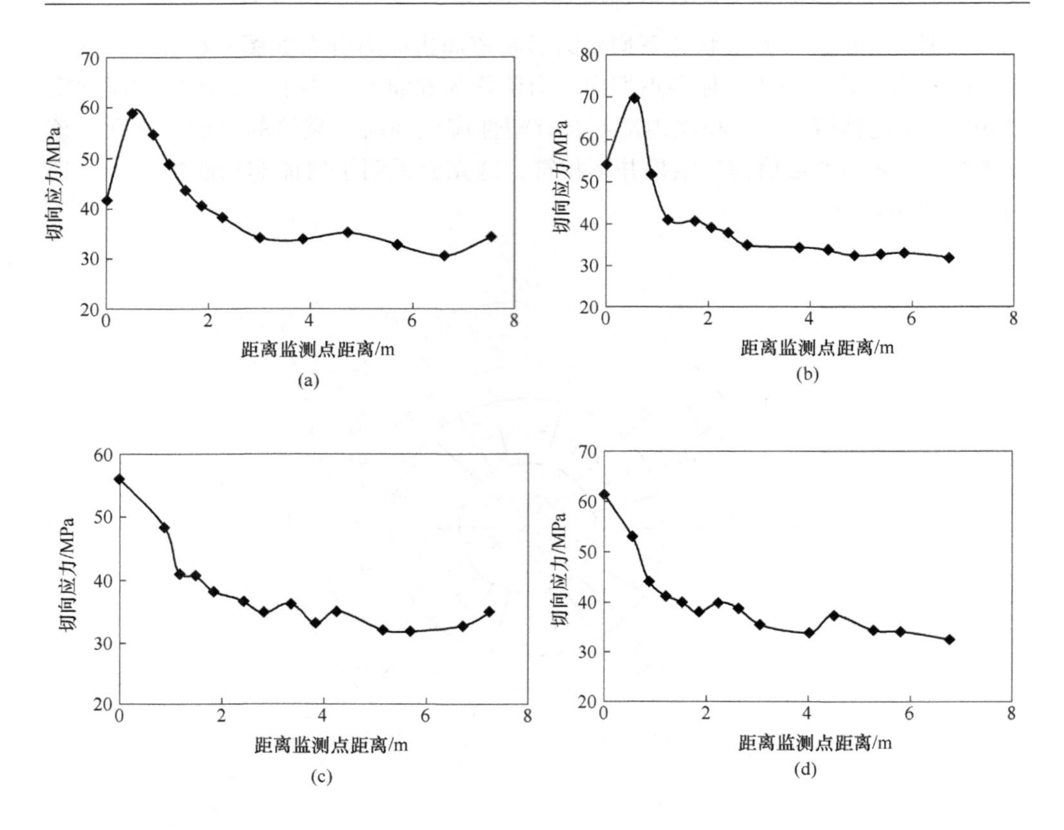

图 6-7　各监测点沿径向方向切向应力值分布规律（t=0.02s）

（a）监测点 5；（b）监测点 6；（c）监测点 7；（d）监测点 8；

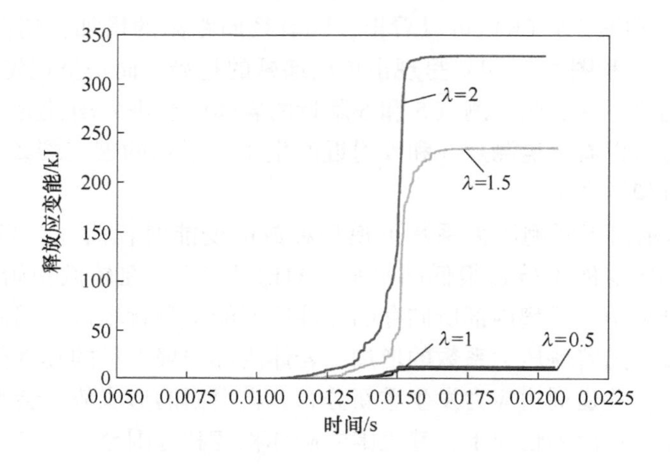

图 6-8　不同侧压系数释放应变能时程曲线

6.2 数值模拟结果与分析

6.2.1 结构面倾角对深埋圆形巷道破坏的影响

本节主要考虑结构面倾角对于深埋圆形巷道围岩破坏的影响。结构面的摩擦系数设定为0.1，结构面暴露于巷道开挖边界（揭露型）。图6-9和图6-10所示为不同结构面倾角最大主应力和有效塑性应变云图。当$\theta=30°$时，在巷道周边及结构面附近处只有少量裂纹的出现。这些裂纹主要是由于开挖卸荷及结构面尖端应力集中所引起的。仔细观察发现，巷道周边所形成的裂纹往往平行于开挖面，属于典型的板裂化破坏，这与Read、Martin和Christiansso等人在现场观察到的板裂化破坏现象是类似的。此时，结构面对巷道围岩破坏的影响较小，裂纹数量和范围也极为有限。随着结构面倾角的增加（45°），圆形巷道围岩破坏程度趋于恶化，破坏范围也进一步扩大。此时，围岩内部的结构面开始发生一定程度的剪切错动，导致结构面附近产生大量的裂纹。另外，由图6-10（b）也可以看出，巷道顶板处有效塑性应变值明显增加。一方面，开挖卸荷引起的板裂化破坏

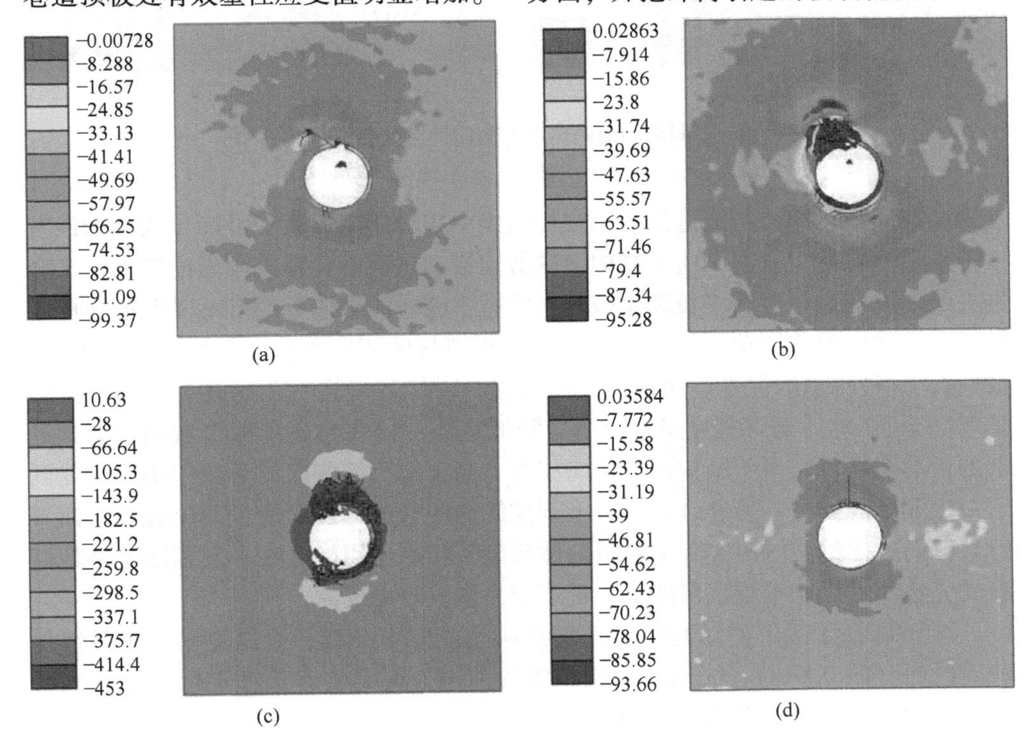

图6-9 不同结构面倾角下最大主应力云图（揭露型）

（a）$\theta=30°$；（b）$\theta=45°$；（c）$\theta=60°$；（d）$\theta=90°$

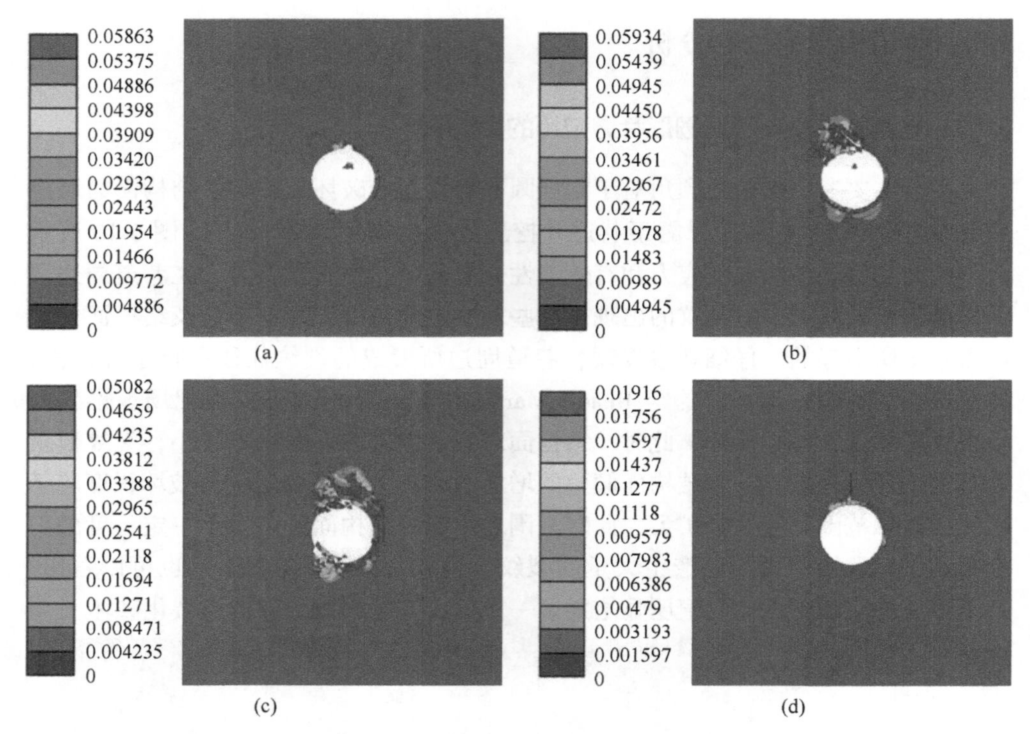

图 6-10　不同结构面倾角下有效塑性应变云图（揭露型）

（a）$\theta=30°$；（b）$\theta=45°$；（c）$\theta=60°$；（d）$\theta=90°$

使得结构面附近应力与能量集中，在切向集中应力作用下极有可能导致结构面发生剪切错动；另一方面，由于结构面在剪切错动过程中会释放剧烈的能量，又会进一步诱发巷道周边围岩板裂化破坏。此时，破坏的岩体呈现出不规则状（剪切破坏，结构面滑移错动导致）与板片状（板裂化破坏所致）并存的特性。当 $\theta=60°$时，这种相互的促进作用被进一步加强，破坏程度进一步恶化。当结构面倾角增加至 90°时，破坏程度呈现出明显降低趋势，仅在巷道顶板及右侧观察到局部的板裂化破坏。由于结构面与切向应力方向正交，结构面的活化作用反而受到了一定程度的抑制。另外，高应力下开挖卸荷使巷道周边形成板裂化破坏，而平行于径向方向的结构面实际上对板裂体起到了切割作用，这在一定程度上破坏岩板的完整性，因此很难积聚能量，更不容易诱发岩爆现象。

图 6-11 所示为不同结构面倾角释放应变能时程曲线。可以看出，在弹性加载阶段内（0~0.01s），无论结构面倾角为何值，都不会有应变能的释放，此阶段属于能量逐渐累积的过程。在 0.01s 以后，圆形巷道被开挖。在开挖卸荷阶段，应变能开始逐渐得到释放。从图中还可以看出，随着结构面倾角的增加，释放应变能呈现出先增加后降低的变化趋势。最大释放应变能值发生于 $\theta=60°$时

（大于 500kJ），其次是 45°和 30°，最后是 90°。数值模拟结果表明结构面倾角对于深埋圆形巷道破坏具有重要的影响。

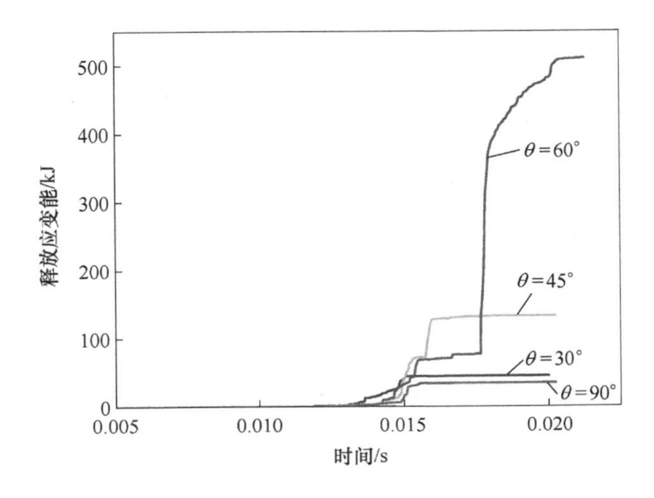

图 6-11　不同结构面倾角释放应变能时程曲线（揭露型）

6.2.2　结构面摩擦系数对深埋圆形巷道破坏的影响

在本节中，考虑了三种不同的结构面摩擦系数。图 6-12～图 6-15 所示为不同摩擦系数结构面（揭露状态）在倾角为 30°、45°、60°和 90°时的圆形巷道破坏全过程。图 6-16 所示为不同摩擦系数和倾角结构面（揭露状态）的释放应变能

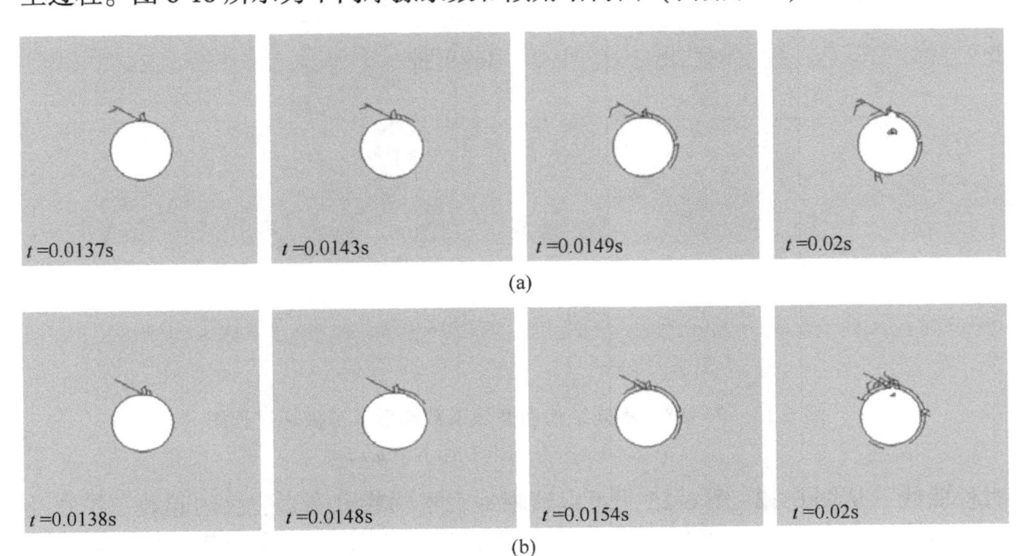

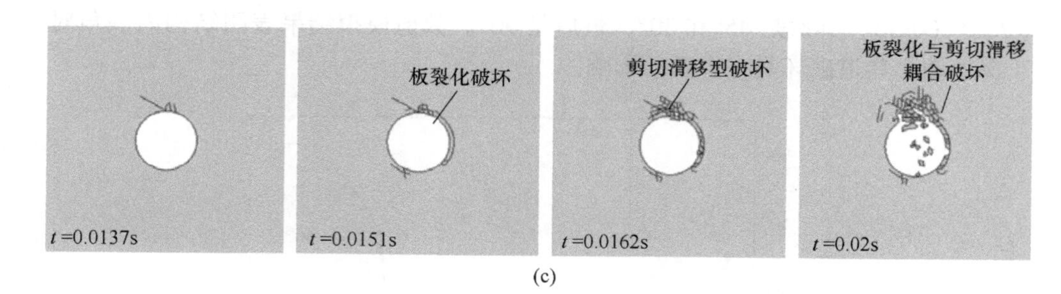

图 6-12 $\theta=30°$时不同结构面摩擦系数圆形巷道破坏过程图

（a）$\mu=0.1$；（b）$\mu=0.5$；（c）$\mu=1$

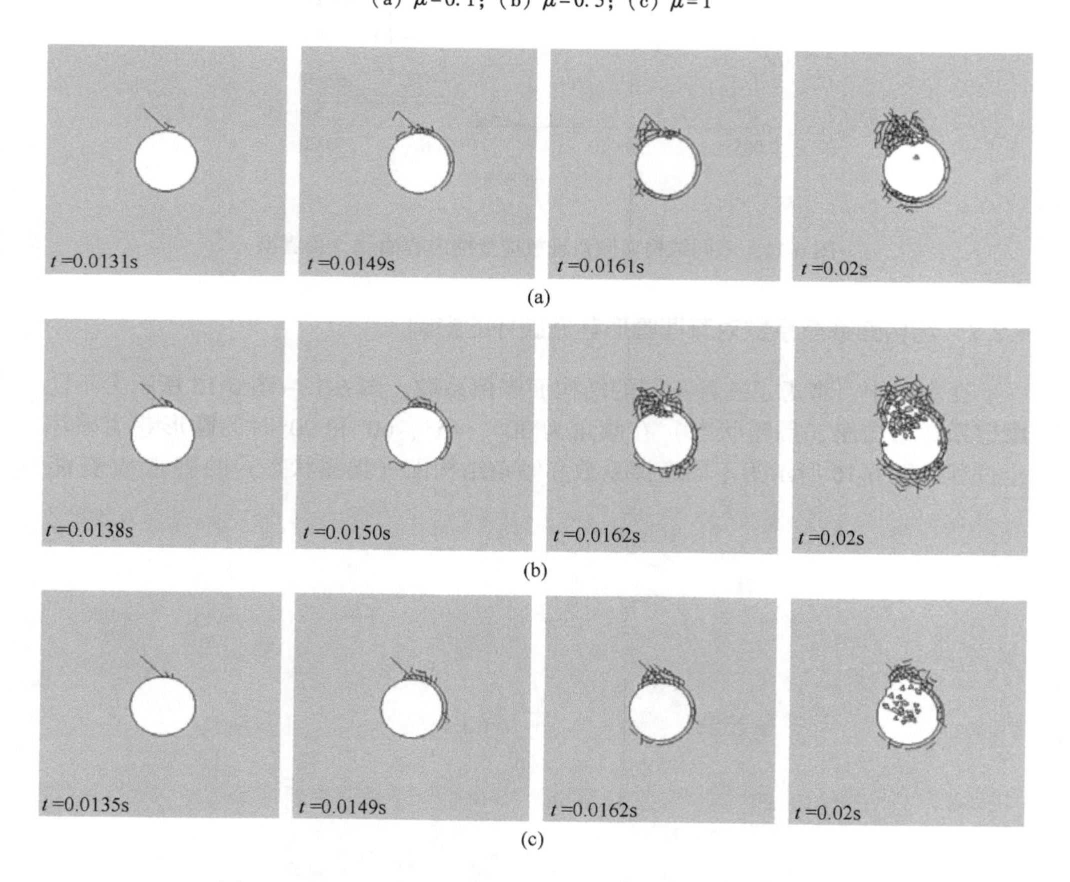

图 6-13 $\theta=45°$时不同结构面摩擦系数圆形巷道破坏过程图

（a）$\mu=0.1$；（b）$\mu=0.5$；（c）$\mu=1$

时程曲线。从图 6-12～图 6-15 中可以清晰地观察到巷道围岩裂纹的起裂、扩展及贯通行为。从以上图中可以看出，裂纹的起裂始终处于开挖卸荷阶段（0.01～0.015s），这表明岩体此时就已经发生了初始损伤与破坏，而并非是在 0.015s 以后。另外，无论结构面摩擦系数和倾角为何值，裂纹的起裂位置总是处于圆形巷道顶板处。由所施加的地应力可知，最大切向应力主要集中于巷道顶底板处。而底板此时并没有发生破坏，这可能是由于岩体的非均质性和结构面所处的位置决定的。随着卸载的持续进行，裂纹开始进一步扩展。

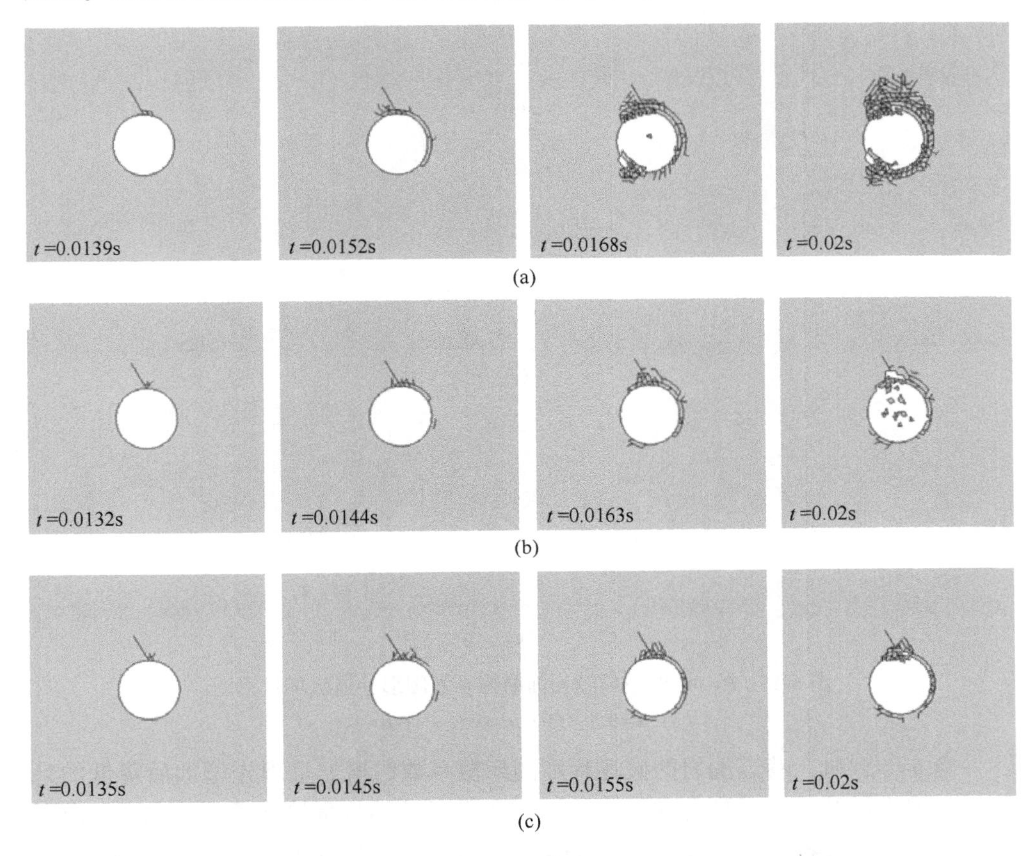

图 6-14 $\theta=60°$时不同结构面摩擦系数圆形巷道破坏过程图

(a) $\mu=0.1$；(b) $\mu=0.5$；(c) $\mu=1$

当 $\theta=30°$时，巷道围岩的破坏程度随摩擦系数的增加呈现单调递增趋势。当摩擦系数μ为 0.1 时（见图 6-12（a））,在巷道周边仅观察到了局部的板裂化破坏。随着 μ 的增加，巷道围岩破坏程度持续恶化，破坏范围也有所扩大。由图 6-16（a）可知，当$\mu=1$ 时，最大释放应变能高达 130kJ，几乎是其他两种情况的 2~3 倍，说明此种情况下破坏程度更加剧烈。另外，从图 6-12（c）中不仅观察到板裂化破坏，还伴有剪切滑移破坏，冒落的岩体中既有厚度较薄的岩板也有形状各异的岩块。当 $\theta=30°$时，结构面对于巷道破坏的影响在$\mu=1$ 时得到了最大化体现。

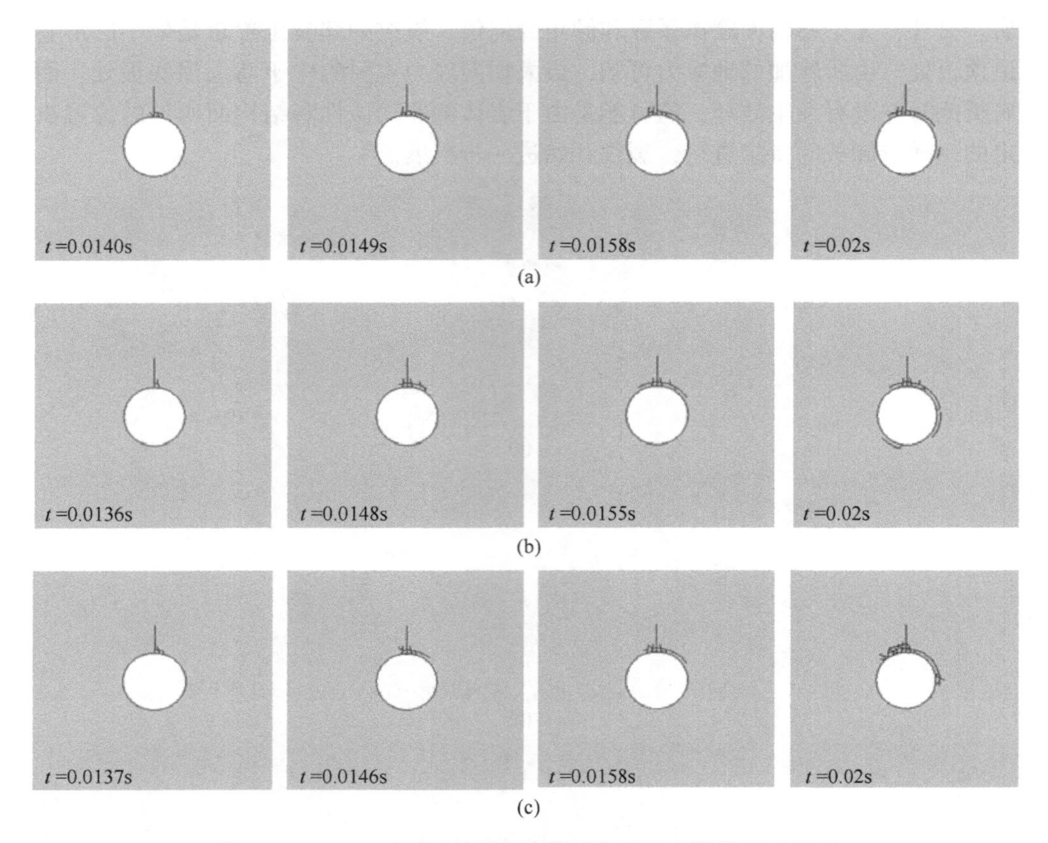

图 6-15　$\theta=90°$时不同结构面摩擦系数圆形巷道破坏过程图

（a）$\mu=0.1$；（b）$\mu=0.5$；（c）$\mu=1$

当 $\theta=45°$时，巷道围岩的破坏程度随摩擦系数的增加呈现先增加后降低的趋势。数值模拟结果表明最有利于裂纹扩展和贯通的结构面摩擦系数为 0.5。由图 6-16（b）可以看出，三种摩擦系数下对应的释放应变能分别为 132.3kJ，324.5kJ 和 104.9kJ。通过观察图 6-13 可知，当 $\mu=0.5$ 时，巷道周边产生了更多的裂纹，同时这些裂纹主要分布于巷道顶底板内。

当 $\theta=60°$时，巷道围岩的破坏程度随摩擦系数的增加呈现单调递减趋势。由图 6-16（c）可知，当 $\mu=0.1$、0.5 和 1 所对应的释放应变能分别为 510.4kJ，85.4kJ 和 68.3kJ。这表明此时最有利于裂纹扩展和贯通的结构面摩擦系数为 0.1，而最不利于裂纹扩展和贯通的结构面摩擦系数为 1。由图 6-14 可以看出当 μ 为0.5 和 1 时，在巷道周边仅观察到了局部的板裂化破坏，并伴有少量的岩板或岩块冒落。当 $\mu=0.1$ 时，破坏程度明显恶化，破坏范围也迅速扩大，此种情况下很有可能诱发岩体岩爆灾害。

图 6-15 所示为当 $\theta=90°$时不同结构面摩擦系数圆形巷道破坏过程图。从图

中可以看出，不同倾角下巷道围岩的破坏程度和破坏范围并没有明显的区别，这表明当 $\theta=90°$时，结构面摩擦系数对于巷道破坏影响很小。另外，巷道破坏程度和范围明显降低，巷道稳定性较好，并没有发生大面积的垮塌与冒落。由图 6-16（d)可知，$\mu=0.1$、0.5 和 1 所对应的释放应变能较低，分别为 35.8kJ，41.1kJ 和 40.2kJ，这也进一步验证了上述的观点。

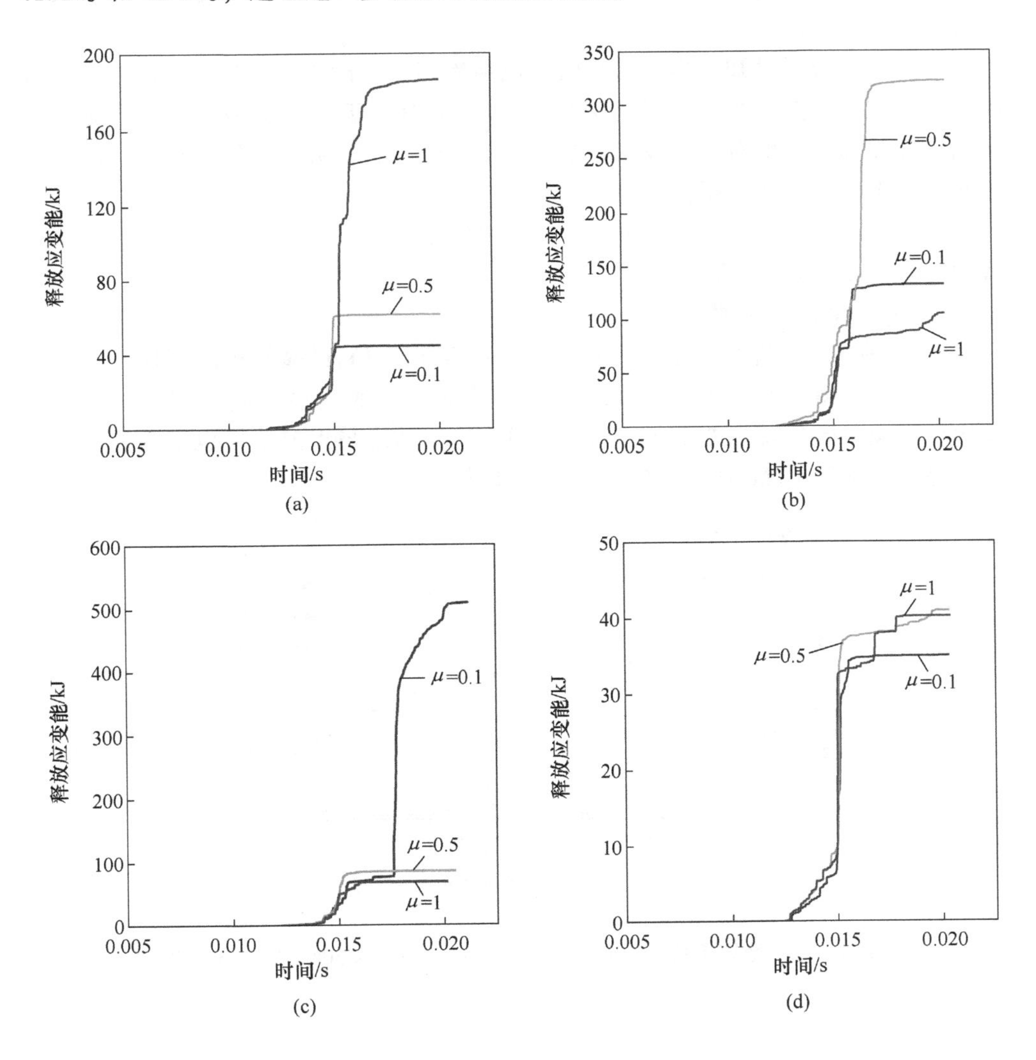

图 6-16 不同摩擦系数结构面（揭露状态）在倾角为 30°（a）、45°（b）、60°（c）和 90°（d）时的释放应变能时程曲线

通过以上分析可知，深埋高应力圆形巷道围岩破坏会受到结构面倾角和摩擦系数的共同作用与影响。图 6-17 所示为不同摩擦系数结构面在倾角为 30°、45°、

60°和90°时最大释放应变能值变化规律。由图6-17可知，最有利于导致巷道围岩裂纹扩展和贯通（最容易导致围岩发生破坏）的倾角与结构面摩擦系数密切相关。这两个因素是相互联系不可分割的。根据Wong等人的描述，将预制裂隙摩擦系数取为0.2，当预制裂隙倾角为25°时（预制裂隙与水平方向的夹角），试样内部裂纹最不容易扩展，而当预制裂隙倾角增加至60°时，此时裂纹的扩展最为有利。

通过对比分析可知，当前的数值模拟结果与Wong等人的数值模拟结果具有相似性，即当摩擦系数较低时（0.1~0.2），最有利于裂纹扩展和贯通的结构面倾角往往较高，一般对应于60°左右。Ashby和Hallam认为，最有利于裂隙成核的倾角可由以下公式获得：

$$\theta = 1/2 \tan^{-1}(1/\mu) \tag{6-3}$$

式中　θ——结构面倾角，(°)；

　　μ——结构面摩擦系数。

Wong和Chau调查了含有两条预制裂隙类岩石材料的裂纹扩展规律。在他们的实验中，摩擦系数处于0.6~0.9之间，实验结果表明最有利于裂纹扩展和成核的预制裂隙倾角总是处于25°~30°之间。这一结论与当前结果也较为相似，进一步验证了基于FEM/DEM数值模拟的正确性。

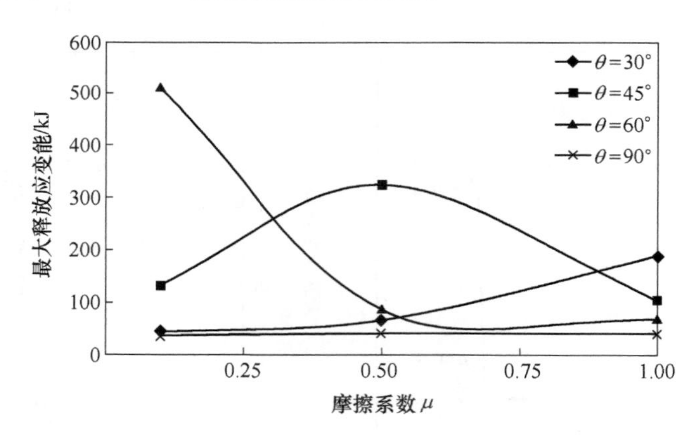

图6-17　不同摩擦系数结构面（揭露状态）在倾角为30°、45°、60°和90°时的最大释放应变能变化规律

6.2.3　结构面位置（揭露或非揭露）对深埋圆形巷道破坏的影响

为了分析结构面所处位置对于圆形巷道围岩破坏的影响，本节主要对含有非揭露型结构面圆形巷道开挖卸荷响应进行了数值模拟计算，目的是为了与6.2.1节中含有揭露型结构面的情况进行对比分析。摩擦系数设定为0.1。图6-18和

图 6-19所示为非揭露型结构面在倾角为30°、45°、60°和90°时的最大主应力和有效塑性应变云图。

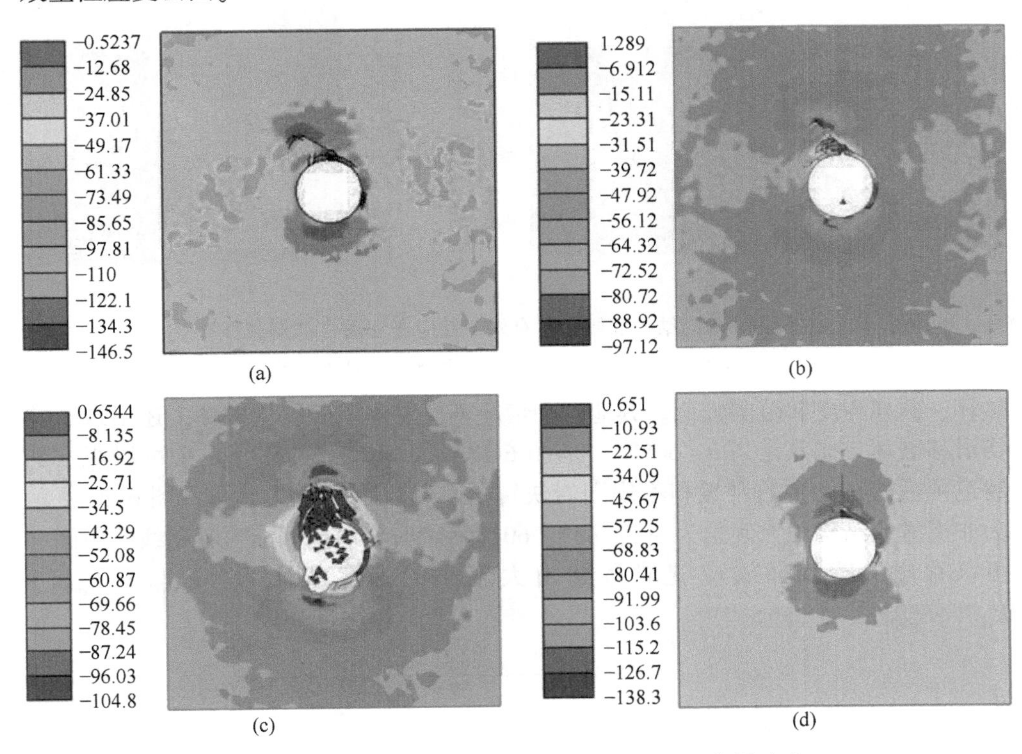

图 6-18 不同结构面倾角下最大主应力云图（非揭露型）

(a) $\theta=30°$；(b) $\theta=45°$；(c) $\theta=60°$；(d) $\theta=90°$；

当含有非揭露型结构面时，在开挖卸荷作用下，圆形巷道围岩的破坏程度和范围随倾角的增加同样呈现出先增加后降低的趋势。新生裂纹和有效塑性应变主要分布于巷道顶板处。另外，当 $\theta=30°$和 90°时，巷道周边仅出现局部的板裂化

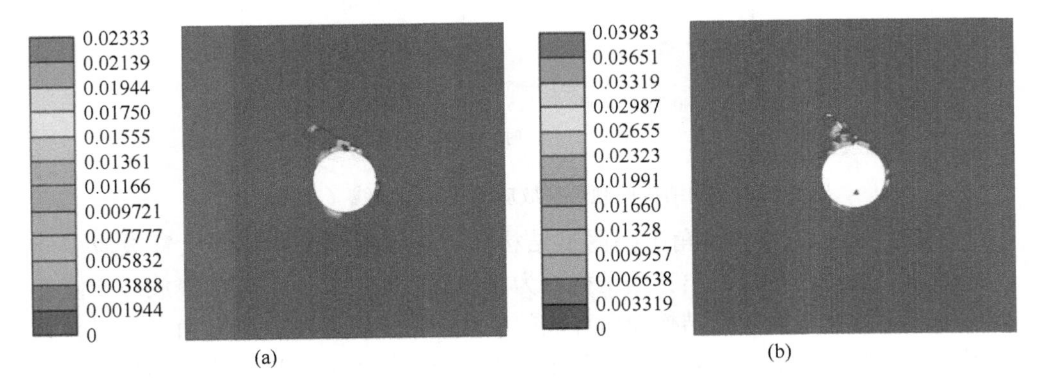

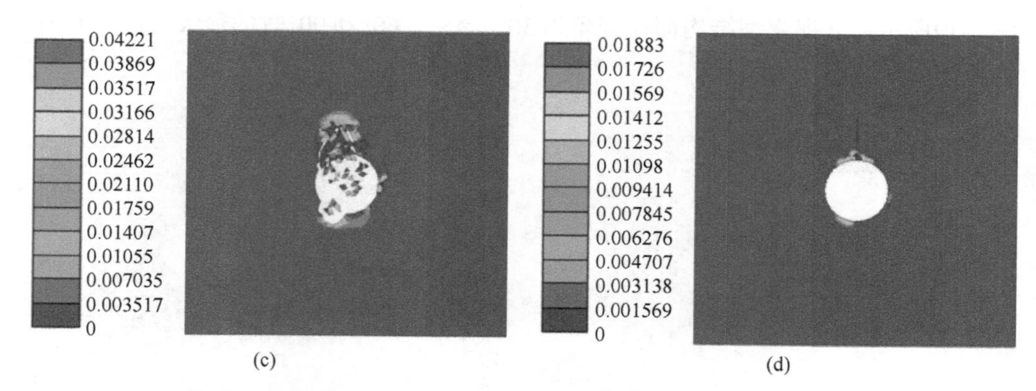

图 6-19　不同结构面倾角下有效塑性应变云图（非揭露型）

（a）$\theta=30°$；（b）$\theta=45°$；（c）$\theta=60°$；（d）$\theta=90°$

破坏，破坏程度和范围较低。其他两种情况不仅发生了板裂化破坏，还出现了剪切滑移破坏，尤其是当 $\theta=60°$ 时。从图 6-18（c）和图 6-19（c）中可以观察到巷道顶板处有大量的岩板和不规则岩块冒落，破坏程度最为严重。图 6-20 所示为非揭露型结构面在倾角为 30°、45°、60°和 90°时释放应变能时程曲线。由图中可以看出，最大释放应变能按照由大到小的顺序依次为：$E_{d60°}>E_{d45°}>E_{d30°}>E_{d90°}$。

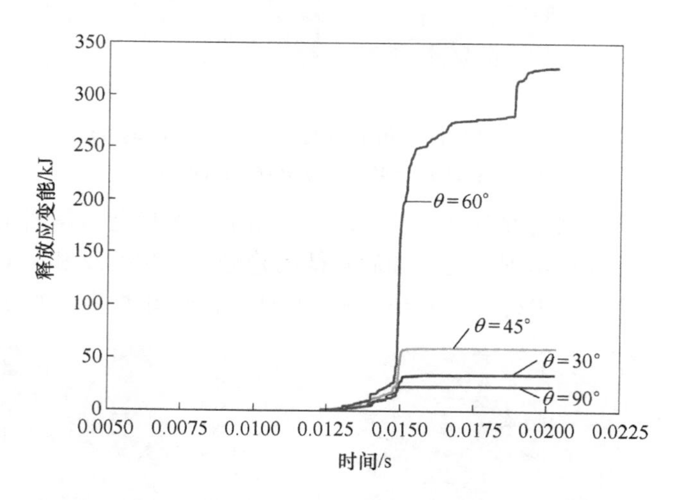

图 6-20　不同结构面倾角释放应变能时程曲线（非揭露型）

图 6-21 所示为不同倾角下揭露型结构面与非揭露型结构面最大释放应变能变化规律。由图中可以看出，当结构面为非揭露型时，其所对应的释放应变能值均小于同等倾角下揭露型结构面所释放的应变能值。这表明：当倾角一定时，含非揭露型结构面圆形巷道破坏程度要小于含揭露型结构面圆形巷道破坏程度。当

$\theta=45°$和 60°时，这种差别会变得更加明显。对于非揭露型结构面，结构面与隧洞边墙还没有连通，因此在巷道开挖面与结构面之间仍然存在一定厚度的岩体。相对完整岩体的存在削弱了板裂化破坏对于结构面的活化作用，此种情况下，结构面的滑移和错动会受到一定程度的削弱和抑制。另外，由于非揭露型结构面本身与巷道开挖边界存在一定距离，开挖卸荷在该处所造成的应力集中程度要比揭露型结构面略低，因此作用于结构面上的剪应力也就会有所降低。相比于揭露型结构面而言，含非揭露型结构面的巷道更不容易发生岩爆现象。

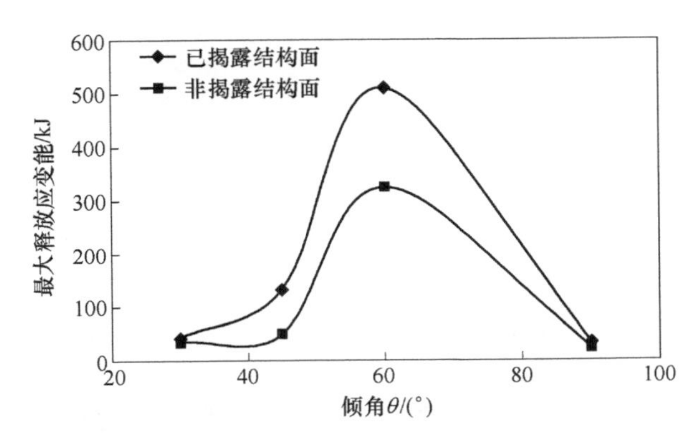

图 6-21 不同倾角下揭露型与非揭露型结构面最大释放应变能变化规律

6.2.4 侧压力系数对深埋圆形巷道破坏的影响

研究不同侧压力系数下含结构面圆形巷道破坏特性是非常有必要的。在本节中，结构面摩擦系数设定为 0.1，结构面均为非揭露型，侧压力系数分别取为 0.5、1、1.5 和 2，其中垂直应力恒为 30MPa。图 6-22～图 6-25 所示为不同侧压力系数下结构面倾角为 30°、45°、60°和 90°时的圆形巷道破坏全过程。数值模拟结果表明巷道的破坏程度和范围与侧压力系数 λ 密切相关。当 $\lambda=0.5$ 时，无论结构面倾角为何值，巷道围岩的破坏程度最低，仅在巷道顶板及右侧观察到局部的板裂化破坏。当 $\lambda=1$ 时，其破坏程度和范围较 $\lambda=0.5$ 时略有增大，但此时初始应力值仍较小，所造成的切向应力集中程度并不高。从图中还可以看出，随着侧压力系数的增加，巷道顶板靠近结构面处的新生裂纹有逐渐增加的趋势。当 λ 增加至 1.5 时，巷道围岩破坏程度进一步恶化，大量裂纹分布于巷道顶底板处（尤其是巷道顶板附近）。当 $\lambda=2$ 时，在巷道顶底板处存在明显的应力集中。开挖边界处的板裂化破坏持续向围岩内部扩展，造成非揭露型结构面的剪切与错动。与此同时，结构面在剪切错动过程中会释放大量的能量，进一步诱发板裂化围岩结构的失稳破坏。此时，两种破坏形式相互作用、相互促进。因此，岩体动力灾害（岩爆）往往发生于侧压力系数较高的情况下。

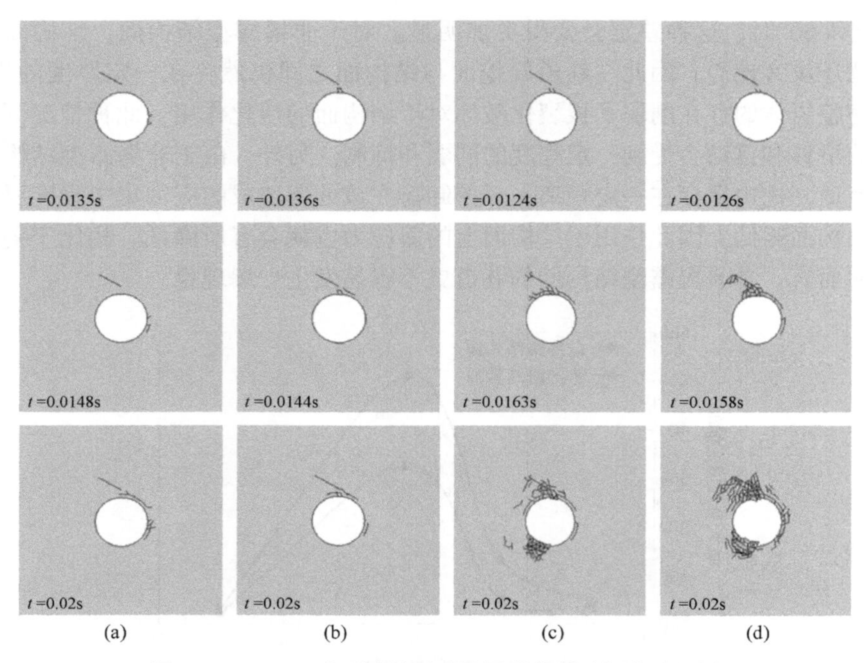

图 6-22　$\theta=30°$时不同侧压系数圆形巷道破坏全过程图

（a）$k=0.5$；（b）$k=1$；（c）$k=1.5$；（d）$k=2$；

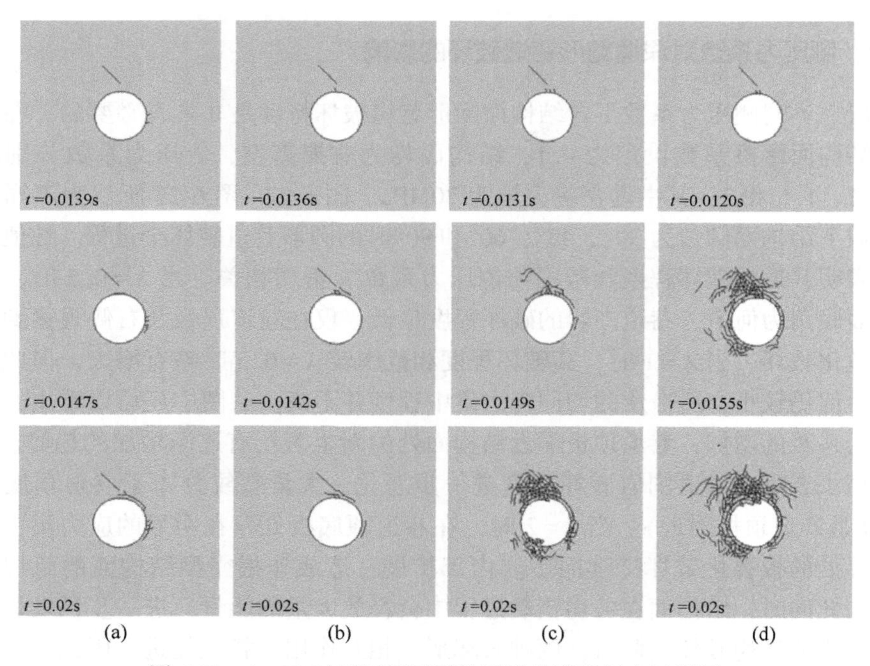

图 6-23　$\theta=45°$时不同侧压系数圆形巷道破坏全过程图

（a）$k=0.5$；（b）$k=1$；（c）$k=1.5$；（d）$k=2$；

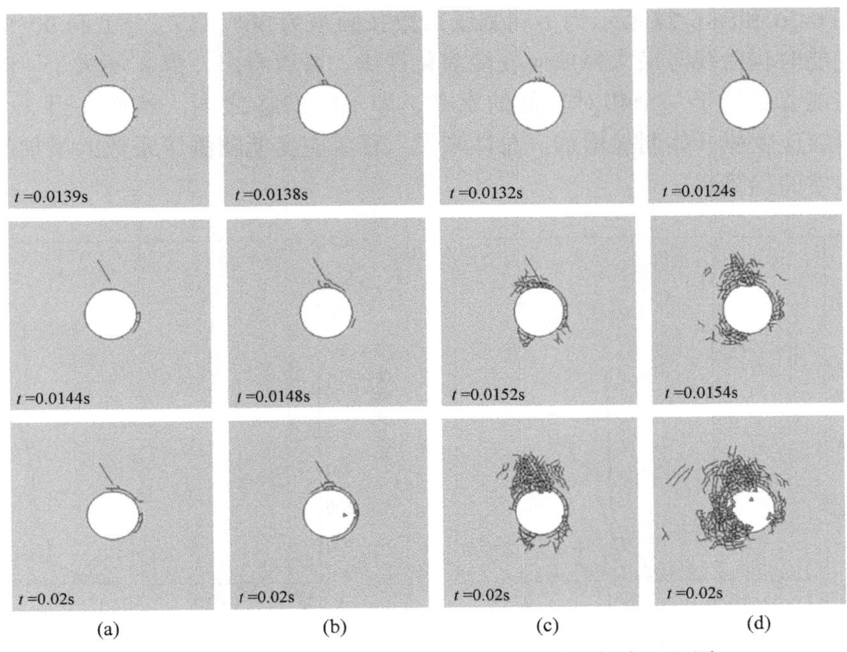

图 6-24 $\theta=60°$时不同侧压系数圆形巷道破坏全过程图

(a) $k=0.5$; (b) $k=1$; (c) $k=1.5$; (d) $k=2$

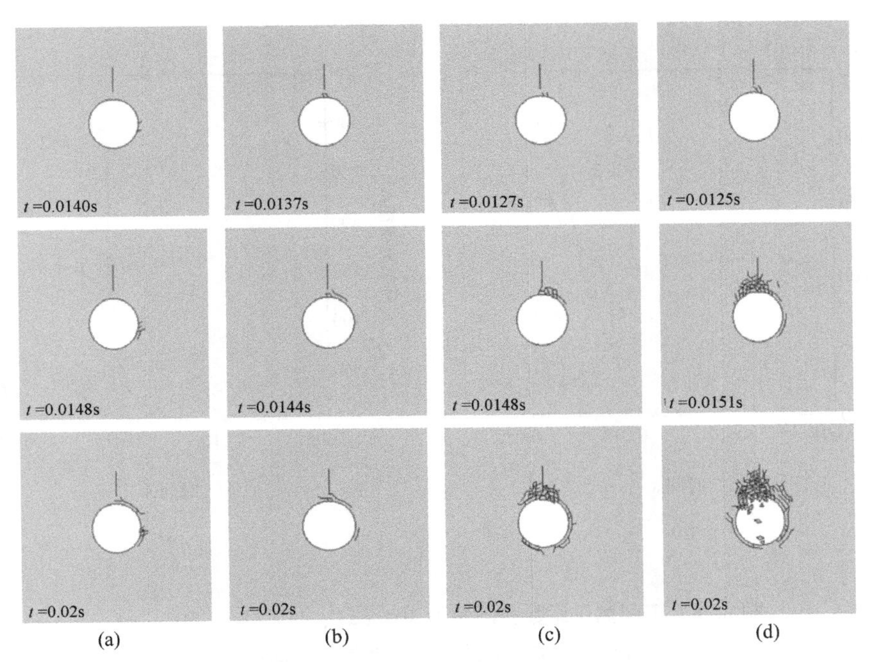

图 6-25 $\theta=90°$时不同侧压系数圆形巷道破坏全过程图

(a) $k=0.5$; (b) $k=1$; (c) $k=1.5$; (d) $k=2$

图 6-26 和图 6-27 所示为不同侧压系数在倾角为 30°、45°、60°和 90°时的释放应变能时程曲线与最大释放应变能演化规律。可以看出，当 λ 不大于 1 时，释放应变能总是处于一个相对较低的水平，即 10～20kJ 之内。然而，当 λ 大于 1 时，释放应变能开始明显增加。总体来说，释放应变能随侧压系数的增加呈现出单调递增的趋势。

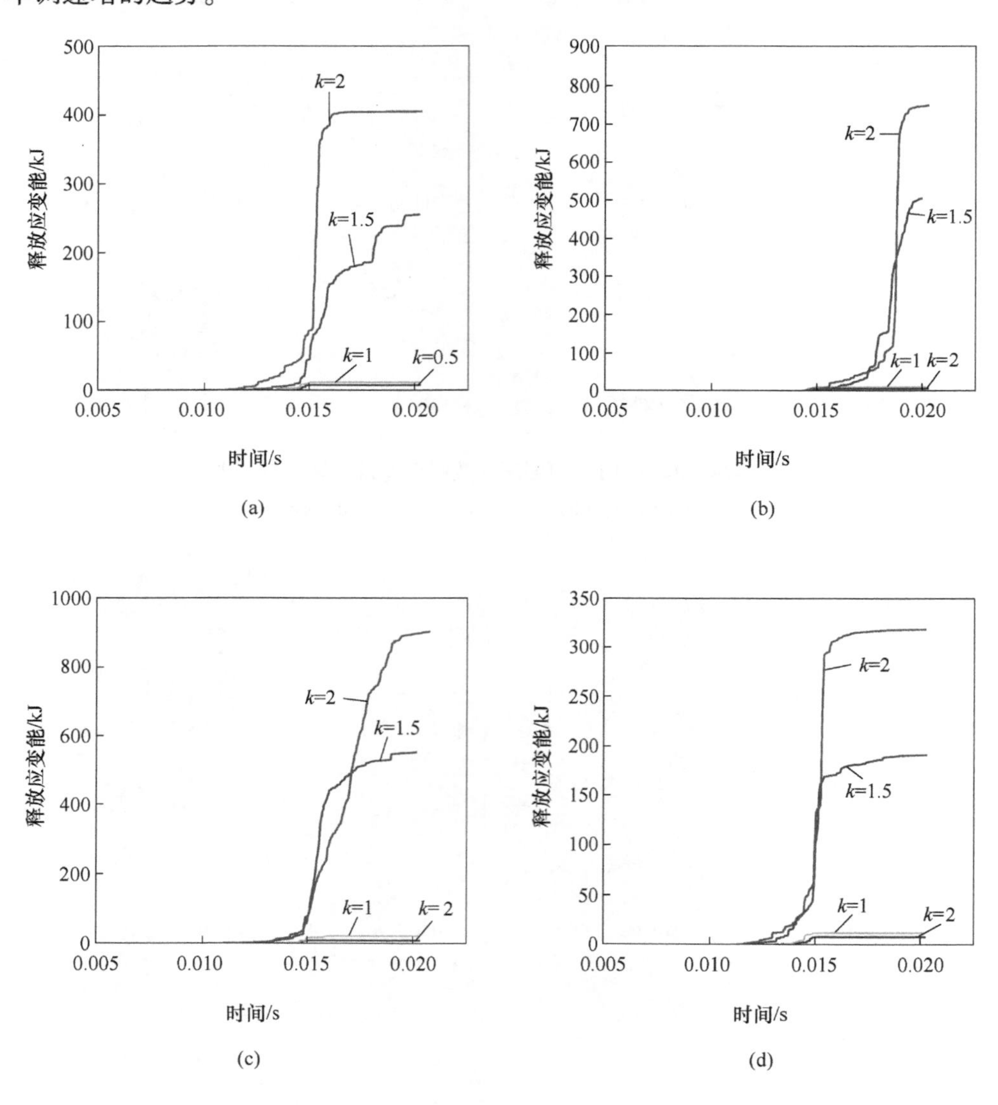

图 6-26　不同侧压系数在倾角为 30°（a）、45°（b）、60°（c）和 90°（d）时的释放应变能时程曲线

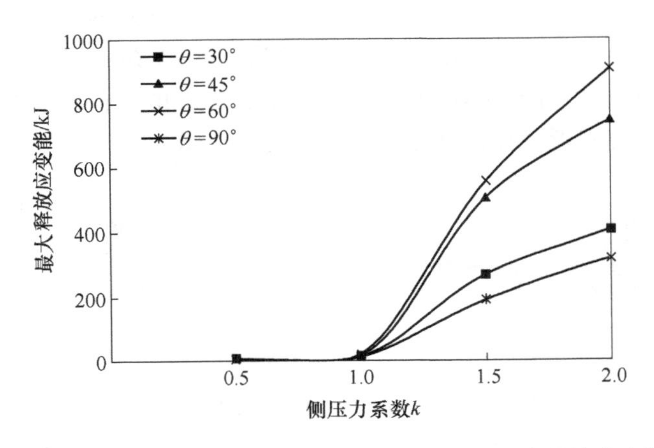

图 6-27 不同侧压系数在倾角为 30°、45°、60°和 90°时最大释放应变能演化规律

为了更好地说明侧压力系数和结构面对于深埋高应力圆形巷道破坏程度的影响，图 6-28 和图 6-29 分别给出了各监测点在不同侧压力系数下有效塑性应变时程曲线和最大有效塑性应变值随结构面倾角的变化规律。对于监测点 5 而言（巷道顶板），当 $\lambda=0.5$ 时，无论结构面倾角为何值，有效塑性应变始终维持在一个较低的水平。随着侧压力系数的增加，有效塑性应变呈现单调递增趋势。当 λ 一定时，有效塑性应变由大到小排列顺序依次为：$S_{p60°}>S_{p45°}>S_{p30°}>S_{p90°}$。对于监测点 6 而言（巷道右侧），在 $\lambda=0.5$ 时，无论倾角为何值，有效塑性应变值始终维持在一个相对较高的水平（大于 0.06），如图 6-29（b）所示。然而，当 $\lambda=1$ 时，各倾角所对应有效塑性应变有所降低（低于 0.04），这表明在当前应力状态下，该处塑性应变值得到了一定程度的抑制。随着 λ 的进一步增加，有效塑性应变值又开始继续增加。此时，由于巷道顶底板发生持续的大规模的破坏，进一步促进了巷道周边应力的重分布，并逐渐波及巷道边墙附近，在岩体的非均质性作用下，巷道右侧有效塑性应变值增大。对于监测点 7 而言（巷道底板），在 $\lambda=0.5$ 时，有效塑性应变值始终为零。在 $\lambda=1$ 时，除了 $\theta=60°$ 以外，其他结构面倾角所对应的有效塑性应变值也为零。对比分析监测点 5 和 7 可知，在同样的初始应力状态下，二者塑性应变值具有明显的差别，这主要是与岩体的非均质性和结构面所处位置有关。当 λ 不大于 1 时，有效塑性应变明显增加，但仍小于同等状况下监测点 5 的塑性应变值。对于监测点 8（巷道左侧），当 λ 不大于 1 时，有效塑性应变值均为零。相比较于监测点 6 而言，相对较高的岩体强度使得巷道左侧岩体处于相对稳定的状态。图 6-5 也对上述结果进行了有效的验证。当 λ 为 1.5 时，在较大的水平应力作用下，有效塑性应变开始增加，但始终保持在较低的水平以内。值得注意的是，该监测点有效塑性应变值在 $\lambda=2$ 时出现了大幅的增加，尤其是当 $\theta=45°$ 和 60°时，均高于 0.08，表明此处岩体发生了明显的破

坏。通过分析可知，在侧压力系数较大时，倾角为 45°和 60°的巷道围岩破坏得到进一步恶化。由于巷道顶板结构面朝向左侧倾斜，在开挖卸荷及剪切滑移的双重作用下，巷道上方左侧岩体内裂隙发育程度要高于巷道上方右侧岩体，最终扩展至巷道左侧边墙附近，导致该处发生大规模的破坏。

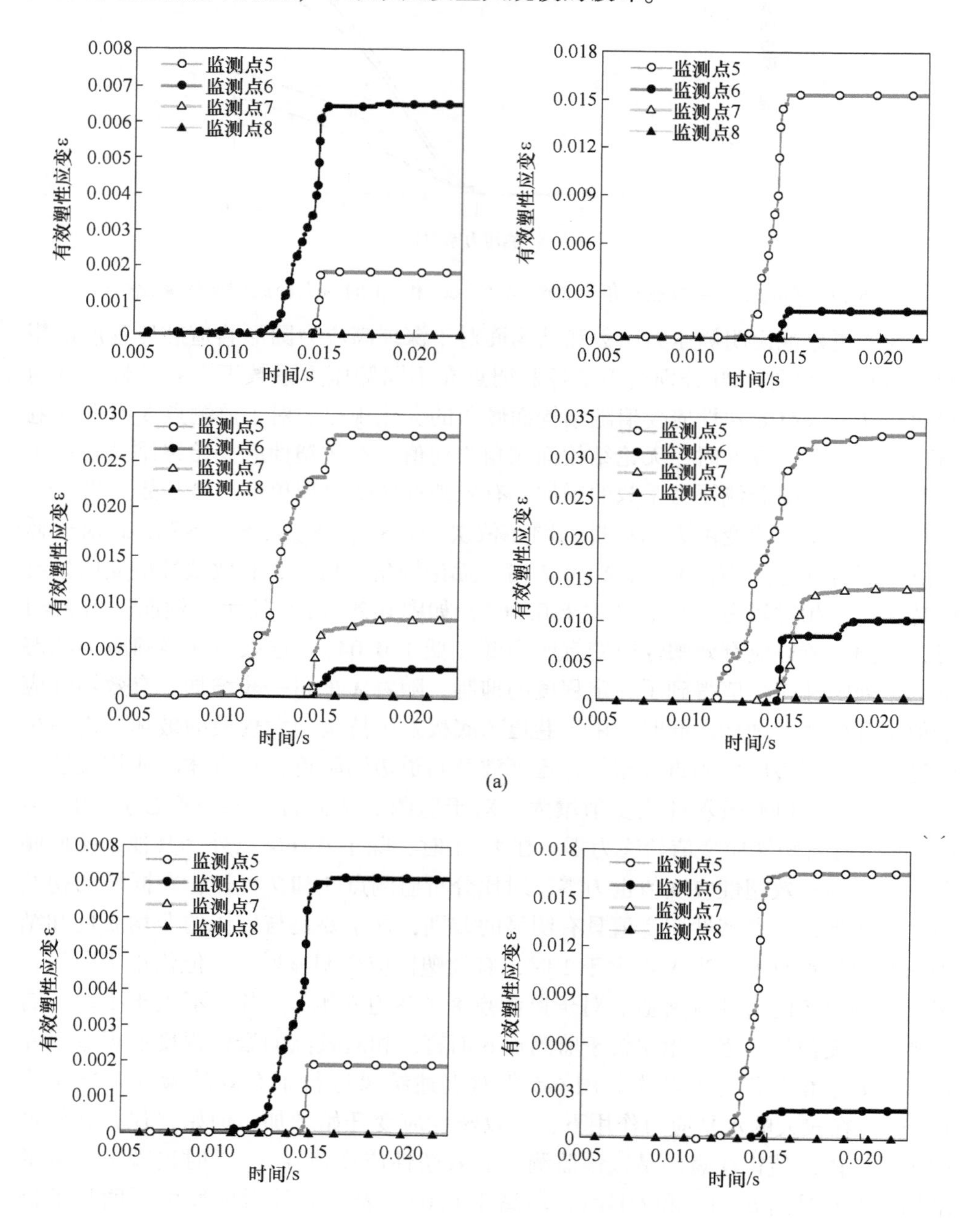

(a)

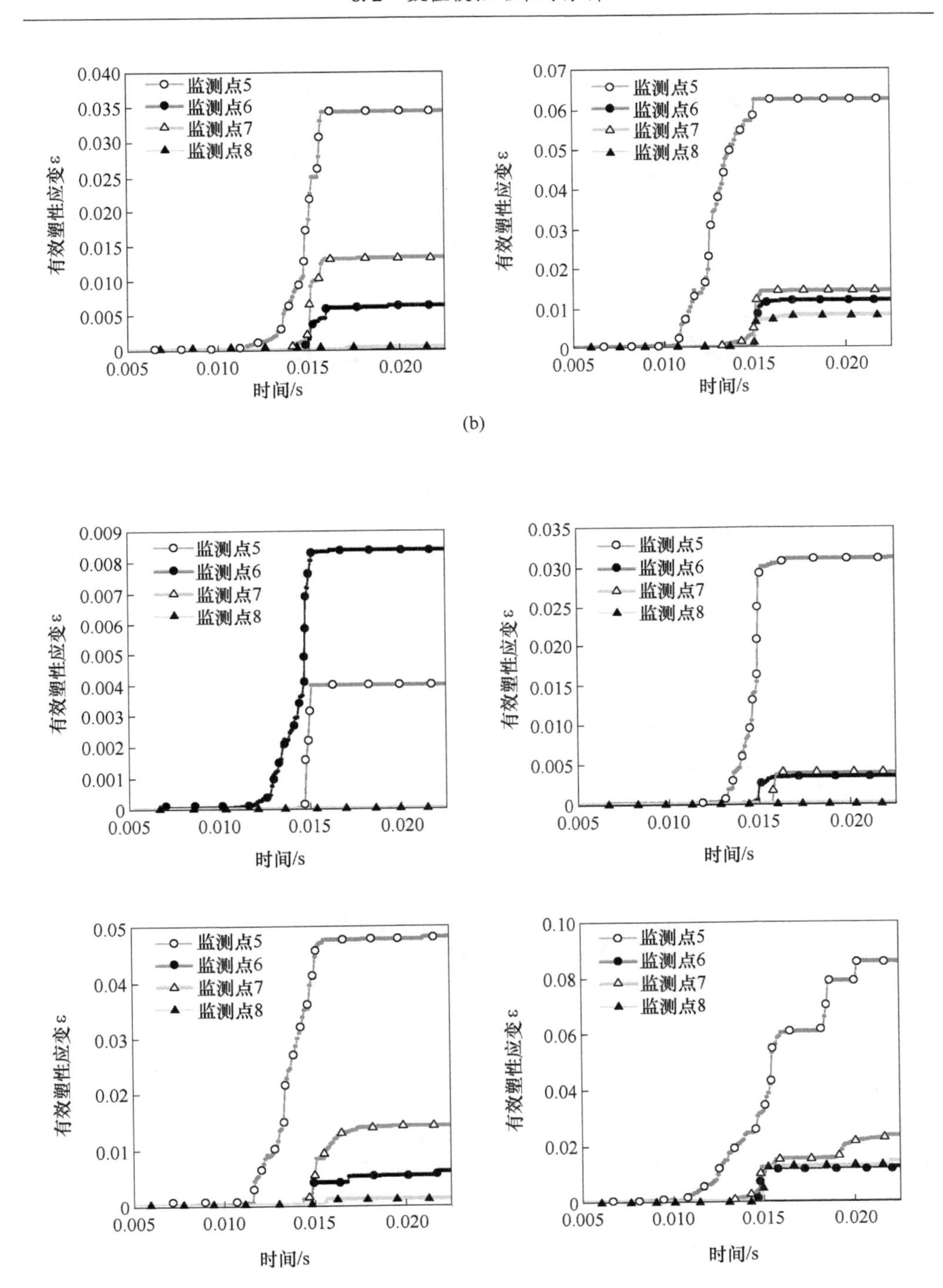

(b)

(c)

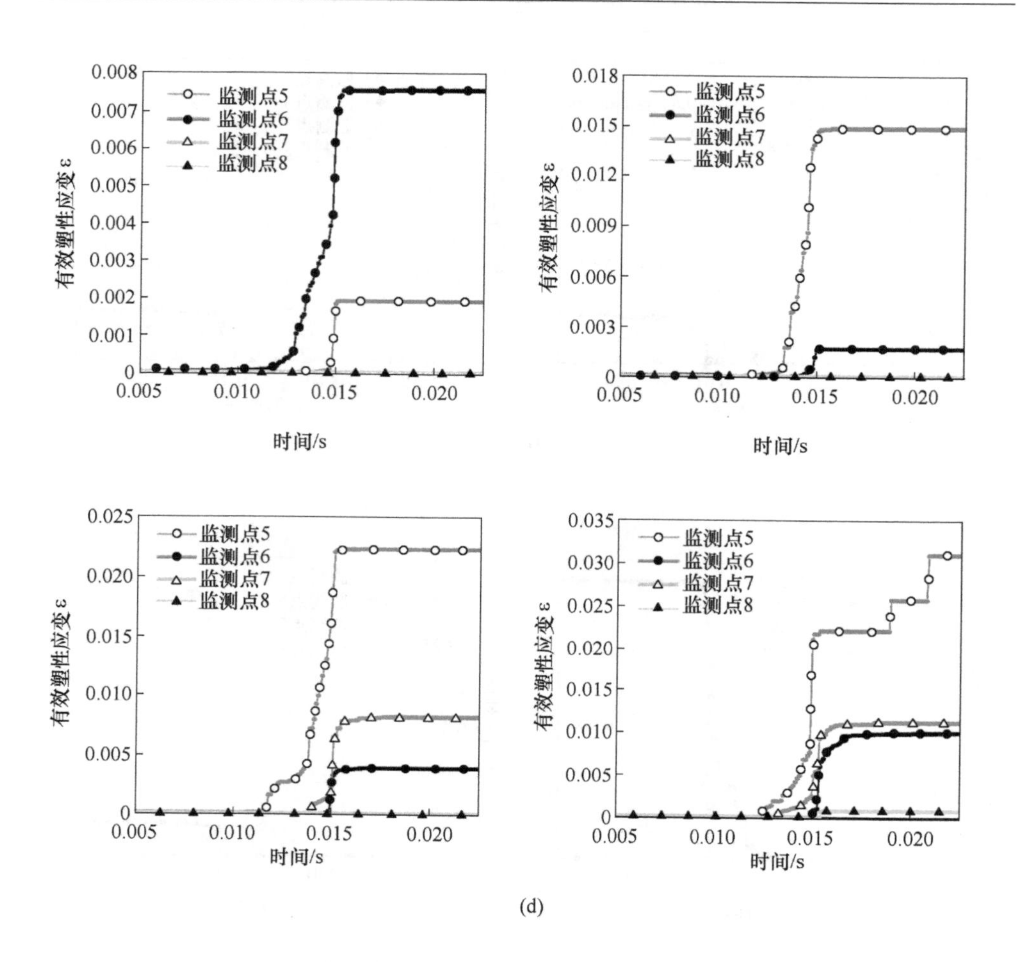

(d)

图 6-28　不同侧压系数及倾角下各监测点有效塑性应变时程曲线

（从左至右列依次为 $\lambda=0.5$，1，1.5 和 2）

（a）$\theta=30°$；（b）$\theta=45°$；（c）$\theta=60°$；（d）$\theta=90°$

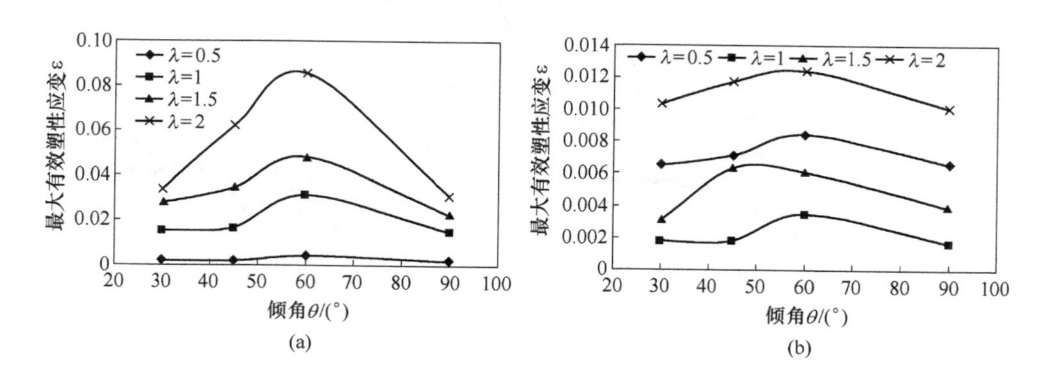

(a)　　(b)

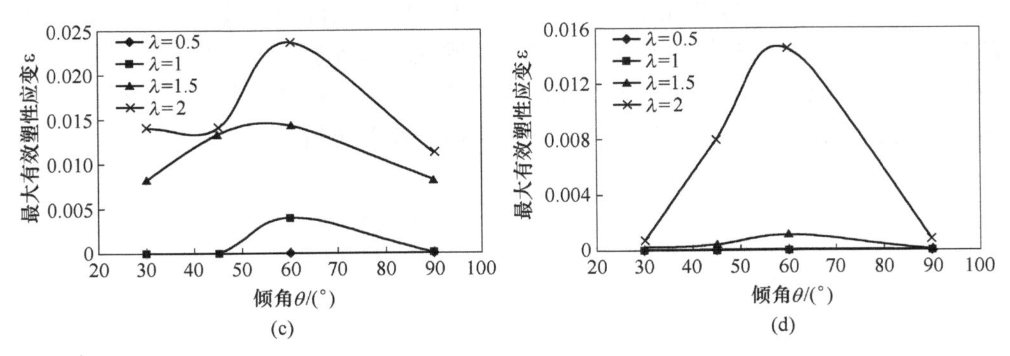

图 6-29 不同侧压系数及倾角下各监测点最大有效塑性应变分布规律

(a) 监测点 5；(b) 监测点 6；(c) 监测点 7；(d) 监测点 8

6.3 本章小结

本章采用 FEM/DEM 耦合数值模拟技术研究结构面作用下深埋高应力硬岩巷道破坏特性，数值模拟结果表明：岩体的非均质性导致圆形巷道围岩发生非对称的破坏。当巷道周边含有结构面时，围岩破坏模式主要有两种，即开挖卸荷导致的板裂化破坏及结构面作用下的剪切滑移破坏。在一定情况下，这两种破坏模式会相互影响、相互促进。一方面，开挖卸荷引起的板裂化破坏使得结构面附近应力与能量集中，在切向集中应力作用下极有可能导致结构面发生剪切错动；另一方面，由于结构面在剪切错动过程中会释放剧烈的能量，又会进一步诱发巷道周边围岩板裂化破坏。此种情况下，极易诱发高强岩爆。通过参数分析，得到以下主要结论：

(1) 深埋高应力圆形巷道围岩破坏会受到结构面倾角和摩擦系数的共同作用与影响。当结构面摩擦系数不同时，最有利于导致裂纹扩展和贯通（最容易导致围岩发生破坏）的结构面倾角也不相同。当摩擦系数为 0.1、0.5 和 1 时，巷道围岩破坏程度和范围最为严重的情况分别对应于结构面倾角为 60°、45° 和 30°。在此种情况下，极有可能发生岩爆现象。当结构面倾角为 90°时，破坏程度和范围始终维持在较低的水平以内。

(2) 含非揭露型结构面圆形巷道破坏程度要小于含揭露型结构面圆形巷道破坏程度。对于非揭露型结构面而言，一方面，结构面与开挖边界之间相对完整的岩体降低了板裂化破坏对于结构面的活化作用；另一方面，由于结构面与巷道开挖边界存在一定距离，使得开挖卸荷在该处所造成的应力集中程度较低，因此作用于结构面上的剪应力也就会有所降低。

(3) 当结构面倾角一定时，巷道围岩破坏程度与范围随侧压力系数的增加呈现单调递增趋势，且当侧压系数大于 1 时，裂纹主要分布于巷道顶底板附近；

当侧压系数一定时，巷道围岩破坏程度与范围随结构面倾角呈现先增高后降低的趋势。在侧压力系数较高的情况下，更容易诱发岩爆等动力灾害现象。分析各监测点有效塑性应变得出深埋高应力圆形巷道围岩的破坏程度和范围不仅受到侧压力系数的影响，还与结构面倾角和岩体的非均质性密切相关。

7 总　结

本书针对深部高应力硬岩板裂化破坏现象普遍存在的事实，进行深部硬岩板裂化破坏与应变型岩爆的理论分析、室内实验、数值模拟及现场监测，从多个角度分析硬岩板裂化破裂特征，获得板裂化破坏在复杂应力状态下的诱发因素与破坏机理，明确硬岩板裂化破坏和剪切破坏之间的内在区别和联系，揭示正交各向异性板裂化岩爆致灾机理与破坏判据，并探讨板裂化破坏与深埋隧洞岩爆之间的互动机制，为深部高应力硬岩矿山实现安全高效开采提供理论依据与工程指导。

（1）采用有限元/离散元耦合数值模拟（FEM/DEM）研究单轴压缩下不同高宽比长方体硬岩试样破坏特性。单轴压缩下长方体硬岩破坏的本质即张拉型破坏。随着试样高宽比的降低，试样的破坏模式由剪切型破坏逐渐转变为板裂化破坏。对于高试样而言，其宏观剪切带是由一系列微小的拉伸裂纹所组成，而矮试样所出现的板裂化破坏是由于有限的裂纹扩展路径所致。采用含旋转裂纹摩尔-库伦（Mohr-Coulomb with rotating crack）本构模型并不能很好地体现出试样高宽比对于立方体硬岩单轴抗压强度的影响，然而其在模拟岩石破坏模式和裂纹扩展方面具有较大的优势。端面摩擦效应对高宽比较小硬岩的单轴抗压强度影响很大，摩擦系数越大，较矮试样所对应的单轴抗压强度越高。分析应力应变曲线可知，当试样高宽比为 0.5 时，侧向应变发生线性偏离时所对应的应力值约为单轴抗压强度的 66%，即为岩石的板裂化强度。

（2）开展了真三轴卸载下不同试样高宽比及中间主应力对于长方体硬岩试样（以汨罗花岗岩为例）破坏特性研究。对于高试样而言，发生板裂化破坏需要较大的 σ_2，而对于较矮试样，较小的 σ_2 便可以产生板裂化破坏。σ_2 的增加不仅抑制了裂纹在 σ_1-σ_3 平面内的延伸，还促进了在 σ_1-σ_2 平面内的扩展与贯通。对于较矮试样而言，由于微小张拉型裂纹能够更容易地向试样顶底部（σ_1 方向）扩展和贯通，即使在较小的 σ_2 作用下，试样也会发生板裂化破坏。当 σ_2 为定值时，不同的 σ_2/σ_3 比值对于花岗岩破坏模式、破坏强度及岩爆特性影响较小。试样高宽比越低，破坏时发生岩爆的程度就越强烈。破坏过程中向外飞溅的岩体往往为与自由面相平行的岩板，体现出板裂化岩爆或应变型岩爆的典型特征。岩爆的剧烈程度随 σ_2 呈现先增大后降低的趋势，当 σ_2 较大时，试样内部损伤程度持续恶化，促进了弹性应变能的进一步耗散。

（3）对立方体花岗岩试样进行了不同应力状态下的真三轴加载试验。试验结果表明：σ_2 和 σ_3 对于试样的峰值强度、延-脆转化、破裂面倾角及破坏模式具有显著的影响。板裂化破坏可以发生于真三轴加载实验之中，最小主应力为零并不是板裂化破坏的一个必要条件。当 σ_3 为 10MPa、20MPa 和 30MPa 时，花岗岩试样所对应的板裂化破坏阈值 σ_2/σ_3 分别为 5、7.5 和 10。对于硬脆性岩石而言，实现真三轴加载下板裂化破坏需要满足以下条件：1）不小于某一特定的 σ_2/σ_3 值；2）处于较低的 σ_3 水平；3）较低的试样高宽比。以真三轴强度数据为基础，根据实际工程可预测性、试验值与预测值偏差、强度准则在偏平面应力轨迹、强度准则在子午面和 τ_{oct}-σ_{oct} 平面应力轨迹四个方面因素，对七种经典强度准则进行系统的评估与分析。综合分析得出 Mogi-Coulomb 准则、修正 Wiebols-Cook 准则及修正 Lade 准则在整体上能够较好地体现硬岩真三轴状态下峰值强度特性。

（4）为了分析深部高应力硬岩板裂屈曲岩爆的发生机制与控制对策，对板裂化岩体建立了正交各向异性薄板力学模型，推导出正交各向异性板裂屈曲岩爆临界荷载值，并建立了板裂屈曲岩爆发生判据。分析表明：板裂化破坏是板裂屈曲岩爆的一个必要条件。轴向应力不仅会促进板裂化破坏的形成，还会加剧板裂屈曲岩爆发生的可能性。由里茨法与能量法推导出正交各向异性薄板在压曲状态下的最大挠度值，认为挠度值随着板厚的减少而增大，当板厚一定时，水平挠度值随长高比的变化呈现先增高后降低的趋势。为了抑制板裂屈曲岩爆的发生，提出采用充填法对采空区或硐室进行支护，并依据差分法计算出充填体所需最小围压值。结合现场算例分析得出当充填体所需提供的围压值不小于 0.38MPa 时，板裂化围岩便可以处于相对稳定的状态。

（5）采用 FEM/DEM 软件研究结构面作用下深埋高应力硬岩巷道破坏特性，主要分析了结构面倾角、位置（揭露与否）、摩擦效应及侧压力系数对于巷道破坏的影响。数值模拟结果表明：岩体的非均质性导致圆形巷道围岩发生非对称的破坏。当巷道周边含有结构面时，围岩破坏模式主要有两种，即开挖卸荷导致的板裂化破坏和结构面作用下的剪切滑移破坏。一方面，渐进的板裂化破坏过程加剧了结构面的活化；另一方面，结构面的剪切错动会进一步促进板裂化围岩结构的整体失稳破坏。此种情况下，巷道围岩释放应变能较高，极易诱发高强度岩爆。当结构面摩擦系数不同时，最易导致裂纹扩展和贯通（最容易导致围岩发生破坏）的结构面倾角也不相同。非揭露型结构面圆形巷道破坏程度小于揭露型结构面圆形巷道破坏程度，这主要由板裂化破坏影响程度及结构面附近切向应力集中程度所决定。巷道围岩破坏程度与范围随侧压系数的增加呈现单调递增趋势，在较高侧压系数下，裂纹主要分布于巷道顶底板附近，此种情况下更容易诱发岩爆。分析各监测点有效塑性应变得出深埋高应力圆形巷道围岩的破坏程度和范围不仅受到侧压系数的影响，还与结构面倾角和岩体的非均质性密切相关。

参 考 文 献

[1] 李夕兵，姚金蕊，宫凤强．硬岩金属矿山深部开采中的动力学问题 [J]. 中国有色金属学报，2011，21(10)：2551~2563.

[2] 古德生，李夕兵．现代金属矿床开采科学技术 [M]. 北京：冶金工业出版社，2006.

[3] 李夕兵，周健，王少锋，等．深部固体资源开采评述与探索 [J]. 中国有色金属学报，2017，27(6)：1236~1262.

[4] 李夕兵，宫凤强，王少锋，等．深部硬岩矿山岩爆的动静组合加载力学机制与动力判据 [J]. 岩石力学与工程学报，2019，38(4)：708~723.

[5] Feng F，Li X B，Du K，et al. Comprehensive evaluation of strength criteria for granite，marble，and sandstone based on polyaxial experimental tests [J]. International Journal of Geomechanics，2020，20(2)：04019155.

[6] 李夕兵，姚金蕊，杜坤．高地应力硬岩矿山诱导致裂非爆连续开采初探—以开阳磷矿为例 [J]. 岩石力学与工程学报，2013，32(6)：1101~1111.

[7] Li X B，Feng F，Li D Y，et al. Failure characteristics of granite influenced by sample height-to-width ratios and intermediate principal stress under true-triaxial unloading conditions [J]. Rock Mechanics and Rock Engineering，2018，51：1321~1345.

[8] 李夕兵．岩石动力学基础与应用 [M]. 北京：科学出版社，2014.

[9] 何满潮，谢和平，彭苏萍，等．深部开采岩体力学研究 [J]. 岩石力学与工程学报，2005，24(16)：2803~2813.

[10] 冯夏庭．深部大型地下工程开采与利用中的几个关键岩石力学问题 [C]. 香山第 175 次科学会议．北京：中国环境科学出版社，2002：202~211.

[11] 钱七虎，李树忱．深部岩体工程围岩分区破裂化现象研究综述 [J]. 岩石力学与工程学报，2008，27(6)：1278~1284.

[12] 何满潮，钱七虎．深部岩体力学研究进展 [M]. 北京：科学出版社，2006.

[13] 谢和平，高峰，鞠杨．深部岩体力学研究与探索 [J]. 岩石力学与工程学报，2015，34(11)：2161~2178.

[14] 陈和生．深地科学实验的发展现状及我国发展战略的思考 [J]. 中国科学基金，2010(2)：65~69.

[15] 周辉．深埋隧洞围岩破裂结构特征及其与岩爆的关系 [C] //新观点新学说学术沙龙文集 51：岩爆机制探索．北京：中国科学技术出版社，2010.

[16] Kaiser P K，Tannant D D，Mccreat D R. Canadian rockburst support handbook [M]. Sudbury：Geomechanics Research Centre，1996.

[17] Zhang C Q，Feng X T，Zhou H，et al. Case histories of four extremely intense rockbursts in deep tunnels [J]. Rock Mechanics and Rock Engineering，2012，45(3)：275~288.

[18] Orelepp W D. Observation of mining-induced faults in an intact rock mass at depth [J]. International Journal of Rock Mechanics and Mining Sciences，2000，37(1~2)：423~436.

[19] Martin C D，Christiansson R. Estimating the potential for spalling around a deep nuclear waste

repository in crystalline rock [J]. International Journal of Rock Mechanics and Mining Sciences, 2009, 46(2): 219~228.

[20] Fairhurst C, Cook N G W. The phenomenon of rock splitting parallel to the direction of maximum compression in the neighborhood of a surface [C] // Proceedings of the First Congress of International Society on Rock Mechanics. Lisbon: Laboratório Nacional de Engenharia Civil, 1966: 687~692.

[21] Ortlepp W D. Rock fracture and rockbursts: an illustrative study [M]. Johannesburg: The South African Institute of Mining and Metallurgy, 1997.

[22] 周辉，卢景景，徐荣超，等. 深埋硬岩隧洞围岩板裂化破坏研究的关键问题及研究进展 [J]. 岩土力学，2015，36(10)：2737~2749.

[23] Board M P. Numerical examination of mining-induced seismicity [D]. Minneapolis, MN, USA: University of Minnesota, 1994.

[24] 周辉，孟凡震，张传庆，等. 深埋硬岩隧洞岩爆的结构面作用机制分析 [J]. 岩石力学与工程学报，2015，34(4)：720~727.

[25] Gramberg J. The axial cleavage fracture 1: Axial cleavage fracturing, a significant process in mining and geology [J]. Engineering Geology, 1965, 1(1): 31~72.

[26] Ortlepp W D, Stacey T R. Rockburst mechanisms in tunnels and shafts [J]. Tunneling and Underground Space Technology, 1994, 9(1): 59~65.

[27] Martin C D, Maybee W G. The strength of hard rock pillars [J]. International Journal of Rock Mechanics and Ming Sciences, 2000, 37: 1239~1246.

[28] Cai M. Influence of intermediate principal stress on rock fracturing and strength near excavation boundaries-Insight from numerical modeling [J]. International Journal of Rock Mechanics and Ming Sciences, 2008, 45: 763~772.

[29] 李地元，李夕兵. 高应力硬岩板裂破坏的研究现状与展望 [J]. 矿业研究与开发，2011，31(5)：82~86.

[30] 张传庆，冯夏庭，周辉，等. 深部试验隧洞围岩脆性破坏及数值模拟 [J]. 岩石力学与工程学报，2010，29(10)：2063~2068.

[31] Feng X T, Xu H, Qiu S L, et al. In situ observation of rock spalling in the deep tunnels of the China Jinping underground laboratory (2400m Depth) [J]. Rock Mechanics and Rock Engineering, 2018, 51(4): 1193~1213.

[32] Read R S. 20 years of excavation response studies at AECL Underground Research Laboratory [J]. International Journal of Rock Mechanics and Ming Sciences, 2004, 41: 1251~1275.

[33] Martin C D, Read R S, Martino J B. Observations of brittle failure around a circular test tunnel [J]. International Journal of Rock Mechanics and Ming Sciences, 1997, 34(7): 1065~1073.

[34] Lee M, Haimson B C. Laboratory study of borehole breakouts in Lac du bonnet granite: a case of extensile fracture mechanism [J]. International Journal of Rock Mechanics and Mining Sciences and Geomechanics Abstracts, 1993, 30(7): 1039~1045.

[35] Griffith A A. The phenomena of rupture and flow in solids [J]. The Phenomena of Rupture and

Flow in Solids [J]. Philosophical Transactions of the Royal Society of London, 1921, 221(2): 163~198.

[36] Griffith A A. Thetheory of rupture [C]. Griffith A. First Int. cong. appl. mech, 1924, Delft: 55~63.

[37] Bieniawski Z T. Mechanism of brittle fracture of rock: Part I—theory of the fracture process [J]. International Journal of Rock Mechanics and Mining Sciences & Geomechanics Abstracts, 1967, 4(4): 395~406.

[38] Bieniawski Z T. Mechanism of brittle fracture of rock: Part II—experimental studies [J]. International Journal of Rock Mechanics and Mining Sciences & Geomechanics Abstracts, 1967, 4(4): 407~423.

[39] 李守巨，李德，武力，等．非均质岩石单轴压缩试验破坏过程细观模拟及分形特性 [J]. 煤炭学报，2014，39(5)：849~854.

[40] Barron K. Criteria for brittle fracture initiation in and ultimate failure of rocks and their application to fracture zone prediction [J]. International Society of Rock Mechanics Proceedings, 1970(2): 251~259.

[41] Hawkes I, Mellor M. Uniaxial testing in rock mechanics laboratories [J]. Engineering Geology, 1970, 4(3): 179~285.

[42] Wawersik W R, Fairhurst C. A study of brittle rock fracture in laboratory compression experiments [J]. International Journal of Rock Mechanics and Mining Sciences & Geomechanics Abstracts, 1970, 7(5): 561~575.

[43] Barron K. Brittle fracture initiation in and ultimate failure of rocks : Part I—Anisotropic rocks: Theory [J]. International Journal of Rock Mechanics & Mining Sciences & Geomechanics Abstracts, 1971, 8(6): 541~551.

[44] Barron K. Brittle fracture initiation in and ultimate failure of rocks : Part III—Anisotropic rocks: Experimental results [J]. International Journal of Rock Mechanics & Mining Sciences & Geomechanics Abstracts, 1971, 8(6): 565~575.

[45] Nolen-Hoeksema R C, Gordon R B. Optical detection of crack patterns in the opening-mode fracture of marble [J]. International Journal of Rock Mechanics and Mining Sciences & Geomechanics Abstracts, 1987, 24(2): 135~144.

[46] 任建喜，葛修润．岩石卸荷损伤演化机理 CT 实时分析初探 [J]. 岩石力学与工程学报，2000，19(6)：697~701.

[47] 任建喜，葛修润．岩石单轴细观损伤演化特性的 CT 实时分析 [J]. 土木工程学报，2000，33(6)：99~104.

[48] 葛修润，任建喜，蒲毅彬，等．岩石疲劳损伤扩展规律 CT 细观分析初探 [J]. 岩土工程学报，2001，23(2)：191~195.

[49] 葛修润，任建喜，蒲毅彬，等．煤岩三轴细观损伤演化规律的 CT 动态试验 [J]. 岩石力学与工程学报，1999，18(5)：497~502.

[50] Wong R H C, Tang C A, Chau K T, et al. Splitting failure in brittle rocks containing pre-exist-

ing flaws under uniaxial compression [J]. Engineering Fracture Mechanics, 2002, 69(17): 1853~1871.

[51] 赵程，田加深，松田浩，等．单轴压缩下基于全局应变场分析的岩石裂纹扩展及其损伤演化特性研究 [J]. 岩石力学与工程学报，2015，34(4)：763~769.

[52] Feng F, Li X B, Li D Y. Modeling of failure characteristics of rectangular hard rock influenced by sample height-to-width ratios: A finite/discrete element approach [J]. Comptes Rendus Mecanique, 2017, 345: 317~328.

[53] Brace W F, Paulding B W, Scholz C. Dilatancy in the fracture of crystalline rocks [J]. Journal of Geophysical Research, 1966, 71(16): 3939~3953.

[54] Ashby M F, Hallam S D. The failure of brittle solids containing small cracks under compressive stress states [J]. Acta Metallurgica, 1986, 34(3): 497~510.

[55] Nemat-Nasser S, Obata M. A Microcrack Model of Dilatancy in Brittle Materials [J]. Journal of Applied Mechanics, 1988, 55(1): 24~35.

[56] Brace W F, Bombolakis E G. A note on brittle crack growth in compression [J]. Journal of Geophysical Research, 1963, 68(12): 3709~3713.

[57] Bobet A, Einstein H H. Fracture calescence in rock-type materials under uniaxial and biaxial compression [J]. International Journal of Rock Mechanics and Mining Sciences, 1998, 35(7): 863~888.

[58] Sahouryeh E, Dyskin A V, Germanovich L N. Crack growth under biaxial compression [J]. Engineering Fracture Mechanics, 2002, 69(18): 2187~2198.

[59] Dyskin A V, Sahouryeh E, Jewell R J, et al. Influence of shape and locations of initial 3-D cracks on their growth in uniaxial compression [J]. Engineering Fracture Mechanics, 2003, 70(15): 2115~2136.

[60] Wong R H C, Guo Y S H, Chau K T, et al. The crack growth nechanism from 3-D surface flaw with strain and acoustic emission measurement under axial compression [J]. Key Engineering Materials, 2007(353~358): 2357~2360.

[61] Guo Y S, Zhu W S, Li S C, et al. Growth pattern study of closed surface flaw under cmpression [J]. Key Engineering Materials, 2007(353~358): 158~161.

[62] 郭彦双，朱维申，李术才，等．不同荷载作用下拉破裂的声发射特征研究 [J]. 岩土力学，2006(s2)：1055~1058.

[63] 刘宁，朱维申，于广明，等．高地应力条件下围岩劈裂破坏的判据及薄板力学模型研究 [J]. 岩石力学与工程学报，2008，27(s1)：3173~3179.

[64] 刘宁．高地应力条件下围岩劈裂破坏的力学机理及其能量分析模型研究 [D]. 济南：山东大学，2009.

[65] 李晓静．深埋硐室劈裂破坏形成机理的试验和理论研究 [D]. 济南：山东大学，2007.

[66] Diederichs M S, Kaiser P K, Eberhardt E. Damage initiation and propagation in hard rock during tunneling and the influence of near-face stress rotation [J]. International Journal of Rock Mechanics and Mining Sciences, 2004, 41(5): 785~812.

[67] Eberhardt E. Numerical modeling of three dimension stress rotation ahead of an advancing tunnel face [J]. International Journal of Rock Mechanics and Mining Sciences, 2001, 38(4): 499~518.

[68] Zhang C Q, Zhou H, Feng X T, et al. Layered fractures induced by the principle stress axes rotation in hard rock during tunneling [J]. Materials Research Innovations, 2011, 15: 527~530.

[69] Li D Y, Li C C, Li X B. Influence of sample height-to-width ratios on failure mode for rectangular prism samples of hard rock loaded in uniaxial compression [J]. Rock Mechanics and Rock Engineering, 2011, 44(3): 253~267.

[70] Paterson M S. Experimental deformation and faulting in wombeyan marble [J]. Geological Society of America Bulletin, 1958, 69(4): 465.

[71] Paterson M S. Effect of pressure on stress-strain properties of materials [J]. Geophysical Journal International, 2010, 14(1~4): 13~17.

[72] Paterson M S. The ductility of rocks [C] //Argon AS (ed) Physics of strength and plasticity. M. I. T. Press, Cambridge, Mass., 1969: 377~392.

[73] Paterson M S, Wong T F. Experimental Rock Deformation-The Brittle Field [M]. Germany, Springer, 2005.

[74] Li X B, Du K, Li D Y. True triaxial strength and failure modes of cubic rock specimens with unloading the minor principal stress [J]. Rock Mechanics and Rock Engineering, 2015, 48(6): 2185~2196.

[75] Du K, Tao M, Li X B, et al. Experimental study of slabbing and rockburst induced by true-triaxial unloading and local dynamic disturbance [J]. Rock Mechanics and Rock Engineering, 2016, 49(9): 1~17.

[76] Zhao X G, Wang J, Cai M, et al. Influence of unloading rate on the strainburst characteristics of beishan granite under true-triaxial unloading conditions [J]. Rock Mechanics and Rock Engineering, 2014, 47(8): 467~483.

[77] Zhao F, He M C. Size effects on granite behavior under unloading rockburst test [J]. Bulletin of Engineering Geology & the Environment, 2016, 76(3): 1~15.

[78] Carter J P, Booker J R. Sudden excavation of a long circular tunnel in elastic ground [J]. International Journal of Rock Mechanics and Mining Sciences & Geomechanics Abstracts, 1990, 27(2): 129~132.

[79] 李地元，李夕兵，李春林，等．单轴压缩下含预制孔洞板状花岗岩试样力学响应的试验和数值研究［J］．岩石力学与工程学报，2011，30(6)：1198~1206.

[80] 谢林茂，朱万成，王述红，等．含孔洞岩石试样三维破裂过程的并行计算分析［J］．岩土工程学报，2011，33(9)：1447~1455.

[81] Zhang X W, Feng X T, Li X C, et al. ISRM Ssuggested method for determining stress - strain curves for rocks under true triaxial compression [J]. Rock Mechanics and Rock Engineering, 2015, 50: 2847.

[82] Feng F, Li X B, Rostami J, et al. Numerical investigation of hard rock strength and fracturing under polyaxial compression based on Mogi-Coulomb failure criterion [J]. International Journal of Geomechanics, 2019, 19(4): 04019005.

[83] 蔡美峰. 岩石力学与工程 [M]. 北京: 科学出版社, 2002.

[84] 潘鹏志, 冯夏庭, 邱士利, 等. 多轴应力对深埋硬岩破裂行为的影响研究 [J]. 岩石力学与工程学报, 2011, 30(6): 1116~1125.

[85] Brown E T, Hoek E. Trends in relationships between measured in-situ stresses and depth [J]. International Journal of Rock Mechanics and Mining Sciences & Geomechanics Abstracts, 1978, 15(4): 211~215.

[86] 张慧梅, 谢祥妙, 张蒙军, 等. 真三轴应力状态下岩石损伤本构模型 [J]. 力学与实践, 2015, 37(1): 75~78.

[87] Takahashi M, Koide H. Effect of the intermediate principal stress on strength and deformation behavior of sedimentary rocks at the depth shallower than 200m [C] // International Symposium on Rock at Great Depth. 1989.

[88] Haimson B, Chang C. A new true triaxial cell for testing mechanical properties of rock, and its use to determine rock strength and deformability of Westerly granite [J]. International Journal of Rock Mechanics and Mining Sciences, 2000, 37(1): 285~296.

[89] Chang C, Haimson B. True triaxial strength and deformability of the German Continental Deep Drilling Program (KTB) deep hole amphibolite [J]. Journal of Geophysical Research Solid Earth, 2000, 105(B8): 18999~19013.

[90] Mogi, K. Experimental rock mechanics. CRC Press, London, 2007.

[91] Alexeev A D, Revva V N, Alyshev N A, et al. True triaxial loading apparatus and its application to coal outburst prediction [J]. International Journal of Coal Geology, 2004, 58(4): 45~250.

[92] Manouchehrian A, Cai M. Simulation of unstable rock failure under unloading conditions [J]. Canadian. Geotechnical. Journal, 2015, 53: 1~13.

[93] Duan K, Kwok C Y, Ma X D. DEM simulations of sandstone under true triaxial compressive tests [J]. Acta Geotechnica, 2017, 12(3): 495~510.

[94] Ma X D, Haimson B C. Failure characteristics of two porous sandstones subjected to true triaxial stresses [J]. Journal of Geophysical Research Solid Earth, 2016, 121: 6477~6498.

[95] 李维树, 黄书岭, 丁秀丽, 等. 中尺寸岩样真三轴试验系统研制与应用 [J]. 岩石力学与工程学报, 2012, 31(11): 2197~2203.

[96] 周火明, 单治钢, 李维树, 等. 深埋隧洞大理岩卸载路径真三轴强度参数研究 [J]. 岩石力学与工程学报, 2012, 31(8): 1524~1529.

[97] 李德建, 贾雪娜, 苗金丽, 等. 花岗岩岩爆试验碎屑分形特征分析 [J]. 岩石力学与工程学报, 2010, 29(s1): 3280~3289.

[98] 何浩宇, 石露, 李小春, 等. 基于新型茂木式试验机的真三轴试验及加载边界效应研究 [J]. 岩石力学与工程学报, 2015(s1): 2837~2844.

[99] 贺永年，韩立军，张后全，等．岩石劈裂与岩石破坏性质的不稳定性［J］. 岩石力学与工程学报，2016，35(1)：16~22.

[100] 陈景涛，冯夏庭．高地应力下岩石的真三轴试验研究［J］. 岩石力学与工程学报，2006，25(8)：1537~1543.

[101] Cui J，Hao H，Shi Y，et al. Experimental study of concrete damage under high hydrostatic pressure [J]. Cement & Concrete Research，2017(100)：140~152.

[102] Feng X T，Zhang X，Kong R，et al. A novel Mogi type true triaxial testing apparatus and its use to obtain complete stress - strain curves of hard rocks [J]. Rock Mechanics and Rock Engineering，2016，49(5)：1649~1662.

[103] Gong W，Peng Y，Wang H，et al. Fracture angle analysis of rock burst faulting planes based on true-triaxial experiment [J]. Rock Mechanics and Rock Engineering，2015，48(3)：1017~1039.

[104] Haimson B C，Chang C. True triaxial strength of the KTB amphibolite under borehole wall conditions and its use to estimate the maximum horizontal in situ stress [J]. Journal of Geophysical Research，2002，107(B10)：2257.

[105] He M C，Miao J L，Feng J L. Rock burst process of limestone and its acoustic emission characteristics under true-triaxial unloading conditions [J]. International Journal of Rock Mechanics and Mining Sciences，2010，47(2)：286~298.

[106] Miao J L，Jia X N，Cheng C. The Failure Characteristics of Granite under True Triaxial Unloading Condition [J]. Procedia Engineering，2011(26)：1620~1625.

[107] Mogi K. Effect of the intermediate principal stress on rock failure [J]. Journal of Geophysical Research，1967，72(20)：5117~5131.

[108] Mogi K. Fracture and Flow of Rocks under High Triaxial Compression [J]. Journal of Geophysical Research，1971，76(5)：1255~1269.

[109] Vachaparampil A，Ghassemi A. Failure characteristics of three shales under true-triaxial compression [J]. International Journal of Rock Mechanics and Mining Sciences，2017(100)：151~159.

[110] Frash L P，Gutierrez M，Hampton J. True-triaxial apparatus for simulation of hydraulically fractured multi-borehole hot dry rock reservoirs [J]. International Journal of Rock Mechanics & Mining Sciences，2014，70(9)：496~506.

[111] Su G S，Chen Z Y，Ju J W，et al. Influence of temperature on the strainburst characteristics of granite under true triaxial loading conditions [J]. Engineering Geology，2017(222)：38~52.

[112] Zhao X G，Cai M. Influence of specimen height-to-width ratio on the strainburst characteristics of Tianhu granite under true-triaxial unloading conditions [J]. Canadian Geotechical Journal，2014(52)：890~902.

[113] You M. True-triaxial strength criteria for rock [J]. International Journal of Rock Mechanics and Mining Sciences，2009，46(1)：115~127.

[114] Chang L F，Konietzky H. Application of the Mohr-Coulomb yield criterion for rocks with multiple

joint sets using fast lagrangian analysis of continua 2D (FLAC2D) software [J] . Energies, 2018, 11(3): 614.

[115] Colmenares L B, Zoback M D. A statistical evaluation of intact rock failure criteria constrained by polyaxial test data for five different rocks [J]. International Journal of Rock Mechanics and Mining Sciences, 2002, 39(6): 695~729.

[116] Nadai A, Hodge P G. Theory of flow and fracture of solids [M]. Vol. 1. McGraw-Hill, New York, 1950.

[117] Bresler B, Pister K S. Failure of plain concrete under combined stresses [J]. Transactions of the American Society of Civil Engineers, 1955(122): 1049~1068.

[118] Murrell S A F. The effect of triaxial stress systems on the strength of rocks at atmospheric temperatures [J]. Geophysical Journal of the Royal Astronomical Society, 1965, 10(3): 231~281.

[119] Sakurai S, Serata S. Mechanical properties of rock salt under three dimensional loading conditions [C] //In: 10th Japan Congress on testing materials, 1967(10): 139~142.

[120] Drucker D C, Prager W. Soil mechanics and plastic analysis or limit design [J]. Quarterly of Applied Mathematics, 1952, 10(2): 157~165.

[121] Al-Ajmi A M, Zimmerman R W. Relation between the Mogi and the Coulomb failure criteria [J]. International Journal of Rock Mechanics and Mining Sciences, 2005, 42(3): 431~439.

[122] Al-Ajmi A M, Zimmerman R W. Stability analysis of vertical boreholes using the Mogi - Coulomb failure criterion [J]. International Journal of Rock Mechanics and Mining Sciences, 2006, 43(8): 1200~1211.

[123] Lade P V. Elasto-plastic stress-strain theory for cohesionless soil with curved yield surfaces [J]. International Journal of Solids and Structures, 1977, 13(11): 1019~1035.

[124] Ewy R T. Wellbore-Stability Predictions by Use of a Modified Lade Criterion [J]. Spe Drilling and Completion, 1999, 14(2): 85~91.

[125] Wiebols G A, Cook N G W. An energy criterion for the strength of rock in polyaxial compression [J]. International Journal of Rock Mechanics and Mining Sciences & Geomechanics Abstracts, 1968, 5(6): 529~549.

[126] Zhou S. A program to model the initial shape and extent of borehole breakout [J]. Computers and Geosciences, 1994, 20(7-8): 1143~1160.

[127] Yu M H, Zan Y W, Zhao J, et al. A Unified strength criterion for rock material [J]. International Journal of Rock Mechanics and Mining Sciences, 2002, 39(8): 975~989.

[128] Pan X D, Hudson J A. A Simplified Three Dimensional Hoek-Brown Yield Criterion [C] // ISRM International Symposium. 1988.

[129] Lee Y K, Bobet A. Instantaneous Friction angle and cohesion of 2-D and 3-D Hoek - Brown rock failure criteria in terms of stress invariants [J]. Rock Mechanics and Rock Engineering, 2014, 47(2): 371~385.

[130] Jiang H. Simple three-dimensional Mohr-Coulomb criteria for intact rocks [J]. International Journal of Rock Mechanics and Mining Sciences，2018，105：145~159.

[131] He P F，Kulatilake P H S W，Yang X X，et al. Detailed comparison of nine intact rock failure criteria using polyaxial intact coal strength data obtained through PFC 3D，simulations [J]. Acta Geotechnica，2017(6)：1~27.

[132] Ma X D，Rudnicki J W，Haimson B C. The application of a Matsuoka-Nakai-Lade-Duncan，failure criterion to two porous sandstones [J]. International Journal of Rock Mechanics and Mining Sciences，2017，92：9~18.

[133] 贺虎，窦林名，巩思园，等．冲击矿压的声发射监测技术研究 [J]. 岩土力学，2011，32(4)：1262~1268.

[134] Potvin Y，Hadjigeorgiou J，Stacey D. Challenges in deep and high stress mining [M]. Nedlands：Australian Center for Geomechanics，2007.

[135] Blake W，Hedley D G F. Rockbursts：case studies from North American hard-rock mines [J]. Mining Engineering，2003.

[136] Zhang X C，Wang J Q. Research on the mechanism and prevention of rockburst at the Yinxin gold mine [J]. Journal of China University of Mining and Technology，2007，17(4)：541~545.

[137] 何满潮，刘冬桥，宫伟力，等．冲击岩爆试验系统研发及试验 [J]. 岩石力学与工程学报，2014，33(9)：1729~1739.

[138] 何满潮，谢和平，彭苏萍，等．深部开采岩体力学研究 [J]. 岩石力学与工程学报，2005，24(16)：2803~2813.

[139] Li X B，Zhou Z L，Lok T S，et al. Innovative testing technique of rock subjected to coupled static and dynamic loads [J]. International Journal of Rock Mechanics and Mining Sciences，2008，45(5)：739~748.

[140] Li X B，Cao W Z，Zhou Z L，et al. Influence of stress path on excavation unloading response [J]. Tunnelling and Underground Space Technology，2014，42(42)：237~246.

[141] Li X B，Li C J，Cao W Z，et al. Dynamic stress concentration and energy evolution of deep-buried tunnels under blasting loads [J]. International Journal of Rock Mechanics and Mining Sciences，2018(104)：131~146.

[142] Li X B，Weng L. Numerical investigation on fracturing behaviors of deep-buried opening under dynamic disturbance [J]. Tunnelling and Underground Space Technology，2016，54：61~72.

[143] Cao W，Li X，Tao M，et al. Vibrations induced by high initial stress release during underground excavations [J]. Tunnelling and Underground Space Technology，2016，53：78~95.

[144] 邱士利，冯夏庭，张传庆，等．深埋硬岩隧洞岩爆倾向性指标 RVI 的建立及验证 [J]. 岩石力学与工程学报，2011，30(6)：1126~1141.

[145] 冯夏庭，陈炳瑞，明华军，等．深埋隧洞岩爆孕育规律与机制：即时型岩爆 [J]. 岩石力学与工程学报，2012，31(3)：433~444.

[146] 邱士利，冯夏庭，江权，等．深埋隧洞应变型岩爆倾向性评估的新数值指标研究 [J]．岩石力学与工程学报，2014，33(10)：2007~2017.

[147] 吴文平，冯夏庭，张传庆，等．深埋硬岩隧洞围岩的破坏模式分类与调控策略 [J]．岩石力学与工程学报，2011，30(9)：1782~1802.

[148] 宫凤强，罗勇，司雪峰，等．深部圆形隧洞板裂屈曲岩爆的模拟试验研究 [J]．岩石力学与工程学报，2017，36(7)：1634~1648.

[149] 周辉，徐荣超，卢景景，等．深埋隧洞板裂屈曲岩爆机制及物理模拟试验研究 [J]．岩石力学与工程学报，2015(s2)：3658~3666.

[150] 张晓君．高应力硬岩卸荷岩爆的劈裂判据及因素敏感性分析 [J]．采矿与安全工程学报，2013，30(1)：80~85.

[151] 马天辉，唐春安，唐烈先，等．基于微震监测技术的岩爆预测机制研究 [J]．岩石力学与工程学报，2016，35(3)：470~483.

[152] 苗金丽，何满潮，李德建，等．花岗岩应变岩爆声发射特征及微观断裂机制 [J]．岩石力学与工程学报，2009，28(8)：1593~1603.

[153] 明华军，冯夏庭，陈炳瑞，等．基于矩张量的深埋隧洞岩爆机制分析 [J]．岩土力学，2013，34(1)：163~172.

[154] 顾金才，范俊奇，孔福利，等．抛掷型岩爆机制与模拟试验技术 [J]．岩石力学与工程学报，2014，33(6)：1081~1089.

[155] Kaiser P K，Cai M. Design of rock support system under rockburst condition [J]. Journal of Rock Mechanics and Geotechnical Engineering，2012，4(3)：215~227.

[156] Ryder J A. Excess shear stress in the assessment of geologically hazardous situations [J]. Journal of the South African Institute of Mining and Metallurgy，1988，88(1)：27~39.

[157] Hedley D G F. Rockburst handbook for ontario hardrock mines [R]. Ottawa：Canada Communication Group，1992.

[158] 何满潮，苗金丽，李德建，等．深部花岗岩试样岩爆过程实验研究 [J]．岩石力学与工程学报，2007，26(5)：865~876.

[159] Brady B H G，Brown E T. Rock Mechanics for underground mining [M]. George Allen & Unwin，1985.

[160] Brady B H G，Brown E T. Energy changes and stability in underground mining：design applications of boundary element methods [J]. Transactions of the Institution of Mining & Metallurgy，1981，90：61~68.

[161] 李庶林．深井硬岩岩爆倾向性与岩层控制技术研究 [D]．沈阳：东北大学，2000.

[162] Cook N G W. The failure of rock [J]. International Journal of Rock Mechanics and Mining Sciences & Geomechanics Abstracts，1965，2(4)：389~403.

[163] 周辉，胡善超，卢景景，等．板裂体组合条件下岩爆倾向性分析 [J]．岩土力学，2014，35(s2)：1~7.

[164] 刘石，许金余，白二雷，等．基于分形理论的岩石冲击破坏研究 [J]．振动与冲击，2013，32(5)：163~166.

[165] 梁志勇，连凌云，石豫川．岩爆机理的统计损伤解释［J］. 地质灾害与环境保护，2004，15(2)：23~26.

[166] 谭以安．岩爆岩石断口扫描电镜分析及岩爆渐进破坏过程［J］. 电子显微学报，1989，8(2)：41~48.

[167] 谭以安．岩爆形成机理研究［J］. 水文地质工程地质，1989，(1)：34~38.

[168] 左宇军，李夕兵，唐春安，等．二维动静组合加载下岩石破坏的实验研究［J］. 岩石力学与工程学报，2006，25(9)：1809~1820.

[169] Du K，Yang C Z，Su R，et al. Failure properties of cubic granite，marble，and sandstone specimens under true triaxial stress［J］. International Journal of Rock Mechanics and Mining Sciences，2020，130：104309.

[170] 吴世勇，龚秋明，王鸽，等．锦屏 II 级水电站深部大理岩板裂化破坏试验研究及其对 TBM 开挖的影响［J］. 岩石力学与工程学报，2010，29(6)：1089~1095.

[171] 侯哲生，龚秋明，王鸽，等．锦屏二级水电站深埋完整大理岩基本破坏方式及其发生机制［J］. 岩石力学与工程学报，2011，30(4)：727~732.

[172] 周辉，徐荣超，张传庆，等．预应力锚杆对岩体板裂化的控制机制研究［J］. 岩土力学，2015，36(8)：2129~2136.

[173] 周辉，徐荣超，卢景景，等．深埋隧洞板裂化围岩预应力锚杆锚固效应试验研究及机制分析［J］. 岩石力学与工程学报，2015，34(6)：1081~1090.

[174] White B G，Whyatt J K. Role of fault slip on mechanisms of rock burst damage，Lucky Friday Mine，Idaho，USA［J］. Proceedings of the Second Southern African Rock Engineering Symposium，1999.

[175] Hagan T O，Milev A M，Spottiswoode S M，et al. Simulated rockburst experiment-An overview［J］. Journal of the South African Institute of Mining and Metallurgy，2001，101(5)：217~222.

[176] Zhang C，Feng X T，Zhou H，et al. Rockmass damage development following two extremely intense rockbursts in deep tunnels at Jinping II hydropower station，southwestern China［J］. Bulletin of Engineering Geology and the Environment，2013，72(2)：237~247.

[177] Zhou H，Meng F，Zhang C，et al. Analysis of rockburst mechanisms induced by structural planes in deep tunnels［J］. Bulletin of Engineering Geology & the Environment，2015，74(4)：1435~1451.

[178] Manouchehrian A，Cai M. Analysis of rockburst in tunnels subjected to static and dynamic loads［J］. Journal of Rock Mechanics and Geotechnical Engineering，2017，9(6)：1031~1040.

[179] 翁磊，李夕兵，周子龙，等．屈曲型岩爆的发生机制及其时效性研究［J］. 采矿与安全工程学报，2016，33(1)：172~178.

[180] Ramsey J M，Chester F M. Hybrid fracture and the transition from extension fracture to shear fracture［J］. Nature，2004，428(6978)：63~66.

[181] Horii H，Nemat-Nasser S. Brittle failure in compression：splitting，faulting and ductile-brittle transition［J］. Philosophical Transactions of The Royal Society of London，Series A，1986

(319): 337~374.

[182] Wang X, Cai M. Modeling of brittle rock failure considering inter- and intra-grain contact failures [J]. Computers and Geotechnics, 2018, 101: 224~244.

[183] Liu X F, Wang S B, Ge S R, et al. Investigation on the influence mechanism of rock brittleness on rock fragmentation and cutting performance by discrete element method [J]. Measurement, 2018, 113: 120~130.

[184] Li Y W, Jia D, Rui Z H, et al. Evaluation method of rock brittleness based on statistical constitutive relations for rock damage [J]. Journal of Petroleum Science and Engineering, 2017, 153: 123~132.

[185] Li D Y, Wong L N Y. The Brazilian disc test for rock mechanics applications: review and new insights [J]. Rock Mechanics and Rock Engineering, 2013, 46(2): 269~287.

[186] Hobbs D. An assessment of a technique for determining the tensile strength of rock [J]. British Journal of Applied Physics, 1965, 16(2): 259.

[187] Chen C S, Hsu S. Measurement of indirect tensile strength of anisotropic rocks by the ring test [J]. Rock Mechanics and Rock Engineering, 2001, 34(4): 293~321.

[188] Li Z C, Li L C, Li M, et al. A numerical investigation on the effects of rock brittleness on the hydraulic fractures in the shale reservoir [J]. Journal of Natural Gas Science and Engineering, 2018, 50: 22~32.

[189] Heidarzadeh S, Saeidi A, Rouleau A. Assessing the effect of open stope geometry on rock mass brittle damage using a response surface methodology [J]. International Journal of Rock Mechanics and Mining Sciences, 2018, 106: 60~73.

[190] Kourkoulis S, Markides C F. Stresses and displacements in a circular ring under parabolic diametral compression [J]. International Journal of Rock Mechanics and Mining Sciences, 2014, 71: 272~292.

[191] Akinbinu V A. Relationship of brittleness and fragmentation in brittle compression [J]. Engineering Geology, 2017, 221: 82~90.

[192] Li X B, Wu Q H, Tao M, et al. Dynamic bazilian splitting test of ring-shaped specimens with different hole diameters [J]. Rock Mechanics and Rock Engineering, 2016, 49(10): 4143~4151.

[193] Mehranpour M H, Kulatilake P H S W. Comparison of six major intact rock failure criteria using a particle flow approach under true-triaxial stress condition [J]. Geomechanics and Geophysics for Geo-Energy and Geo-Resources, 2016, 2(4): 203~229.

[194] Lee B, Rathnaweera T D. Stress threshold identification of progressive fracturing in Bukit Timah granite under uniaxial and triaxial stress conditions [J]. Geomechanics and Geophysics for Geo-Energy and Geo-Resources, 2016, 2(4): 301~330.

[195] Wong L N Y, Wu Z J. Application of the numerical manifold method to model progressive failure in rock slopes [J]. Engineering Fracture Mechanics, 2014, 119: 1~20.

[196] Li X, Konietzky H, Li X B. Numerical study on time dependent and time independent fractu-

ring processes for brittle rocks [J]. Engineering Fracture Mechanics, 2016, 163: 89~107.

[197] Wen Z J, Wang X, Chen L J, et al. Size effect on acoustic emission characteristics of coal-rock damage evolution [J]. Advances in Materials Science and Engineering, 2017, (2017): 1~8.

[198] Wu Z J, Wong L N Y. Frictional crack initiation and propagation analysis using the numerical manifold method [J]. Computers and Geotechnics, 2012, 39(1): 38~53.

[199] 俞韶秋，汤华．有限元/离散元耦合分析方法及其工程应用［J]．上海交通大学学报，2013，47(10)：1611~1615.

[200] Mahabadi O K, Cottrell B E, Grasselli G. An example of realistic modelling of rock dynamics problems: FEM/DEM simulation of dynamic Brazilian test on Barre granite [J]. Rock Mechanics and Rock Engineering, 2010, 43(6): 707~716.

[201] Cai M. Fracture initiation and propagation in a Brazilian disc with a plane interface: a numerical study [J]. Rock Mechanics and Rock Engineering, 2013, 46(2): 289~302.

[202] Vyazmensky A, Stead D, Elmo D, et al. Numerical analysis of block caving-induced instability in large open pit slopes: A finite element/discrete element approach [J]. Rock Mechanics and Rock Engineering, 2010, 43(1): 21~39.

[203] Hamdi P, Stead D, Elmo D. Damage characterization during laboratory strength testing: a 3D-finite-discrete element approach [J]. Computers and Geotechnics, 2014, 60: 33~46.

[204] Bouchard P O, Bay F, Chastel Y, et al. Crack propagation modelling using an advanced remeshing technique [J]. Computer Methods in Applied Mechanics and Engineering, 2000, 189(3): 723~742.

[205] Malan D F, Napier J A L, Watson B P. Propagation of fractures from an interface in a Brazilian test specimen [J]. International Journal of Rock Mechanics and Mining Sciences & Geomechanics Abstracts, 1994, 31(6): 581~596.

[206] Chen C S, Pan E, Amadei B. Fracture mechanics analysis of cracked discs of anisotropic rock using the boundary element method [J]. International Journal of Rock Mechanics and Mining Sciences, 1998, 35(2): 195~218.

[207] Wang Q Z, Xing L. Determination of fracture toughness K_{IC}, by using the flattened Brazilian disk specimen for rocks [J]. Engineering Fracture Mechanics, 1999, 64(2): 193~201.

[208] Van de Steen B, Vervoort A, Sahin K. Influence of internal structure of crinoidal limestone on fracture paths [J]. Engineering Geology, 2002, 67(1~2): 109~125.

[209] Lavrov A, Vervoort A, Wevers M, et al. Experimental and numerical study of the kaiser effect in cyclic brazilian tests with disk rotation [J]. International Journal of Rock Mechanics & Mining Sciences, 2002, 39(3): 287~302.

[210] Cundall P A. A computer model for simulating progressive, large-scale movements in blocky rock systems [J]. Proc. int. symp. on Rock Fracture, 1971, 1(ii-b): II~8.

[211] Shi G H. Discontinuous deformation analysis—a new numerical model for the statics, dynamics of block systems [D]. California, USA: University of California, Berkeley, 1988.

[212] Shi G H. Manifold Method of material analysis [C] //transactions of the army conference on applied mathematics and computing. U. S. Army Research Office, 1991.

[213] Pan X D, Reed M B. A coupled distinct element-finite element method for large deformation analysis of rock masses [J]. International Journal of Rock Mechanics and Mining Sciences & Geomechanics Abstracts, 1991, 28(1): 93~99.

[214] Munjiza A, Owen D R J, Bicanic N. A combined finite-discrete element method in transient dynamics of fracturing solids [J]. Engineering Computations, 1995, 12(2): 145~174.

[215] Rockfield. ELFEN Explicit/Implicit Manual, Version 4. 7. 1. Rockfield Software Limited, West Glamorgan, UK, 2013.

[216] Paul B. A modification of the Coulomb-Mohr theory of fracture [J]. Journal of Applied Mechanics, 1960, 28(2): 259~268.

[217] Klerck P A. The finite element modelling of discrete fracture in quasi-brittle materials [D]. Wales, the United Kindom: University of Wales Swansea, 2000.

[218] Brace W F. Brittle fracture of rocks [J]. State of stress in the Earths Crust, 1964: 111~174.

[219] Hudson J A, Crouch S L, Fairhurst C. Soft, stiff and servo-controlled testing machines: a review with reference to rock failure [J]. Engineering Geology, 1972, 6(3): 155~189.

[220] Martin C D. Seventeenth canadian geotechnical colloquium: The effect of cohesion loss and stress path on brittle rock strength [J]. Canadian Geotechnical Journal, 1997, 34(5): 698~725.

[221] Martino J B, Chandler N A. Excavation-induced damage studies at the underground research laboratory [J]. International Journal of Rock Mechanics and Mining Sciences, 2004, 41(8): 1413~1426.

[222] Hoek E, Brown E. Practical estimates of rock mass strength [J]. International Journal of Rock Mechanics and Mining Sciences, 1997, 34(8): 1165~1186.

[223] 杜坤，李夕兵，董陇军，等．复杂预应力路径和异源动力扰动下岩石破裂机制研究 [J]. 岩石力学与工程学报，2015(s2)：4047~4053.

[224] Du K, Li X B, Li D Y, et al. Failure properties of rocks in true triaxial unloading compressive test [J]. Transactions of Nonferrous Metals Society of China, 2015, 25(2): 571~581.

[225] Ma X D, Rudnicki J W, Haimson B C. Failure characteristics of two porous sandstones subjected to true triaxial stresses: Applied through a novel loading path [J]. Journal of Geophysical Research: Solid Earth, 2017, 122(4): 2525~2540.

[226] 张黎明，王在泉，石磊．硬质岩石卸荷破坏特性试验研究 [J]. 岩石力学与工程学报，2011，30(10)：2012~2018.

[227] 李地元，谢涛，李夕兵，等．Mogi-Coulomb 强度准则应用于岩石三轴卸荷破坏试验的研究 [J]. 科技导报，2015，33(19)：84~90.

[228] 范雷，黄正加，周火明，等．考虑中间主应力的原位岩体强度参数取值研究 [J]. 岩石力学与工程学报，2016(s1)：2682~2686.

[229] 刘金龙，栾茂田，朱建群．主应力在偏平面上的等效变换及其应用 [J]. 岩土工程技

术，2005，19(4)：204~207.

[230] Pechmann J C，Walter W R，Nava S J，et al. The February 3，1995，ML 5.1 Seismic Event in the Trona Mining District of Southwestern Wyoming [J]. Seismological Research Letters，1995，66(3)：25~34.

[231] Blake W，Hedley D G F. Rockbursts：case studies from North American hard-rock mines [M]. 2003，SME，Colorado.

[232] Wen Z，Wang X，Tan Y，et al. A Study of Rockburst Hazard Evaluation Method in Coal Mine [J]. Shock and Vibration，2016(16)：1~9.

[233] Vernik L，Zoback M D. Estimation of maximum horizontal principal stress magnitude from stress-induced well bore breakouts in the Cajon Pass Scientific Research borehole [J]. Journal of Geophysical Research Solid Earth，1992，97(B4)：5109~5119.

[234] Diederichs M S. The 2003 Canadian Geotechnical Colloquium：Mechanistic interpretation and practical application of damage and spalling prediction criteria for deep tunnelling [J]. Canadian Geotechnical Journal，2007，44(9)：1082~1116.

[235] Lin H，Cao P，Wang Y. Numerical simulation of a layered rock under triaxial compression [J]. International Journal of Rock Mechanics and Mining Sciences，2013，60(6)：12~18.

[236] Bažant Z P，Xiang Y. Size Effect in Compression Fracture：Splitting Crack Band Propagation [J]. Journal of Engineering Mechanics，1997，123：162~172.

[237] Chang C，Haimson B. A Failure Criterion for Rocks Based on True Triaxial Testing [J]. Rock Mechanics and Rock Engineering，2012，45(6)：1007~1010.

[238] 杨永杰，王德超，郭明福，等．基于三轴压缩声发射试验的岩石损伤特征研究 [J]. 岩石力学与工程学报，2014，33(1)：98~104.

[239] Sahouryeh E，Dyskin A V，Germanovich L N. Crack growth under biaxial compression [J]. Engineering Fracture Mechanics，2002，69(18)：2187~2198.

[240] Zhu W S，Yang W M，Li X J，et al. Study on splitting failure in rock masses by simulation test，site monitoring and energy model [J]. Tunnelling and Underground Space Technology，2014，41：152~164.

[241] 谢和平，鞠杨，黎立云．基于能量耗散与释放原理的岩石强度与整体破坏准则 [J]. 岩石力学与工程学报，2005，24(17)：3003~3010.

[242] 谢和平，彭瑞东，鞠杨，等．岩石破坏的能量分析初探 [J]. 岩石力学与工程学报，2005，24(15)：2603~2608.

[243] Ortlepp W D. The behavior of tunnels at great depth under large static and dynamic pressures [J]. Tunnelling and Underground Space Technology，2001，16(1)：41~48.

[244] 徐林生，王兰生．二郎山公路隧道岩爆特征与防治措施研究 [J]. 中国公路学报，2003，16(1)：74~76.

[245] 李晓静，朱维申，李术才，等．考虑开挖卸荷劈裂效应的脆性裂隙围岩位移预测新方法 [J]. 岩石力学与工程学报，2011，30(7)：1445~1453.

[246] Tao M，Li X B，Li D Y. Rock failure induced by dynamic unloading under 3D stress state

[J]. Theoretical and Applied Fracture Mechanics, 2013, 65: 47~54.
[247] 徐芝纶. 弹性力学 [M]. 北京: 高等教育出版社, 2013.
[248] 张学民. 岩石材料各向异性特征及其对隧道围岩稳定性影响研究 [D]. 长沙: 中南大学, 2007.
[249] 仇圣华. 成层正交各向异性围岩反分析方法的研究 [D]. 上海: 同济大学, 2002.
[250] 周辉, 徐荣超, 卢景景, 等. 板裂化模型试样失稳破坏及其裂隙扩展特征的试验研究 [J]. 岩土力学, 2015, 32(增2): 1~11.
[251] 沈明荣, 陈建峰. 岩体力学 [M]. 上海: 同济大学出版社, 2006.
[252] 冯涛, 潘长良. 洞室岩爆机理的层裂屈曲模型 [J]. 中国有色金属学报, 2000, 10(2): 287~290.
[253] 贺发远. 金川二矿区充填体质量与成本控制的研究 [D]. 昆明: 昆明理工大学, 2005.
[254] 郭然, 潘长良, 冯 涛. 充填控制岩爆机理及冬瓜山矿床开采技术研究 [J]. 有色金属, 1999, 51(4): 4~7.
[255] 呼志明. 节理岩体各向异性及其强度特征分析 [D]. 北京: 北京交通大学, 2015.
[256] Li D, Zhu Q, Zhou Z, et al. Fracture analysis of marble specimens with a hole under uniaxial compression by digital image correlation [J]. Engineering Fracture Mechanics, 2017, 183(1): 109~124.
[257] Feng F, Li X B, Rostami J, et al. Modeling hard rock failure induced by structural planes around deep circular tunnels [J]. Engineering Fracture Mechanics, 2019, 205: 152~174.
[258] 冯夏庭, 陈炳瑞, 张传庆, 等. 岩爆孕育过程的机制、预警与动态调控 [M]. 北京: 科学出版社, 2013.
[259] Hedley D G F. Rockburst handbook for Ontario hardrock mines [M]. Ottawa: Canmet, 1992.
[260] Snelling P E, Godin L, Mckinnon S D. The role of geologic structure and stress in triggering remote seismicity in Creighton Mine, Sudbury, Canada [J]. International Journal of Rock Mechanics and Mining Sciences, 2013, 58(1): 166~179.
[261] 杨圣奇, 吕朝辉, 渠涛. 含单个孔洞大理岩裂纹扩展细观试验和模拟 [J]. 中国矿业大学学报, 2009, 38(6): 774~781.
[262] Zhong Z B, Deng R G, Lv L, et al. Fracture mechanism of naturally cracked rock around an inverted U-shaped opening in a biaxial compression test [J]. International Journal of Rock Mechanics & Mining Sciences, 2018, 103: 242~253.
[263] Antolini F, Barla M, Gigli G, et al. Combined finite-discrete numerical modeling of runout of the torgiovannetto di assisi rockslide in Central Italy [J]. International Journal of Geomechanics, 2016, 16(6): 04016019.
[264] Elmo D, Stead D, Eberhardt E, et al. Applications of finite/discrete element modeling to rock engineering problems [J]. International Journal of Geomechanics, 2013, 13(5): 565~580.
[265] 周辉, 卢景景, 胡善超, 等. 开挖断面曲率半径对高应力下硬脆性围岩板裂化的影响 [J]. 岩土力学, 2016, 37(1): 140~146.
[266] 丁原辰. 矿区地应力状态的声发射粗估法及其应用 [J]. 矿业安全与环保, 1992(4): 50~56.

[267] Wong R H C, Chau K T. Crack coalescence in a rock-like material containing two cracks [J]. International Journal of Rock Mechanics and Mining Sciences, 1998, 35(2): 147~164.

[268] Yang S Q, Liu X R, Jing H W. Experimental investigation on fracture coalescence behavior of red sandstone containing two unparallel fissures under uniaxial compression [J]. International Journal of Rock Mechanics AND Mining Sciences, 2013, 63(5): 82~92.

[269] Yang H, Liu J, Wong L N Y. Influence of petroleum on the failure pattern of saturated pre-cracked and intact sandstone [J]. Bulletin of Engineering Geology and the Environment, 2017: 1~8.

[270] Zhou X P, Wang J H. Study on the coalescence mechanism of splitting failure of crack-weakened rock subjected to compressive loads [J]. Mechanics Research Communications, 2005, 32(2): 161~171.

[271] Zhu W C, Liu J, Tang C A, et al. Simulation of progressive fracturing processes around underground excavations under biaxial compression [J]. Tunnelling and Underground Space Technology, 2005, 20(3): 231~247.

[272] Hajiabdolmajid V, Kaiser P K, Martin C D. Modelling brittle failure of rock [J]. International Journal of Rock Mechanics and Mining Sciences, 2002, 39(6): 731~741.

[26] Wong R H C, Chau K T. Crack coalescence in a rock-like material containing two cracks [J]. International Journal of Rock Mechanics and Mining Sciences, 1998, 35(2): 147~164.

[27] [illegible], Liu X R, Jing H W. Experimental investigation on fracture coalescence behavior of [illegible] containing two unparallel fissures under uniaxial compression [J]. International Journal of Rock Mechanics and Mining Sciences, 2013, 64(5): 82~92.

[28] [illegible], Weng N. [illegible] influence of petroleum on the failure patterns of saturated [illegible] and [illegible] sandstone [J]. Bulletin of Engineering Geology and the Environment, [illegible] ~8.

[29] [illegible] X, Wang J H. Study on the coalescence mechanism of splitting failure of crack-[illegible] rock subjected to compressive loads [J]. Mechanics Research Communications, 2007, [illegible]: 267~275.

[30] [illegible], Liu Y, Tang C A, et al. Simulation of progressive fracturing processes around underground excavations under biaxial compression [J]. Tunnelling and Underground Space Technology, 2004, 20: 231~247.

[31] [illegible], [illegible] S, Martin C D. Modelling brittle failure of rock [J]. International Journal of Rock Mechanics and Mining Sciences, 2002, 39(6): 731~741.